银领工程

高等职业教育技能型人才培养培训工程系列教材

化学分析

胡伟光　主编

高等教育出版社

内容提要

本书共分九章，内容包括定量分析测定中的误差、分析结果的数据处理、滴定分析法、重量分析法、定量分析中常用的分离方法等。本书简明扼要地阐述了各种定量化学分析方法的基本原理及应用技术。理论知识突出"必需、够用"的原则，实际内容体现了分析工职业技能鉴定的要求，补充了一些在实际分析工作中应用的知识。内容紧密联系化工、冶金、医药、食品和环境监测等行业分析测定的实例，突出应用性。本书的有关计算均采用法定计量单位。

本书可作为高职高专院校工业分析等专业的教材，也可供中高级分析检验技能培训及从事化工产品生产检验人员参考使用。

图书在版编目(CIP)数据

化学分析/胡伟光主编. —北京:高等教育出版社，2006.6

ISBN 7-04-019528-3

Ⅰ.化… Ⅱ.胡… Ⅲ.化学分析-高等学校:技术学校-教材 Ⅳ.O65

中国版本图书馆 CIP 数据核字(2006)第 054264 号

策划编辑 梁 琦 **责任编辑** 董淑静 **封面设计** 于 涛 **责任绘图** 吴文信
版式设计 张 岚 **责任校对** 殷 然 **责任印制** 毛斯璐

出版发行	高等教育出版社	购书热线	010-58581118
社　　址	北京市西城区德外大街4号	免费咨询	800-810-0598
邮政编码	100011	网　　址	http://www.hep.edu.cn
总　　机	010-58581000		http://www.hep.com.cn
经　　销	蓝色畅想图书发行有限公司	网上订购	http://www.landraco.com
印　　刷	国防工业出版社印刷厂		http://www.landraco.com.cn
		畅想教育	http://www.widedu.com
开　　本	787×1092 1/16	版　　次	2006年6月第1版
印　　张	12.75	印　　次	2006年6月第1次印刷
字　　数	300 000	定　　价	16.40元

物料号 19528-00

高等职业教育化学化工类专业系列教材编审委员会

出版说明

为了认真贯彻《国务院关于大力推进职业教育改革与发展的决定》，落实《2003—2007年教育振兴行动计划》，缓解国内劳动力市场技能型人才紧缺现状，为我国走新型工业化道路服务，自2001年10月以来，教育部在永州、武汉和无锡连续三次召开全国高等职业教育产学研经验交流会，明确了高等职业教育要“以服务为宗旨，以就业为导向，走产学研结合的发展道路”，同时明确了高等职业教育的主要任务是培养高技能人才。这类人才，既要能动脑，更要能动手，他们既不是白领，也不是蓝领，而是应用型白领，是“银领”。从而为我国高等职业教育的进一步发展指明了方向。

培养目标的变化直接带来了高等职业教育办学宗旨、教学内容与课程体系、教学方法与手段、教学管理等诸多方面的改变。与之相应，也产生了若干值得关注与研究的新课题。对此，我们组织有关高等职业院校进行了多次探讨，并从中遴选出一些较为成熟的成果，组织编写了“银领工程”丛书。本丛书围绕培养符合社会主义市场经济和全面建设小康社会发展要求的“银领”人才的这一宗旨，结合最新的教改成果，反映了最新的职业教育工作思路和发展方向，有益于固化并更好地推广这些经验和成果，很值得广大高等职业院校借鉴。我们的这一想法和做法也得到了教育部领导的肯定，教育部副部长吴启迪专门为首批“银领工程”丛书提笔作序。

我社出版的高等职业教育各专业领域技能型人才培养培训工程系列教材也将陆续纳入“银领工程”丛书系列。

“银领工程”丛书适合于高等职业学校、高等专科学校、成人高校及本科院校举办的二级职业技术学院、继续教育学院和民办高校使用。

高等教育出版社

2006年5月

前 言

高等职业教育实行学历证书和职业资格证书并重，是高等职业教育改革的深入。因此，教材既要体现高等职业教育“高”的要求，又要突出职业教育“职”的特点。本书是在“十一五”期间诞生的，编者力求体现时代的要求，即以职业核心能力培养为目标确定教材内容，符合“双证”融通的要求。

本书力求体现知识的科学性、先进性、准确性和实用性，简明扼要地阐述了各种定量化学分析方法的基本原理及应用技术。理论知识突出“必需、够用”的原则，实际内容体现了分析工职业技能鉴定的要求，补充了一些在实际分析工作中应用的知识。内容紧密联系化工、冶金、医药、食品和环境监测等行业分析测定的实例，突出应用性。各章配有“学习目标”，各节配有“学习指导”，力求体现各章对学生知识和能力的具体要求，起到对学生学习的指导作用。课后的练习题，紧密联系职业技能鉴定的要求，使学生能在平时的学习中得到训练，突出培养高技能人才的鲜明特性。

书中阅读材料内容，旨在拓展学生的知识视野。“想一想”的内容旨在引导学生积极思维，调动学生学习的积极性，培养学生良好的思维习惯，为专业人才培养奠定良好的基础。

本书第一、二、三章由辽宁石化职业技术学院胡伟光编写，第五、六、七章由河南纺织高等专科学校高玉梅编写，第四、八、九章由太原科技大学化学与生物工程学院胡建水编写。全书由胡伟光统稿，由上海应用技术学院徐瑞云主审。本书在编写过程中得到了高等教育出版社有关领导和同志的大力支持，在此一并表示感谢。

书中难免存在一些疏漏和错误，恳请专家和读者批评指正。随着高等职业教育改革实践的深入，本书也将得到不断的完善和提高，让我们共同为高等职业教育教材建设与改革做出贡献。

编者

2006 年 2 月

目　录

绪 论

学习目标

- 了解本门课程的任务、性质和作用，明确学习该课程的重要性；
- 了解分析方法的分类方法及内容；
- 理解定量分析结果的表示方法，为后续应用奠定基础；
- 掌握化学分析、定量分析、常量组分分析、常规分析、仲裁分析等术语。

第一节 定量分析概述

【学习指导】 分析化学包括化学分析和仪器分析，本门课程学习化学分析法中的定量分析方法，定量化学分析的任务是用化学分析方法测定物质中某组分的含量。本门课程的实践性和应用性很强，对于分析工职业技能鉴定和岗位应用都是非常重要的。

一、分析化学的任务和作用

分析化学(analytical chemistry)是人们获取物质的化学组成与结构信息的科学，即表征和测量的科学。这种表征标志着计算机技术在分析化学中的应用，把分析化学引入现代发展阶段。分析化学的任务是对物质进行组成、含量分析和结构鉴定，研究获取物质化学信息的理论和方法。

分析化学包括化学分析和仪器分析，化学分析法是以物质的化学反应为基础的分析方法。化学分析又分为定性分析和定量分析，定量化学分析的任务是用化学分析方法测定物质中某组分的含量。定量分析的对象既可以是有机物，也可以是无机物。本门课程主要学习针对无机物的化学定量分析，主要包括滴定分析法和重量分析法，常用于待测组分在1%以上含量的测定。因为化学分析是分析化学的一部分，因此，在系统学习本门课程时，应对分析化学的作用有一个概括的了解。

分析化学在国民经济、国防建设、资源开发和现代科学的四大领域(生命科学、信息科学、材料科学和环境科学)中，发挥着重要的作用，涉及人们的衣、食、住、行、用等各个方面。例如，在环境保护、维持生态平衡的研究中，污染源、污染物及其转化规律、危害性和消除方法的确定；在新材料科学的研究中，材料的性能与其化学组成和结构有密切的关系；在资源、能源的研究中，分析化学是获取地质组成、结构、性能及其揭示地质环境变化过程的重要手段；在核材料、煤炭、石油、天然气及金属资源的探测、开采、冶炼、应用等方面，都要靠分析化学提供多种信息。在生命科学、生物工程领域中，分析化学在揭示生命起源、研究疾病和遗传的奥秘等方面起着重要的作用。例如，对于确定糖类、蛋白质、各种抗原、抗体、激素及受体的组成、结构、生物活性、免疫功能等的测定；在医学科学研究领域中，对新药物开发研制、临床诊断等。

分析化学在工农业生产及国防建设中更有着重要的作用。分析化学在工业生产中的重要性，主要表现在原材料的选择、加工，半成品、产品质量的检查，工艺流程的控制，新产品的研制，新工艺及技术的革新，进出口商品的检验等方面，均需以分析化学提供的信息为依据，所以分析化学被称为工业生产的"眼睛"；在农业生产方面，水、土、气、农药、化肥成分的分析，农产品品质的检验和深加工，农作物营养的诊断，肥料的合理配制，生态农业，优良品种的选育，化肥、农药、激素残留量的检验，动物营养及饲料添加剂的分析等都离不开分析化学；在国防建设中，核武器材料、航天材料以及化学试剂等的研究和生产过程中，分析化学都起着重要的作用。这些分析测试方法，既有仪器分析方法，又有化学分析方法，两者相辅相成，唇齿相依。

目前，分析化学正处于发展变革的新时期，现代分析化学不仅仅要解决定性分析和定量分析的问题，而且要提供更多的信息，尤其是物质结构与性能关系的信息，成为参与处理和解决问题的决策者。

二、定量分析过程

1. 取样

在分析工作中被采用来进行分析的物质称为样品或试样，它可以是固体、液体或气体。分析化学要求被分析试样在组成和含量上具有一定的代表性，能反映全部物料的平均组成，否则，即使分析方法再好，分析结果再准确，也是毫无意义的，甚至可能导致错误的结论，给生产或科研带来很大的损失。

取样的基本目的是从被检的总体物料中取得有代表性的试样。通过对试样的检测，得到在允许误差内的数据，从而求得被检物料的某一或某些特性的平均值。采取有代表性的试样必须用特定的方法或顺序。对不同的分析对象取样方式也不相同。有关的国家标准或行业标准对不同分析对象的取样方法都有严格的规定，应认真按规定操作。取样的通常方法是：从大批物料的不同部分、不同深度选取多个取样点取样，然后将各点取得的试样粉碎之后混合均匀，再从混合均匀的试样中取少量作为分析试样。

2. 试样的分解

定量分析中，除少数特殊的分析方法可以不需要破坏试样外，大多数分析方法都采用湿法分析，即将干燥好的试样分解后转入溶液中，然后进行测定。分解试样的方法很多，主要有溶解法和熔融法。实际工作中，应根据试样的性质和分析要求选用适当的分解方法。例如，测定大理石中碳酸钙的含量，试样需要先用酸溶解，转变成溶液后再进行测定；硅酸盐中硅含量的测定，则需要将试样先进行碱熔，将其转变成可溶解产物，溶解后再进行测定。

3. 消除干扰

复杂物质中常含有多种组分，在测定其中某一组分时，必须考虑不同组分间的相互干扰，若共存的其他组分对待测组分的测定有干扰，则应设法消除。采用加入试剂（称为掩蔽剂）的方法来消除干扰，操作上简便易行。但在多数情况下需要采用将被测组分与干扰组分进行分离的方法。目前常用的分离方法有沉淀分离、萃取分离、离子交换和色谱法分离等，要视具体情况而定。详细内容见第九章。

4. 定量测定

各种测定方法在灵敏度、选择性和适用范围等方面有较大的差别，应根据分析的目的要求，被测组分的性质、含量等因素综合加以考虑，选择合适的分析方法进行测定。如常量组分通常采用化学分析方法，而微量组分需要使用分析仪器进行测定。

5. 分析结果的计算及评价

根据分析过程中有关化学反应的计量关系和分析测量所得数据，计算试样中有关组分的含量。应用统计学方法对测定结果及其误差进行评价，判断分析结果的可靠程度。

上述的基本步骤只是各种定量分析过程中的共性部分。实际上分析是一个复杂的过程，试样的多样性也使分析过程不可能一成不变，因此，对某一试样的具体定量分析过程，还要视具体情况而定。

三、定量分析结果的表示

1. 待测组分的化学表示形式

分析结果通常以待测组分实际存在形式的含量表示。例如，测得试样中的含磷量后，根据实际情况以 P，P_2O_5，PO_4^{3-}，HPO_4^{2-}，$H_2PO_4^-$ 等形式的含量来表示分析结果。

如果待测组分的实际存在形式不清楚，则分析结果最好以氧化物或元素形式的含量表示。例如，各种元素的含量在矿石分析中常以其氧化物形式（如 K_2O，CaO，MgO，Fe_2O_3，Al_2O_3，P_2O_5 和 SiO_2 等）的含量表示，在金属材料和有机分析中常以元素形式（如 Fe，Al，Cu，Zn，Sn，Cr，W 和 C，H，O，N，S 等）的含量表示。电解质溶液的分析结果常以所存在的离子含量表示。

2. 待测组分含量的表示方法

试样的状态不同，其待测组分含量的表示方法也有所不同。

（1）固体试样　固体试样中待测组分的含量通常以质量分数表示。若试样中含待测组分的质量以 m_B 表示，试样质量以 m_s 表示，它们的比称为物质 B 的质量分数，以符号 w_B 表示，即

$$w_B = m_B / m_s$$

计算结果数值常以百分数表示。例如，测得某水泥试样中 CaO 的质量分数表示为：$w(CaO) = 60.52\%$。若待测组分含量很低，可采用 μg/g（或 10^{-6}）、ng/g（或 10^{-9}）和 pg/g（或 10^{-12}）来表示。

（2）液体试样　液体试样中待测组分的含量通常有如下表示方式。

① 物质的量浓度：表示待测组分 B 的物质的量 n_B 除以溶液的体积 V_s，以符号 c_B 表示。常用单位为 mol/L。

② 质量分数：表示待测组分的物质的质量 m_B 除以试液的质量 m_s，以符号 w_B 表示。

③ 体积分数：表示待测组分的体积 V_B 除以试液的体积 V_s，以符号 φ_B 表示。此浓度多用在液体有机试剂或气体分析中。

④ 质量浓度：表示组分 B 的质量与混合物体积之比。以符号 ρ_B 表示，单位为 g/L，mg/L，μg/L 或 μg/mL，ng/mL，pg/mL 等。此浓度多用于浓度较低的溶液，如杂质含量、指示剂溶液等。

（3）气体试样　气体试样中的常量或微量组分的含量常以体积分数 φ_B 表示。

思考与练习 0-1

一、要点回顾

1. 定量分析过程

一般包括取样、试样分解、消除干扰、定量测定、分析结果的计算及评价。

2. 定量分析结果的表示

被测组分的化学表示形式通常以待测组分实际存在形式表示。如果待测组分的实际存在形式不清楚，则最好以氧化物或元素形式的含量表示分析结果。试样的状态不同，其待测组分含量的表示方法也有所不同。

二、学习思考

1. 定性分析、定量分析和结构分析的任务是什么？

2. 对物质进行定量分析主要有哪些方法？

3. 定量分析结果应如何表达？

三、练习题

1. 将 100 mg NaCl 溶于 1 000 mL 水中，请用 c,w,ρ 表示溶液中 NaCl 的含量。

2. 用无水乙醇配制体积分数 75% 的乙醇溶液 500 mL，应取无水乙醇多少毫升？

第二节 分析方法的分类

【学习指导】 分析方法的分类是对同一事物从不同角度进行归类，本门课程是学习化学分析方法中的定量分析方法，测定对象主要是无机物质，属于常量组分分析。

根据分析的任务、对象、测定原理、试样用量、被测组分含量和具体要求等方面的不同，分析化学的分类方法有很多种。

一、定性分析、定量分析和结构分析

根据分析的目的和要求的不同，分析化学可分为定性分析（qualitative analysis）、定量分析（quantitative analysis）和结构分析（structural analysis）。定性分析的任务是鉴定物质由哪些元素、基团或化合物所组成，确定物质的化学成分；定量分析的任务是测定物质中各有关组分的相对含量；结构分析的任务是研究物质的分子结构或晶体结构，通过测定物质的空间构型、排布方式，从其微观结构进一步研究物质的物理、化学等方面的性质。

二、无机分析和有机分析

根据分析的对象不同，分析化学可分为无机分析（analysis of inorganic substance）和有机分析（analysis of organic substance）。无机分析的对象是无机物，由于无机物的组成元素种类繁多，无机分析的任务主要是鉴定物质的组成和各组分的相对含量。有机分析的对象是有机物，虽然组成有机物的元素种类不多，但由于同分异构体的存在，其结构复杂，物质的性质也会有较大的差别。

所以，有机物分析不仅要进行定性、定量分析，更主要的是要进行官能团和分子结构分析。

三、化学分析和仪器分析

根据分析的原理和使用仪器的不同，分析化学可分为化学分析(chemical analysis)和仪器分析(instrumental analysis)。

1. 化学分析

以物质的化学反应为基础的分析方法，称为化学分析法。化学分析法历史悠久，是分析化学的基础，又称为经典分析法，是本课程的主要学习内容。根据其反应类型、操作方法的不同，化学分析法可分为滴定分析法和重量分析法。

(1) 滴定分析法　根据滴定所消耗标准溶液的浓度和体积以及化学反应计量关系，从而求出被测物质的含量，这种方法称为滴定分析法。根据其反应的类型、操作的方法不同，又将其分为酸碱滴定分析法、配位滴定分析法、氧化还原滴定分析法和沉淀滴定分析法等。

滴定分析法仪器设备简单，操作简便，分析速度快，准确度高，一般相对误差为0.1%左右，因此，广泛地应用于科学研究和工农业生产之中。

(2) 重量分析法　根据物质的化学性质，选择合适的化学反应，将被测组分转化为一种组成固定的沉淀或气体形式，通过纯化、干燥、灼烧或吸收剂的吸收等一系列处理后，精确称量，从而求出被测组分的含量，这种方法为重量分析法。重量分析法仪器设备简单，不需要标准试样进行比较，并且有较高的准确度，其相对误差一般小于0.1%，常作为国家或行业颁布的标准分析方法，但其操作繁琐，分析速度较慢。

2. 仪器分析

以物质的物理或物理化学性质为基础，使用特殊的仪器进行分析测定的方法称为仪器分析法。根据其分析原理和使用仪器的不同，仪器分析法可分为光学分析法、电化学分析法和色谱分析法等。

(1) 光学分析法　以物质的光学性质为基础的分析方法，称为光学分析法。光学分析法分为如下几种方法。

① 吸光光度分析法：根据物质对光选择性的吸收而建立起来的定性、定量或结构分析的方法，称为吸光光度分析法。如可见、紫外、红外吸光光度分析法。

② 原子发射光谱分析法：根据物质吸收能量(原子化)激发后，原子所产生的特征辐射进行的定性、定量分析方法，称为原子发射光谱分析法。

③ 原子吸收光谱分析法：物质吸收能量而原子化，根据基态原子对特征谱线的吸收来进行分析的方法，称为原子吸收光谱分析法。

④ 分子发射光谱分析法：依据对特征谱线、化学能或其他能量的吸收而发光建立起来的分析方法，称为分子发射光谱分析法。如分子荧光分析、磷光分析和化学发光分析等。

此外，光学分析法还有X射线分析、光声光谱分析、光导纤维传感分析、激光拉曼光谱分析等。

(2) 电化学分析法　以物质的电学或电化学性质为基础的分析方法，称为电化学分析法。

① 电导分析法：以测量溶液电导为基础确定物质含量的分析方法，称为电导分析法，包括直接电导法和电导滴定法。

② 电位分析法：通过测定无电流通过时溶液的电位差而确定物质含量的分析方法，称为电

位分析法，包括直接电位法和电位滴定法。

③ 电解及库仑分析法：应用外加直流电源电解试液后，直接称量电极上析出被测物质的质量的分析方法，称为电解（电重量）分析法。根据电解过程中消耗的电荷量求得被测物质含量的方法，称为库仑分析法。

④ 极谱分析与伏安分析法：指通过对试液电解得到的电流-电压关系曲线而进行定性、定量分析的方法。凡使用滴汞电极或其他表面周期性更新的液体电极，则称为极谱分析法；凡使用固体电极或表面静止的电极，则称为伏安分析法。

(3) 色谱分析法 利用物质物理化学性质（如吸附、分配、分子体积、极性强弱、电化学等性质）的差异进行分离分析的方法，称为色谱分析法。如气相色谱分析法、高效液相色谱分析法、薄层色谱分析法、毛细管电泳分析法等。

(4) 热分析法 利用物质的温度与其性质（如体积、质量、反应热等）之间的关系而建立起来的分析方法，称为热分析法。如测温滴定法、热重量法、差示热分析法等。

(5) 放射分析法 是依据物质的放射性辐射进行分析的方法。如同位素稀释法、中子活化分析法等。

化学分析和仪器分析都是分析化学的重要组成部分。仪器分析方法的优点是快速、灵敏，操作简便，自动化程度高，易于实现在线分析等，是分析化学的发展方向。但一般不适用于高含量组分的测定，并且其仪器设备较为复杂，价格比较昂贵，维护、检修较为费事，使用、保存的环境条件要求较为苛刻，这是影响仪器分析普及推广的主要因素。化学分析一般适用于常量组分分析，其准确度较高。另外，试样在用仪器分析之前，一般都要用化学分析的方法进行预处理，如试样的溶解、干扰物质的分离、被测组分的富集、标样的合成或标定等，均需用化学分析的方法。著名分析化学家梁树权认为，化学分析和仪器分析是分析化学两大支柱，两者唇齿相依，相辅相成，彼此相得益彰。因此，使用时可根据情况相互配合。

四、常量分析、半微量分析、微量分析和超微量分析

根据分析试样时所用试样量的多少，可分为常量分析、半微量分析、微量分析和超微量分析。

方法	试样用量/g	试液体积/mL
常量分析	＞0.1	＞10
半微量分析	0.01～0.1	1～10
微量分析	0.000 1～0.01	0.01～1
超微量分析	＜0.0001	＜0.01

五、常量组分分析、微量组分分析和痕量组分分析

根据被测组分在试样中相对含量的多少，可分为常量组分分析、微量组分分析和痕量组分分析。

方法	常量组分分析	微量组分分析	痕量组分分析
相对含量/%	＞1	0.01～1	＜0.01

一般情况下，常量组分分析取样量较多，大都采用化学分析法，而微量组分分析和痕量组分分析，则采用仪器分析的方法。

六、常规分析、快速分析和仲裁分析

常规分析是指厂矿企业实验室为配合生产所进行的日常分析，也称之为例行分析。快速分析则是要求在很短的时间内快速给出分析结果，例如，炼钢过程的炉前分析。当不同单位对同一试样给出的分析结果有较大差异而产生争议时，则要求具有一定权威的部门，采用指定的标准分析方法进行分析，以确定分析结果的可靠性，这种分析称为仲裁分析或裁判分析。

分析化学由于广泛吸取了当代科学技术的最新成就，已成为当今最富活力的学科之一。为满足当代科学技术发展的需要，分析化学正朝着从常量分析、微量分析到微粒分析，从总体分析到微区、表面分析，从宏观结构分析到微观结构分析，从组织分析到形态分析，从静态追踪到快速反应追踪，从破坏试样分析到无损分析，从离线分析到在线分析，从直接分析到遥控分析，从简单体系分析到复杂体系分析的方向发展和完善。

思考与练习　0-2

一、要点回顾

1. 分析方法分类

根据分析目的和要求的不同，可分为定性分析、定量分析和结构分析；根据分析的对象不同，可分为无机分析和有机分析；根据分析的原理和使用仪器的不同，可分为化学分析和仪器分析；根据分析试样时所用试样量的多少，可分为常量分析、半微量分析、微量分析和超微量分析；根据被测组分在试样中相对含量的多少，可分为常量组分分析、微量组分分析和痕量组分分析；根据在生产中的应用，可分为常规分析、快速分析和仲裁分析。

2. 本门课程学习的内容

学习化学分析方法中的定量分析方法，主要测定对象是无机物质。根据被测组分在试样中相对含量的多少，本门课程的任务是对被测无机物质的常量组分分析。

二、学习思考

1. 根据其反应的类型、操作的方法不同，滴定分析方法又可分为哪几种？

2. 无机物和有机物有何区别？

3. 什么是化学分析、定量分析、常量组分分析、例行分析？

三、练习题

某物质中被测组分的质量分数为53.26%，根据被测组分在试样中相对含量的多少，它属于何种分析方法？

阅读材料　分析化学的发展趋势

一、分析化学的发展过程简介

分析化学学科的发展经历了三次巨大变革：第一次是在20世纪初，随着物理化学的溶液理论的发展，建立

了溶液四大平衡理论，使分析化学从一门技术演变成为一门科学。第二次变革是在第二次世界大战前后，由于物理学和电子学的发展，改变了经典的以化学分析为主的局面，使仪器分析获得蓬勃发展。自 20 世纪 70 年代以来，以计算机应用为主要标志的信息时代的到来，促进分析化学进入第三次变革时期。

随着科学的进步和发展，使得分析化学的内容和任务不断地扩大，对分析化学的要求也在不断地提高。由于学科之间的相互促进，物理学、生物学、电子学、信息学、计算机技术、芯片技术等学科的引入，使得分析化学的新理论、新技术、新方法不断地被发现，新仪器不断地产生，分析化学已经成为人们获取物质全面信息，进一步认识自然、改造自然的学科。“化学正在走出分析化学，分析化学已经发展成为一门分析科学”，“未来的世界是光明还是黑暗，取决于人类在信息、能源、资源（材料）、环境和健康领域中科学和技术上的进步，而解决这些领域中的关键问题是分析化学”。这些论点已经得到了证实。第三次变革的基本特点是分析化学已不仅局限于测定物质的组成和含量，而还要对物质的形态、结构、微区、薄层、化学和生物活性等方面进行分析，以及进行瞬时追踪、无损和在线检测等分析。

二、分析化学的发展趋势

1. 进一步提高分析方法的灵敏度和选择性

激光技术的引入，促进了激光共振电离光谱、激光拉曼光谱、激光诱导荧光光谱、激光光热光谱、激光质谱等方法的开展；多元配合物、有机显色剂、增效试剂等的研制，大幅度提高了分析方法的灵敏度和分析性能，检测单个原子或分子已经成为现实。迄今为止，人们已知的化合物超过了 1 000 万种，新的化合物还在不断地问世。复杂体系的分离和测定，是分析化学的重要课题。各种选择性试剂，传感器，液相、气相色谱，超临界流体色谱，毛细管电泳及多种技术的联用等现代的分离和分析方法得到了快速的发展。

2. 拓宽研究时空，获得多维信息

随着人们对客观世界认识的深入，多维、不稳定态和边界条件等已经提到了研究日程。大的有机分子的精细结构、空间排列及瞬时变化的信息，使人们对反应历程及生命过程有了更深刻的认识。生物分子及活性的表征与测定，使人们在分子和细胞的水平上揭示了生物物质的化学和生物的性质。同一元素、不同价态，生成的化合物及化合物的不同形态，其性质都会有很大的不同，物质的晶态、结合态也直接影响着材料的性能。所以，形态、状态的分析与表征，使人们能够认识其根本的内在原因。

3. 非破坏性的检测及遥测、分析过程的自动化和智能化

对于生产流程的控制，难以取样的试样分析，需采用非破坏性的检测及遥测。分析过程的自动化和智能化，大大节省了人力、物力和时间，提高了分析结果的精密度和准确度。20 世纪 80 年代兴起的过程分析已使分析化学家摆脱了传统的实验室操作，进入到生产过程甚至生态过程控制的行列。分析化学机器人和现代分析仪器作为“硬件”，化学计量学和各种计算机程序作为“软件”，其对分析化学所带来的影响将会是十分深远的。

总之，不论是常量、微量、痕量，组成、形态，表面、内部，静态、动态，还是离线、在线等方面的分析，其方法是越来越灵敏、准确、简便和自动化，以获得更多、更全面的信息。

展望未来，21 世纪的分析化学仍将是一门中心的、实用的和创造性的科学，它将帮助我们解决人类所面临的一系列重大问题，与此同时，分析化学将得到进一步发展。我们有理由相信 21 世纪的分析化学将更加繁荣兴旺。

第一章　定量分析测定中的误差

学习目标

- 了解误差存在的客观性；
- 掌握准确度和精密度的概念、应用及两者的关系；
- 掌握误差的分类、来源及减免方法；
- 理解有效数字的意义，掌握有效数字的修约规则和运算规则，能在实际分析工作中判断分析仪器的准确度。

定量分析的目的是准确测定试样中各组分的含量，从而报出可靠的分析结果，用于指导生产实践。由于误差是客观存在的，并且自始至终存在于一切科学实验过程中。因此，待测组分的真实值是测不到的，只能测得真实值的近似值。作为分析工作者，必须了解误差的来源，能够采取措施减免误差，从而得到可靠的分析结果。同时，还要能正确地记录实验数据，正确地处理实验数据，判断分析实验数据的可靠性，以满足生产和科研等工作的要求。

第一节　定量分析中的误差

【学习指导】　准确度和精密度的概念、表示方法及应用是本节的主要内容。学习时要注意理解概念的含义，明确各自的衡量标准及说明的问题。两者的关系可通过实验加深理解。要掌握误差和偏差不同的表示方法，明确其特点是什么？如何应用？偏差的计算公式较多，要在理解的基础上强化记忆。学会判别系统误差和随机误差，明确其对于分析结果造成的影响。

一、真实值、平均值与中位值

1. 真实值(x_T)

物质中各组分的真实数值，称为该量的真实值。显然，它是客观存在的。一般来说，真实值是未知的，但下列情况可认为其真实值是已知的。

(1) 理论真实值　如某种化合物的理论组成等。

(2) 相对真实值　认定精度高一个数量级的测定值作为低一级测量值的真实值，这种真实值是相对比较而言的。如分析实验室中标准试样及管理试样中组分的含量等。

2. 平均值

(1) 算术平均值($\bar{x}$)　几次测量数据的算术平均值为

$$\bar{x}=\frac{x_1+x_2+x_3+\cdots+x_n}{n}=\frac{1}{n}\sum_{i=1}^{n}x_i \tag{1-1}$$

式中，n 为有限次测定次数。

平均值比单次测量值更接近真实值，因此，在有限次测定中，用算术平均值描述测量值的集中趋势。

（2）总体平均值（μ） 表示总体分布集中趋势的特征值。

$$\mu = \lim_{n \to \infty} \frac{1}{n} \sum_{i=1}^{n} x_i \tag{1-2}$$

在无限次测量中，用 μ 描述测量值的集中趋势。

3. 中位值（x_M）

一组平行测量数据按由小到大的顺序排列，中间的一个数即为中位值。当测量的数据为偶数时，中位值为中间相邻两个值的平均值。中位值可简单的说明一组平行测定数据的分析结果，且不受两端具有过大误差数据的影响。其不足之处是不能充分利用测量数据，因此，不如用平均值表示数据的集中趋势好。通常只适用于平行测定次数少，而又有离群较远的可疑值时，用中位值表示分析结果。

二、准确度与误差

准确度是指测定值与真实值相符合的程度，测定值与真实值之间的差值就是误差。它说明测定值的正确性，准确度的高低用误差的大小表示。误差越小，准确度越高；误差越大，准确度越低。在实际的分析工作中，常用测定结果的平均值与真实值接近的程度表征分析结果的准确度。

1. 误差的表示方法

（1）绝对误差（E_a） 绝对误差表示测定结果与真实值之差。即

$$E_a = x - x_T \tag{1-3}$$

（2）相对误差（E_r） 相对误差是指绝对误差在真实值中所占的百分率。即

$$E_r = \frac{E_a}{x_T} \times 100\% \tag{1-4}$$

因为测定值可能大于或小于真实值，所以绝对误差和相对误差都有正负之分。测定值大于真实值，误差为正，表示分析结果偏高；测定值小于真实值，误差为负，表示分析结果偏低。绝对误差与测量值的单位相同，相对误差的量纲为 1。

注意：在实际分析工作中，试样的测定结果通常在同一条件下，用各次测定结果的平均值 $\bar{x}$ 来表示，用 $\bar{x}$ 作为“真实值 x_T”。

例 1-1 用分析天平称得某试样 A 的质量为 1.203 7 g，该试样的真实质量为 1.203 6 g；若用同一台天平称试样 B 的质量为 0.120 4 g，其真实质量为 0.120 3 g。计算两试样的绝对误差和相对误差。

解：试样 A 和 B 的绝对误差为

$$E_{a,A} = (1.203\,7 - 1.203\,6)\text{g} = 0.000\,1\text{ g}$$

$$E_{a,B} = (0.120\,4 - 0.120\,3)\text{g} = 0.000\,1\text{ g}$$

试样 A 和 B 的相对误差为

$$E_{r,A} = \frac{(1.203\,7 - 1.203\,6)\text{g}}{1.203\,6\text{ g}} \times 100\% = 0.008\%$$

$$E_{r,B} = \frac{(0.120\,4 - 0.120\,3)\text{g}}{0.120\,3\text{ g}} \times 100\% = 0.08\%$$

想一想

为什么要用相对误差表示准确度？上述哪种试样的准确度高？

从例 1-1 可以看出，当绝对误差相同时，被测物质的质量较大，相对误差较小。因此，在天平的精度保持不变时，适当增大取样量，可以减小称量误差对分析结果的影响。

2. 误差的应用

(1) 判断测定结果的准确度。测定结果的误差越小，准确度越高；误差越大，准确度越低。

(2) 绝对误差通常用于说明一些分析仪器测量的准确度。

常用仪器	绝对误差	称量误差或读数误差
分析天平	±0.000 1 g	±0.000 2 g
托盘天平	±0.1 g	±0.2 g
常量滴定管	±0.01 mL	±0.02 mL
25 mL 量筒	±0.1 mL	±0.2 mL

(3) 通过绝对误差，可以对测定值进行校正。

校正值＝－绝对值误差＝真实值－测定值

真实值≈测定值＋校正值

校正后的测定值更接近于真实值，但并不是真实值，因为校正值本身也有误差。当系统误差较小时，可用测定平均值代替真实值。实际工作中，标准物质可作为“相对真实值”来校正仪器和评价分析方法。

三、精密度与偏差

精密度是指在相同条件下，多次重复测定（平行测定）结果彼此相符合的程度。精密度的高低用偏差表示。偏差越小，精密度越高，表示测定数据的分散程度越小。在实际工作中，常用重复性和再现性表示不同情况下分析结果的精密度。

重复性是指用相同的方法对同一试样，在相同试验条件（同一操作者、同一仪器、同一实验室和短暂的时间间隔）下，获得的一系列测定结果之间的一致程度。

再现性是指用相同的方法对同一试样，在不同试验条件（不同操作者、不同仪器、不同实验室、不同或相同的时间）下，获得的单个测定结果之间的一致程度。

精密度有下列表示方法。

1. 绝对偏差和相对偏差

绝对偏差是指单次测定值（x_i）与平均值（$\bar{x}$）之差；相对偏差是指绝对偏差在平均值中所占的百分率。

绝对偏差　$$d_i = x_i - \bar{x} \qquad (1-5)$$

相对偏差　$$d_r = \frac{d_i}{\bar{x}} \times 100\% \qquad (1-6)$$

绝对偏差和相对偏差有正负之分，它们都是表示单次测定值与平均值的偏离程度。

2. 平均偏差和相对平均偏差

在平行测定中，各次测定的偏差有正有负，也可能为零。因此，为了衡量一组数据的精密度，

通常用平均偏差 $\overline{d}$ 表示。

$$\overline{d}=\frac{|d_1|+|d_2|+|d_3|+\cdots+|d_n|}{n} \tag{1-7}$$

$$\overline{d}_r=\frac{\overline{d}}{\overline{x}}\times 100\% \tag{1-8}$$

平均偏差和相对平均偏差小，说明测定结果的精密度高。平均偏差和相对平均偏差由于取了绝对值因而都是正值，平均偏差有与测量值相同的单位。

3. 标准偏差和相对标准偏差

标准偏差是指单次测定值与算术平均值之间相符合的程度。在数理统计中，常用标准偏差来衡量数据的精密度。有限次测量的标准偏差用 s 表示。

$$s=\sqrt{\frac{\sum_{i=1}^{n}(x_i-\overline{x})^2}{n-1}}=\sqrt{\frac{\sum_{i=1}^{n}d_i^2}{n-1}} \tag{1-9}$$

$$s_r=\frac{s}{\overline{x}}\times 100\% \tag{1-10}$$

例 1-2 有甲乙两组测定数据如下：

甲组：10.3，9.8，9.6，10.2，10.1，10.4，10.0，9.7，10.2，9.7；

乙组：10.0，10.1，9.3，10.2，9.9，9.8，10.5，9.8，10.3，9.9。

计算各组数据的平均偏差和标准偏差。

解：由测定数据可得

$$\overline{d}_{甲}=0.24 \qquad \overline{d}_{乙}=0.24$$

$$s_{甲}=0.28 \qquad s_{乙}=0.33$$

当用平均偏差表示精密度时，两组数据的 d 相同，但乙组数据中有个别数据偏差较大，两者的区别未能反映出来；当用标准偏差表示精密度时，由于 $s_{甲}<s_{乙}$，所以甲组比乙组数据的精密度好，数据分散程度小。

可见，当两组测定数据的平均偏差相同时，用平均偏差不能比较测定结果的精密度，但标准偏差却能解决问题。用标准偏差表示精密度比用平均偏差好，这是因为将单次测定结果的偏差经平方后，能将较大偏差对精密度的影响反映出来，可以更清楚地说明测定值的分散程度。

标准偏差和相对标准偏差均为正值，标准偏差有与测定值相同的单位。

例 1-3 测定某铁矿中铁的质量分数。分析人员平行测定 5 次，数据如下：48.42%，48.40%，48.43%，48.39%，48.44%。计算：(1)算术平均值；(2)平均偏差；(3)相对平均偏差；(4)标准偏差；(5)相对标准偏差。

解：
$$\overline{x}=\frac{(48.42+48.40+48.43+48.39+48.44)\%}{5}=48.42\%$$

x_i/%	$\lvert x_i-\overline{x}\rvert$/%	d_i^2
48.42	0.00	0.00
48.40	0.02	4×10^{-8}
48.43	0.01	1×10^{-8}
48.39	0.03	9×10^{-8}
48.44	0.03	9×10^{-8}
$\overline{x}=48.42\%$	$\sum\lvert d_i\rvert=0.09\%$	$\sum d_i^2=0.002\,3\times10^{-4}$

平均偏差 $\bar{d}=\frac{\sum|d_i|}{n}=\frac{0.09\%}{5}=0.018\%$

相对平均偏差 $\bar{d}_r=\frac{\bar{d}}{\bar{x}}=\frac{0.018\%}{48.42\%}\times100\%=0.037\%$

标准偏差 $s=\sqrt{\frac{\sum_{i=1}^{n}d_i^2}{n-1}}=\sqrt{\frac{0.0023}{5-1}}\%=0.024\%$

相对标准偏差 $s_r=\frac{s}{\bar{x}}=\frac{0.024\%}{48.42\%}\times100\%=0.05\%$

答：这组测定数据的算术平均值为 48.42%；平均偏差为 0.018%；相对平均偏差为 0.037%；标准偏差为 0.024%；相对标准偏差为 0.05%。

4. 极差

极差是指一组数据中最大值(x_{max})与最小值(x_{min})之差，用 R 表示。

$$R=x_{max}-x_{min}$$

$$相对极差=\frac{R}{\bar{x}}\times100\%$$

一般分析工作中平行测定次数不多，常采用极差来说明偏差的范围。极差表示方法简单，不足之处是不能利用全部测量数据。

5. 允许差

允许差又叫公差。一般分析工作中，只做两次平行测定，允许差是两次平行测定结果的绝对差值，也就是平行测定结果精密度的界限值。

如果两次平行测定结果的差值不大于允许差，则取两次平行测定结果的算术平均值作为分析结果。两次平行测定结果的差值超出允许差，称为“超差”，此测定结果无效，必须重新取样测定。

允许差是根据实际情况和生产需要，对测定结果准确度的要求而确定的。由于各种分析方法所达到的准确度不同，其允许差也不同。国家标准中在每个分析方法后面都明确规定了允许差。例如食盐全分析中，用银量法测定氯离子的含量，在 GB/T 13025.5—91 标准中，当氯离子含量>47%时，允许差为 0.13%，即两次平行测定结果的差值应不大于 0.13%。在使用允许差(公差)时，有以下两种情况。

(1) 试样有标准值时，采用单面公差(即允许差的绝对值)。例如，标准钢样中含硫量的标准值为 0.032%。某分析人员测得该标准样的含硫量为 0.034%，允许差为±0.004%。则测定值与标准值之差为

$$0.034\%-0.032\%=0.002\%<|\pm0.004\%|$$

符合允许差的要求。

(2) 试样无标准值时，采用双面公差(即允许差绝对值的 2 倍)。如测定钢样中含硫量，平行两次测得钢中硫含量分别为 0.036%，0.042%，允许差为 0.006%。则两次测定之差为

$$0.042\%-0.036\%=0.006\%<2\times|\pm0.006\%|$$

符合允许差的要求。

上述两种情况可取两次平行测定结果的算术平均值作为分析结果。

四、准确度与精密度的关系

准确度与精密度之间既有区别又有联系。准确度是指测定值与真实值之间相符合的程度，准确度的高低用误差表示，说明测定结果的正确性。精密度是指在相同的条件下，对同一试样，多次重复测定结果之间相符合的程度，精密度的高低用偏差表示，说明分析结果的重现性。准确度与精密度之间有什么联系呢？

例 1-4 某实验室有甲、乙、丙三名分析人员同时对同一试样在相同条件下，测定试样中铜含量，各测定 4 次，其测定结果如图 1-1 所示。试评价三人的测定结果。

解：由图 1-1 可知：甲测定结果的精密度高，但其平均值与真实值相差较远，说明准确度低；乙测定结果的精密度不高，准确度也不高；丙测定结果的精密度和准确度都比较高。

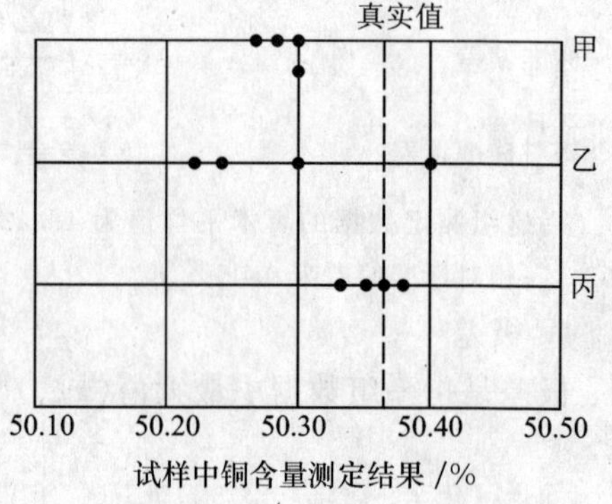

图 1-1 甲、乙、丙分析结果

可见精密度高准确度不一定高，但精密度高是保证准确度高的前提条件。精密度高表示分析测定条件稳定，测定结果的重现性好。只有精密度好、准确度高的测定结果才是可靠的。如果一组数据的精密度很差，就失去了衡量准确度的意义。

五、误差的分类及产生

1. 系统误差

(1) 特点 系统误差是在一定条件下，由某些经常的固定原因引起的误差，其特点如下。

① 在多次重复测定时反复出现，具有单向性，总是产生正误差或负误差。

② 系统误差是可测的。

③ 系统误差是可以校正的。

系统误差决定了分析结果的准确度，不影响分析测定的精密度。但重复测定时不能发现系统误差，只有改变实验条件才能发现。因此在大多数情况下，系统误差需通过实验来确定。

(2) 分类 系统误差按其产生的原因，可分为下列几类。

① 方法误差：由于分析方法本身不完善所造成的误差。例如，在重量分析中，选择的沉淀形式溶解度较大，共沉淀沾污，灼烧时沉淀的分解或挥发；滴定分析涉及的反应不完全；指示剂的变色点与反应的计量点不吻合等。

② 仪器误差：由于仪器、量器精度不够或未经校正而引起的误差。例如，分析天平砝码未经校正，滴定管、移液管等容量仪器的刻度不准，分光光度计波长不准等。

③ 试剂误差：由于试剂不纯或带入杂质引起的误差。例如，试剂的纯度不够或蒸馏水含有微量的待测组分等。

④ 操作误差：在正常操作下，由于操作者的主观因素造成的误差。例如，滴定管的读数经常偏高或偏低，滴定终点颜色的判断经常偏深或偏浅等，是由于个人感官不敏锐或固有习惯造成的，不属于过失误差。

2. 随机误差

(1) 特点 随机误差又叫偶然误差，是由于各种因素的随机波动引起的误差。这些因素包括温度、压力、湿度、仪器的微小变化，分析人员对各份试样处理时的微小差别等。其特点如下。

① 随机误差是多个随机微小因素共同影响的结果，重复测定时其误差数值不恒定，有时大，有时小，有时正，有时负。

② 随机误差不可测量。

③ 随机误差的性质服从一般的统计规律。

（2） 出现规律　随机误差的出现有下列规律。

① 小误差出现的概率大，大误差出现的概率小。

② 极大误差出现的概率非常小。

③ 随着测定次数的增加，随机误差的算术平均值逐渐趋近于零，也就是说算术平均值能很好的反映测定值的集中趋势。

随机误差直接影响分析结果的精密度。只有在消除系统误差的前提下，采用“多次平行测定，取平均值”的方法，减小随机误差，测定结果的平均值就接近于真实值。因此，增加测定次数可以减小随机误差。

3. 操作错误

操作错误是由于分析人员的粗心，不遵守操作规程，责任心不强引起的。如仪器洗涤不干净，试样损失，加错试剂，看错读数，溶液溅失，计算错误等。这些错误操作不是误差，在工作上属于责任事故。如发现有过失，应将含有过失的测定值作为异常值舍去。

想一想

分析工作中出现的操作错误，能否避免？怎样才能避免？

图 1-1 中分析人员乙的测定可能存在操作错误。因此，分析人员要有严谨的科学态度、一丝不苟的工作精神和过硬的实践技能，只有这样才能得到准确可靠的分析结果。

思考与练习　1-1

一、要点回顾

1. 准确度和精密度的区别与联系

准确度：表示测定结果与真实值之间接近的程度，用误差表示。准确度表示测定结果的正确性，以真实值为衡量标准。误差越小，测定结果的准确度越高。

精密度：表示对同一试样，在同一条件下多次重复测定结果之间接近的程度，用偏差表示。精密度表示测定结果的重现性，以平均值为衡量标准。重复测定结果的数值越接近，分析结果的精密度就越高。

两者的关系：精密度好是准确度高的前提。只有在消除了系统误差的情况下，精密度好的结果才能确保是可靠的分析结果。

2. 误差和偏差

误差：绝对误差和相对误差是表示单次测定值与真实值的偏离程度。

偏差：绝对偏差和相对偏差是表示单次测定值与平均值的偏离程度。

平均偏差和相对平均偏差表示多次平行测定结果的精密度。

标准偏差和相对标准偏差是指单次测定值与平均值之间相符合的程度，其特点是能将较大的偏差对精密度的影响反映出来。

3. 系统误差和随机误差

系统误差是在一定的条件下，由某些经常的固定原因引起的误差。系统误差决定了分析结果的准确度。可测量，可校正。

随机误差是由环境温度、压力、湿度、仪器的微小变化等因素的随机波动引起的误差。随机误差直接影响分析结果的精密度。随机误差不可测量，只能采用增加平行测定次数的方法减免。

二、学习思考

1. 准确度和精密度有何不同？两者之间有何关系？
2. 误差和偏差对测定结果有何影响？
3. 分析工作中，对同一试样采用平行测定的目的是什么？
4. 精密度好，准确度就高吗？

三、练习题

1. 一试样由甲、乙两人用相同的方法分析，测定结果如下：

甲：50.15%，50.14%，50.16%，50.15%；

乙：50.18%，50.11%，50.13%，50.19%。

分别计算甲、乙两人分析结果的平均偏差和标准偏差，并说明谁的分析结果较为可靠。

2. 下列分析过程中出现的情况，将引起何种性质的误差？

(1) 砝码被腐蚀； (2) 天平的零点稍有变动；

(3) 基准物质放置在空气中吸收了水分； (4) 蒸馏水中含有微量待测组分；

(5) 洗涤沉淀时，少量沉淀因溶解而损失； (6) 称量时试样吸收了空气中少量水分；

(7) 过滤沉淀时出现穿滤现象，未及时发现；

(8) 滴定时锥形瓶摇动不慎，从锥形瓶中溅出一滴溶液。

3. 定量分析工作要求测定结果的误差(　　)。

(A) 等于零 (B) 没有要求 (C) 在允许误差范围内 (D) 略大于允许误差

4. 从精密度好就可以判断分析结果可靠的前提是(　　)。

(A) 随机误差小 (B) 系统误差小 (C) 绝对误差 (D) 相对偏差

5. 准确度和精密度的关系是(　　)。

(A) 精密度好准确度一定高 (B) 准确度好随机误差小

(C) 准确度好一定要求精密度高 (D) 精密度好随机误差小

第二节 有效数字及运算规则

【学习指导】 有效数字是指在分析工作中实际能够测量得到的数字。对有效数字的概念，要根据测量仪器、分析方法的准确度来理解。在“四舍六入五成双”修约规则中，要注意理解规则中“五成双”的含义。

在定量分析中，为了得到准确的分析结果，不仅要准确地进行各种测量，而且还要正确地记录和计算。分析结果所表达的不仅仅是试样中待测组分的含量，而且还反映了测量的准确程度。因此，在实验数据的记录和结果的计算中，数字的保留位数不是任意的，要根据测量仪器、分析方法的准确度来决定，这就涉及有效数字的概念。

一、有效数字

有效数字是指在分析工作中实际能够测量得到的数字。在保留的有效数字中，只有最后一位数字是可疑的(有±1 的误差)，其余数字都是准确的。在定量分析中，为得到准确的分析结果，不仅要精确地进行各种测量，还要正确地记录和计算。例如滴定管读数 24.51 mL 中，24.5 是确定的，0.01 是可疑的，可能为(24.51±0.01)mL。有效数字的位数由分析方法和所使用的仪器决定，不能任意增加或减少位数。如前例中滴定管的读数不能写成 24.510 mL，因为仪器无法达到这种精度，也不能写成 24.5 mL，而降低了仪器的精度。

1. 数字“0”的作用

在数据中，数字 0 有不同的意义。在第一个非 0 数字前的所有的“0”都不是有效数字，因为它只起定位作用，与精度无关，例如 0.038 0；而第一个非 0 数字后的所有的 0 都是有效数字，例如 1.000 6，0.320 0。另外，像 1 600 这样的数字，一般看成 4 位有效数字，但它可能是 2 位或 3 位有效数字。对于这样的情况，应该根据实际情况而定，分别写成 1.6×10^3，1.60×10^3 或 1.600×10^3 较好。

下列是一组数据的有效数字位数：

4.2	1.0	2 位有效数字
1.03	0.038 0	3 位有效数字
28.32%	0.420 0	4 位有效数字
4 320.9	1.000 6	5 位有效数字
1 600	200	有效数字位数不确定

2. 应注意的问题

(1) 有效数字第一位等于大于 8 时，可多记一位有效数字。如标准溶液的浓度为0.089 4 mol/L，可以认为它是 4 位有效数字。

(2) 在分析化学中，常遇到倍数、分数关系，如 2，3，1/3，1/5 等，是非测量所得，可视为无限多位有效数字。

(3) 对于含有对数的有效数字，如 pH、p*K*、lg*k* 等，其位数取决于小数部分的位数，整数部分只起定位作用，说明这个数的幂次。如 pH＝5.12 有效数字为 2 位，而不是 3 位。

(4) 分析记录的有效数字位数要与分析方法及所用量具的精度相符。例如，用精度为 0.1℃的温度计，测得的温度只能精确至 0.1℃，不可能精确至 0.01℃；用感量为万分之一的分析天平称取 1 g 的试样，应记录为 1.000 0 g；需加入 10.00 mL 的溶液，就必须用滴定管或移液管，若写成加入 10 mL 的溶液，用量筒或量杯就可以了。

二、有效数字的修约规则

在数据处理过程中，涉及的各测量值的有效数字位数可能不同，因此需要按下面所述的计算规则确定各测量值的有效数字位数。各测量值的有效数字位数确定后，就要将它后面多余的数字舍弃。舍弃多余的数字的过程称为“数字修约”，它所遵循的规则称为“数字修约规则”。

1. 数字修约规则

数字修约时，应按中华人民共和国标准 GB 3101—93 进行。可归纳为如下口诀：“四舍六入五成双；五后非零就进一；五后皆零视奇偶，五前为偶应舍去，五前为奇应进一。”

例 1-5 将下列数据修约到保留两位有效数字：

2.334 25，2.473 21，2.450 6，2.250 0，2.550 0，2.050

解：按上述修约规则

(1) 2.334 25 修约为 2.3。

保留两位有效数字，第三位小于 4 应舍去。

(2) 2.473 21 修约为 2.5。

第三位大于 6 应进 1。

(3) 2.450 6 修约为 2.5。

第三位为 5，但其后面并非全部为 0，应进 1。

(4) 2.250 0 修约为 2.2。

(5) 2.550 0 修约为 2.6。

第三位为 5，并且后面数字皆为零，则视其左面一位若为偶数则舍去，若为奇数则进 1。

(6) 2.050 修约为 2.0。

第三位为 5，5 前的 0 视为偶数。5 后为 0，即 5 前为偶应舍去。

注意，若拟舍弃的数字为两位以上，应按规则一次修约，不能分次修约。例如将 7.558 1 修约为 2 位有效数字，不能先修约为 7.56，再修约为 7.6，而应一次修约到位即 7.6。在用计算器（或计算机）处理数据时，对于运算结果，亦应按照有效数字的计算规则进行修约。

2. 产品标准中极限值的修约

国标“极限数值的表示方法和判定方法”指出，在判定数值是否符合标准要求时，有两种判别方法，即修约值比较法和全数值比较法。

修约值比较法是将测定值或计算值经修约后的数值与标准规定的极限数值进行比较，修约位数与标准规定的极限位数一致，将修约后的数值与标准数值进行比较，以判定实际指标或参数是否符合标准要求。

全数值比较法是将测定值或计算值不经修约处理，而用数值的全部数字与标准规定的极限数值进行比较，只要超出极限数值，都判为不符合标准要求。凡标准中规定的极限数值未加说明时，均指采用全数值比较法，此法为国家技术监督局 1989 年发布和实施的新标准（GB 1250）。如规定采用修约值比较法，应在标准中加以说明。分析产品化学成分时多用全数值比较法。

例 1-6 某产品中铁含量，标准规定不大于 0.03%，测定结果为 0.034%，按指标判定，该产品是否合格？应如何报出结果？

解：分为两种情况：

(1) 标准中已明确规定采用修约值比较法的，应按修约值比较法来判断。因指标值为两位小数，测定值为三位小数，应先修约为两位小数后再与指标值进行比较，0.034%修约后为 0.03%，符合标准规定，应判定为合格品。报出结果为 0.03%。

(2) 标准中未明确规定采用修约值比较法的，按 GB 1250 的规定“标准中未加说明时，均指采用全数值比较法判定”。因测定值已超过了指标极限值，故应判定为不合格品（全数值比较法）。报出结果时应先修约至与标

准指标值小数位相同，故报出结果为两位小数，但在数字后应加一个(＋)号，即为 0.03%(＋)

例 1－7　碳酸钠中水不溶物含量如标准规定为≤0.004%，计算时计数器显示数值为 0.004 050 01，如用修约值比较法和全数值比较法，应如何报出分析结果？判断此产品是否合格？

解：(1) 用修约值比较法，0.004 050 01 经修约后保留三位小数，报出结果为 0.004%，应判断为合格品。

(2) 按全数值比较法的规定，报出结果为 0.004%(＋)，判断结果应为不合格品。

三、有效数字的运算规则

在分析测定过程中，往往要经过几个不同的测量环节，例如先用差减法称取试样，试样经过处理后进行滴定。在此过程中有多个测量数据，如试样质量，滴定管初、终读数等，在分析结果的计算中每个测量值的误差都要传递到结果里。因此，在进行结果运算时，应遵循下列规则。

(1) 加减法　几个数据相加减时，有效数字的保留应以小数点后位数最少的数据为根据。例如：

$$0.21+0.034\,4+32.716=32.960\,4\rightarrow 32.96$$

其中以 0.21 的绝对误差最大，故有效数字应根据它来修约。

(2) 乘除法　几个数据相乘或相除时，有效数字位数的保留必须以各数据中有效数字位数最少的数据为准。例如：

$$1.23\times 21.36=26.272\,8\rightarrow 26.3$$

(3) 乘方和开方　对数据进行乘方或开方时，其结果所保留的有效数字位数应与原数据的有效数字相同。例如：

$$6.72^2=45.158\,4\rightarrow 45.2\text{(保留 3 位有效数字)}$$

$$\sqrt{9.65}=3.106\,44\cdots\rightarrow 3.11\text{(保留 3 位有效数字)}$$

(4) 对数计算　所取对数的小数点后的位数(不包括整数部分)应与原数据的有效数字的位数相等。例如：

$$\lg 105.2=2.022\,015\,74\rightarrow 2.022\,0\text{(保留 4 位有效数字)}$$

四、有效数字运算规则应用时的注意事项

(1) 在计算中常遇到分数、倍数等，可视为多位有效数字。

(2) 在乘除运算过程中，首位数为“8”或“9”的数据，有效数字位数可以多取 1 位。

(3) 在混合计算中，有效数字的保留以最后一步计算的规则执行。

(4) 表示分析方法的精密度和准确度时，大多数取 1～2 位有效数字。

(5) 对于高含量组分(一般大于 10%)的测定，一般要求分析结果有 4 位有效数字；对于中含量组分(1%～10%)，一般要求 3 位有效数字；对于微量组分(＜1%)，一般只要求 2 位有效数字。通常以此为标准，报出分析结果。

(6) 在分析化学的许多计算中，当涉及各种常数时，一般视为准确的，不考虑其有效数字的位数。对于各种误差的计算，一般只要求 2 位有效数字。对于各种化学平衡的计算(如计算平衡时某离子的浓度)，根据具体情况保留 2 位或 3 位有效数字。此外，在分析化学的有些计算过程中，常遇到 pH＝4，pM＝8 等这样的数值，有效数字位数未明确指出，这种表示方法不恰当，应当避免。

思考与练习 1－2

一、要点回顾

（1）有效数字是指在分析工作中实际能够测量得到的数字。在保留的有效数字中，只有最后一位数字是可疑的（有±1 的误差），其余数字都是准确的。

（2）舍弃多余的数字的过程称为“数字修约”，要按中华人民共和国标准 GB 3101—93 进行，此规则称为“四舍六入五成双数字修约规则”。

（3）几个数相加减时，有效数字保留应以几个数据中小数点后位数最少的数据为根据，使所得数据只有 1 位可疑数字；几个数相乘或相除时，一般以几个数据中有效数字位数最少的数为标准，进行乘除运算。

二、学习思考

1. 什么是有效数字？有效数字的修约规则如何？

2. 指出下列数据的有效数字位数：

1.090，3.200，0.005 063，0.850 0，4.98×104，pH＝5.24

3. 有效数字的运算应遵循的运算规则是什么？

4. 说明常用的分析仪器如分析天平、托盘天平、量筒、移液管在测量中的有效数字。

三、练习题

1. 将下列数据修约为 2 位有效数字

2.46，2.44，2.550，2.450，2.457，2.450 23，p*K*＝10.24

2. 根据有效数字运算规则计算下式结果：

（1）$2.764+36.5788-0.2367+6.35$

（2）$(3.675 \times 0.0046)-(6.78\times10^{-2})+(0.036\times0.26)$

（3）$40.00 \times (27.80-23.23)\times0.1264$

第二章　分析结果的数据处理

学习目标

- 了解置信度、置信区间等概念及含义；
- 掌握分析数据的可靠性检验方法；
- 掌握异常值的检验与取舍的方法；
- 掌握提高分析结果准确度的基本方法。

为了得到准确可靠的分析检验结果，作为分析人员要能够精确地进行各种测量，正确地记录检验数据和报告分析检验结果。因此，正确地记录实验数据、书写实验报告、处理分析实验数据、报告分析结果，是分析人员不可缺少的基本能力。

第一节　分析检验的数据记录及检验报告

【学习指导】　化学分析实验报告和化学检验报告的内容有所不同，分析实验报告是为完成分析实验而设计的，目的是培养学生的学习能力，为在分析工作岗位上能独立地完成正规的化学检验报告打下基础。化学检验报告是一种技术文件，是分析人员在工作岗位上完成检验工作后而出具的检验结果报告。

一、分析检验的数据记录

分析检验的原始数据记录是化学检验工作最重要的资料之一，认真做好原始记录，是保证实验数据可靠性的重要条件。记录时要注意以下几点。

(1) 分析人员应备有专用的记录本，并标上页码，记录本应妥善保存相当时间，以便有问题时查用。

(2) 检验记录中要写明检验的日期、检验项目名称、检验次数、检验数据和检验人。

(3) 根据不同的分析检验要求，可自行设计一些简单的记录表格，有的检验数据直接由仪器自动记录或画成图像。记录中涉及的单位、符号等应符合法定计量单位的规定。

(4) 要有严谨的科学态度和责任意识，记录数据要及时、准确、清晰、实事求是。

(5) 检验过程中涉及的特殊仪器的型号、标准溶液的浓度和室温等也要记录。

(6) 记录数据的有效数字位数要与分析检验仪器的准确度相一致。例如，用万分之一分析天平时，要求记录至 0.000 1 g；常量滴定管和吸量管的读数应记录至 0.01 mL。

(7) 在检验过程中，如发现数据中有记错、测量错误而需要改动之处，可将要改动的数据用一横线划去，并在其上方写出正确的数字，切记不要涂改。

(8) 检验结束后，应该对记录是否正确、合理、齐全，平行测定结果是否超差进行核对，以确定是否需要重做。

二、分析实验报告的内容

本课程要通过实验进行分析技能训练，实验后要书写分析实验报告，定量化学分析实验报告一般包括如下内容。

(1) 实验题目、实验日期、实验人。

(2) 实验目的。

(3) 实验原理。实验原理可用简要的文字和反应式表示。例如滴定分析方法的实验原理，包括滴定反应式、滴定方法、滴定方式、测定条件、指示剂的选择和使用的酸度范围、化学计量点的 pH 和结果计算公式等内容。

(4) 仪器和试剂。包括特殊仪器的型号和标准溶液的浓度等。

(5) 实验内容和实验步骤。一般可按操作的先后顺序用箭头流程简明扼要地表示。

(6) 实验数据和处理。实验数据可用表格形式书写，要反映出实验平行测定的次数、数据、平均值。分析结果的精密度可用平均偏差或标准偏差等表示。对平行测定的一组数据中的可疑数据要进行检验，从而决定取舍，然后再求出算术平均值。

(7) 误差分析。对分析测定结果进行误差分析，其目的是要找出产生误差的原因，提出改进的措施。若实验失败，应找出失败的原因，总结经验教训，以便提高。

(8) 实验思考题。对教材和预习中的思考题要做出回答。目的是为了促进学生对实验原理和方法的掌握，培养分析问题和解决问题的能力。

(9) 实验体会。即写出实验的感受。不同学习阶段，遇到的问题也不同。通过学习与实践，同学们的责任意识会逐渐地加强，对做一名合格分析人员的感受会逐步加深，通过写实验体会，会促进其思考，对后续的学习起到积极的作用。

书写实验报告，是培养学习能力、实践能力、检验学习效果不可缺少的环节。认真完成每一次实验报告，并从中得到锻炼，为毕业后从事分析检验工作，独立完成正规的化学检验报告奠定良好的基础。

三、化学检验报告的内容

化学检验报告是一种技术文件，是生产控制、商品流通、环境监测、产品开发以及科学研究领域所必须的文件，出具化学检验报告是化学检验人员必须具备的能力。

实际工作中，由于化学检验的试样和项目不同，化学检验报告的格式会有所不同。但最基本的项目是相同的，其主要内容如下。

(1) 试样的名称、编号。

(2) 分析检验项目。

(3) 平行测定次数(通常为 3 次)。

(4) 测定的平均值(或中位值)、标准偏差或相对平均偏差。

(5) 实验结论。

(6) 检验人、复核人、检验日期。

思考与练习　2-1

一、要点回顾

1. 检验记录

要写明检验的日期、检验项目名称、检验次数、检验数据和检验人。

2. 分析实验报告

要体现出实验目的、实验原理、仪器和试剂、实验步骤、实验数据和处理、误差分析、实验思考题等内容。

3. 化学检验报告

基本项目包括试样的名称、编号；分析检验项目；平行测定次数；测定的平均值（或中位值）、标准偏差或相对平均偏差；实验结论；检验人、复核人、检验日期。

二、学习思考

1. 分析人员不是随意记录，而是应备有专用的记录本，有什么意义？

2. 在学习中培养良好的实验记录和书写实验报告的习惯有什么意义？

3. 为什么说出具化学检验报告是化学检验人员必须具备的能力？

4. 怎样才能写好实验报告？看看自己这方面的能力应如何提高？

第二节　分析结果的数据处理

【学习指导】 可疑值的取舍和测定结果的可靠性判断是本节的主要内容。平行测定中，与其他数据相差较远的个别数据，称为可疑值（异常值）。可疑值对平均值的影响较大，本节介绍三种检验方法，学习时要把握每一种方法的特点。

由于随机误差是不可避免，测定值的平均值不等于真实值。因此，应合理地估计出测定的平均值与真实值的接近程度，即在平均值附近判断出真实值可能存在的范围。置信度是判断分析结果的可靠程度，置信区间是在一定的置信度下判断测定的真实结果所在可靠性范围。

一、可疑值的检验与取舍

在实际定量分析测试工作中，由于随机误差的存在，使得多次重复测定的数据不可能完全一致，而存在一定的离散性。在一组数据中，往往有个别数据与其他数据相差较远，这一数据称为可疑值，又称为异常值或极端值。在分析测定结束后，应先对可疑值进行处理。在重复测定中，如果发现某次测定有失常情况（如在溶解试样时有溶液溅出，滴定时不甚加入过量的滴定剂等），该测定值应该舍去。如果测定并无失误，而结果又与其他值差异较大，该可疑值是保留还是舍去，应按下面介绍的 $4\bar{d}$ 法、Q 检验法、格鲁布斯（Grubbs）法（T 检验法）进行处理。

1. $4\bar{d}$ 法

$4\bar{d}$ 法检验的步骤如下。

（1）将可疑值除外，求其余数据的平均值和平均偏差。

（2）求可疑值与平均值的差值。

（3）将此值与 $4\bar{d}$ 比较。若 $|x_{可疑}-\bar{x}_{n-1}|\geqslant 4\bar{d}_{n-1}$，则可疑值舍去。

此法运算简单，但只适用于4～8个数据且要求不高的实验数据的检验。

例 2-1 测定某溶液的浓度，平行测定四次的结果分别为 0.101 2 mol/L，0.101 3 mol/L，0.101 9 mol/L，0.101 5 mol/L。用 $4\bar{d}$ 法确定 0.101 9 mol/L 能否舍去？

解：除可疑值 0.101 9 mol/L 以外，求平均值和平均偏差。

$$\bar{x}_{n-1}=\frac{0.101\ 2+0.101\ 3+0.101\ 5}{3}\text{mol/L}=0.101\ 3\ \text{mol/L}$$

$$\bar{d}_{n-1}=\frac{0.000\ 1+0.000\ 0+0.000\ 2}{3}\text{mol/L}=0.000\ 1\ \text{mol/L}$$

想一想

如果可疑值保留，是否参加平均值的计算？

可疑值与平均值的差值：

$|x_{可疑}-\bar{x}_{n-1}|=0.101\ 9\ \text{mol/L}-0.101\ 3\ \text{mol/L}=0.000\ 6\ \text{mol/L}$

$4\bar{d}_{n-1}=4\times 0.000\ 1\ \text{mol/L}=0.000\ 4\ \text{mol/L}$

0.000 6＞0.000 4，故 0.101 9 mol/L 应舍去。该测定结果的平均值为 0.101 3 mol/L。

2. Q 检验法

Q 检验法的具体步骤如下。

（1）将测定结果按从小到大的顺序排列：$x_1, x_2, \cdots, x_n$，求出最大值与最小值之差，即极差。

（2）求出可疑值数据 x_n 或 x_1 与邻近数据之差。

（3）按下式计算：

$$Q_{计}=\frac{|x_{可疑值}-x_{相邻值}|}{x_{\max}-x_{\min}} \tag{2-1}$$

（4）将计算值 $Q_{计}$ 与临界值 $Q_{表}$（查表）比较。若 $Q_{计}\leqslant Q_{表}$，则可疑值为正常值应保留，否则应舍去。

（5）舍去一个异常值后，再用同样的方法检验另一端，直至无异常值为止。

Q 检验法的缺点：没有充分利用测定数据，仅将可疑值与相邻数据比较，可靠性差。在测定次数少时（如3～5次测定），误将可疑值判为正常值的可能性较大。Q 检验法适用于3～10个数据的检验。

例 2-2 某分析人员对试样平行测定5次，测量值分别为 2.62 g，2.60 g，2.61 g，2.63 g，2.52 g，试用 Q 检验法确定测定值 2.52 g 是否应该保留？（置信度为90%。）

解：从表 2-1 中可知，当 $n=5$ 时，$Q=0.64$，则

表 2-1 不同置信度下的 Q 值

Q \ n	置信度		
	90%	95%	99%
3	0.94	0.98	0.99
4	0.76	0.85	0.93
5	0.64	0.73	0.82
6	0.54	0.64	0.74
7	0.51	0.59	0.68
8	0.47	0.54	0.63
9	0.44	0.51	0.60
10	0.41	0.48	0.57

$$Q_{计}=\frac{x_2-x_1}{x_n-x_1}=\frac{2.60\ g-2.52\ g}{2.63\ g-2.52\ g}=0.72$$

$Q_{计}>Q_{表}$，故 2.52 g 应予舍去。该测定结果的平均值为 2.62 g。Q 值越大，说明该值离群越远，远至一定程度则应舍去。

3. T 检验法

T 检验法常用于检验多组测定值的平均值的一致性，也可以用来检验同一组测定值的一致性。下面以同一组测定值中数据一致性的检验为例，说明其检验步骤。

(1) 将各数据按从小到大顺序排列：$x_1, x_2, \cdots, x_n$。求出算术平均值 $\bar{x}$ 和标准偏差。

(2) 若设 x_1 为可疑值，根据公式(2-2a)计算 T 值；若设 x_n 为可疑值，根据公式(2-2b)计算 T 值。

$$T=\frac{\bar{x}-x_1}{s} \tag{2-2a}$$

$$T=\frac{x_n-\bar{x}}{s} \tag{2-2b}$$

(3) 根据测定次数和置信度查表 2-2(不作特殊说明时，α 取 0.05，即置信度为 95%，α 为显著性水平)，得 T 的临界值 $T_{\alpha,n}$。

(4) 将 $T_{计}$ 与 $T_{表}$ 值比较。如果 $T_{计} \geqslant T_{表}$，则所怀疑的数据 x_1 或 x_n 是异常的，应予舍去，反之应予保留。

(5) 在第一个异常数据剔除后，如果仍有可疑数据需要判别时，则应重新计算 $\bar{x}$ 和 s，求出新的 T 值，再次检验。依此类推，直到无异常的数据为止。

例 2-3　以例 2-2 的数据为例，用 T 检验法检验 2.52 g 是否保留？(置信度为 90%。)

解：排列数据：2.52 g，2.60 g，2.61 g，2.62 g，2.63 g。

平均值和标准偏差为：$\bar{x}=2.60$ g，$s=0.044$ g，则

$$T_{计}=\frac{\bar{x}-x_1}{s}=\frac{2.60\ g-2.52\ g}{0.044\ g}=1.819$$

查表 2-2，$n=5$，置信度为 90% 时，$T=1.749$，由于 $T_{计}>T_{表}$，因此 2.52 g 应舍去。

表 2-2　T 检验法 T 值表

测定次数 n	置信度		测定次数 n	置信度	
	95%	90%		95%	90%
3	1.153	1.155	12	2.285	2.550
4	1.463	1.492	13	2.331	2.607
5	1.672	1.749	14	2.371	2.659
6	1.822	1.944	15	2.409	2.705
7	1.938	2.097	16	2.443	2.747
8	2.032	2.221	17	2.475	2.785
9	2.110	2.323	18	2.504	2.821
10	2.176	2.410	19	2.532	2.854
11	2.234	2.485	20	2.557	2.884

T 检验法由于引进了 $\bar{x}$ 和 s 两个参数，该方法的准确度较 Q 检验法高，得到普遍采用。

一组平行测定数据如存在可疑值，其可疑值可能出现在一组数据的什么位置？

对于多组测定值的检验，只需把平均值作为一个数据，用以上相同的步骤进行计算与检验。

二、置信度与平均值的置信区间

在完成一项分析测定工作后，一般是将测定数据的平均值作为结果报出。但在对准确度要求高的分析中，只给出测定结果的平均值是不够的，还应给出测定结果的可靠性或可信度，用以说明真实结果（总体平均值 μ）所在范围（置信区间）及落在此范围内的概率（置信度）。

置信区间是指在一定置信度下，以测定结果平均值 $\bar{x}$ 为中心，包括总体平均值 μ 在内的可靠性范围，也就是在平均值附近判断出真实值可能存在的范围。在消除了系统误差的前提下，对于有限次数的测定，平均值的置信区间表示为

$$\mu=\bar{x}\pm t\frac{s}{\sqrt{n}} \qquad (2-3)$$

式中，s 为标准偏差；n 为测定次数；$\pm t\frac{s}{\sqrt{n}}$ 为围绕平均值的置信区间；t 为置信系数，可根据测定次数和置信度从表 2-3 中查得。

置信度又称置信概率，通常用 P 表示，它表示在某一置信系数 t 时，测定值落在置信区间范围内的概率，或者说分析结果在某一范围内出现的概率。落在此范围外的概率 $\alpha=1-P$ 称为显著性水平。置信度的高低说明估计的把握程度的大小。如置信度为 95%，说明以平均值为中心，包括总体平均值落在该区间有 95%的把握。

例如，$\mu=49.20\pm0.10$（置信度为 95%），应当理解为真实值在 49.20±0.10 的区间范围内出现的概率为 95%，也就是这个判断的可靠性为 95%。

表 2-3 不同置信度和不同测定次数的 t 值

测定次数 n	置信度（P）			
	50%	90%	95%	99%
2	1.00	6.31	12.71	63.66
3	0.82	2.92	4.30	9.93
4	0.76	2.35	3.18	5.84
5	0.74	2.13	2.78	4.60
6	0.73	2.02	2.57	4.03
7	0.72	1.94	2.45	3.71
8	0.71	1.90	2.37	3.50
9	0.71	1.86	2.31	3.36
10	0.70	1.83	2.26	3.25
11	0.70	1.81	2.26	3.17
21	0.69	1.73	2.09	2.85
∞	0.67	1.65	1.96	2.58

从表 2－3 可以看出，置信区间的大小受置信概率高低的影响。测定次数相同时，置信概率越高，置信系数 t 越大，置信区间就越宽；反之，置信概率越低，置信系数 t 越小，置信区间就越窄。如果判断的结果为置信区间比较小，而置信概率又比较高，是较理想的结果。对于日常分析工作，多选择 95％的置信概率。

例 2－4 测定某试样中硼砂含量（质量分数），得到下列数据：28.62％，28.59％，28.51％，28.48％，28.52％，28.63％。计算置信度分别为 90％，95％和 99％时总体平均值的置信区间。

解：$\bar{x}=28.56\%$，$s=0.06\%$，$n=6$，查表 2－3 并计算。

置信度为 90％时，$t=2.02$，则

$$\mu=28.56\%\pm\frac{2.02\times0.06\%}{\sqrt{6}}=28.56\%\pm0.05\%$$

置信度为 95％时，$t=2.57$，则

$$\mu=28.56\%\pm\frac{2.57\times0.06\%}{\sqrt{6}}=28.56\%\pm0.07\%$$

置信度为 99％时，$t=4.03$，则

$$\mu=28.56\%\pm\frac{4.03\times0.06\%}{\sqrt{6}}=28.56\%\pm0.10\%$$

n 值越大，置信区间越小。置信区间越小。测定的准确度越高。

想一想

说明上述例题各计算结果的含义，你能得出何种结论？

思考与练习 2－2

一、要点回顾

1. 异常值的检验与取舍

（1）$4\bar{d}$法 平行测定 n 次，若 $|x_{可疑}-\bar{x}_{n-1}|\geqslant4\bar{d}_{n-1}$，则可疑值舍去。

（2）Q 检验法 平行测定 n 次，$Q_{计}=\frac{|x_{可疑值}-x_{相邻值}|}{x_{max}-x_{min}}$。

将计算值 $Q_{计}$ 与临界值 $Q_{表}$ 比较。若 $Q_{计}\leqslant Q_{表}$，则可疑值为正常值应保留，否则应舍去。此法符合数理统计原理。缺点是数据离散性（x_n-x_1）越大，可疑数据越不能舍去。

（3）T 检验法 如对于同一组测定值中数据一致性的检验，有下列两种情况。

若设 x_1 为可疑值，根据公式 $T=(\bar{x}-x_1)/s$ 计算 T 值；

若设 x_n 为可疑值，根据公式 $T=(x_n-\bar{x})/s$ 计算 T 值。

2. 置信度与平均值的置信区间

（1）置信区间 对于有限次测定，在平均值附近估计出真实值可能存在的范围，这就是在一定置信度下的置信区间（以测定结果平均值 $\bar{x}$ 为中心，包括总体平均值 μ 在内的可靠性范围）。

（2）置信度 又称置信概率，表示在一定置信系数 t 时，测定值落在置信区间范围内的概率。或者说分析结果在某一范围内出现的概率。

二、学习思考

1. 异常值的检验与取舍有哪些方法？

2. 置信区间对报告分析结果有什么意义？

3. 测定某试样中微量铁时，标准中规定称样量0.5 g，精确至0.1 g，用下列哪组数据表示结果比较合理？

(A) 0.052% (B) 0.052 0% (C) 0.051 87% (D) 0.052 00% (E) 0.05%

三、练习题

1. 分析某试样中铁含量(质量分数)，所得结果为：42.82%，42.85%，42.88%，42.86%，42.84%，43.11%。用Q检验法和T检验法检验43.11%是否应舍去？

2. 标定某溶液的浓度，平行测定4次，结果分别为：0.103 2 mol/L，0.102 8 mol/L，0.103 0 mol/L，0.102 0 mol/L，用T检验法检验0.102 0是否应舍去？分析结果的平均值是多少？

3. 分析某试样中某一主要成分的含量(质量分数)，重复测定6次，其结果为：49.69%，50.90%，51.75%，51.47%，48.80%，求平均值在90%，95%和99%置信度时的置信区间。

第三节 提高分析结果准确度的方法

【学习指导】 提高分析结果准确度的途径，就是减小分析测试中的系统误差和随机误差，并应杜绝一切过失。

定量分析的目的就是要得到准确可靠的分析结果。要提高分析结果的准确度，必须考虑可能产生误差的各种原因，采取相应的措施，以减小分析过程的误差。

一、选择合适的分析方法

各种分析方法的准确度和灵敏度是不相同的，为了使测定结果达到一定的准确度，对实际的分析对象，先要选择合适的分析方法。如重量分析和滴定分析，灵敏度虽不高，但对于高含量组分的测定确能获得比较准确的结果，相对误差一般是千分之几。例如，用$K_2Cr_2O_7$滴定法测得铁的含量为40.20%，若方法的相对误差为0.2%，则铁的含量范围是40.12%～40.28%。这一试样如果用仪器分析方法中的光度法进行测定，按其相对误差约2%计，可测得的铁的含量范围将为41.0%～39.4%，显然这样的测定准确度太差。如果含铁量为0.50%的试样，相对误差为2%，虽然较大，但由于含量低，分析结果的绝对误差为0.02×0.50%＝0.01%，这样的结果是满足要求的。相反，这么低含量的试样，若用重量法或滴定法，则是无法测定的。此外，在选择分析方法时还要考虑分析试样组成的复杂程度和干扰情况。

二、减小测量误差

在测定方法选定后，为了保证分析结果的准确度，必须尽量减小测量误差。例如，在重量分析中，测量误差主要表现在测量上。一般分析天平的称量误差是±0.000 1 g，称取一份试样，用减量法需要称量两次，可能引起的最大误差是±0.000 2 g，为了使称量时的相对误差在0.1%以下，试样质量就不能太小。

$$相对误差=\frac{绝对误差}{试样质量}$$

$$试样质量=\frac{绝对误差}{相对误差}=\frac{0.000\,2\ g}{0.001}=0.2\ g$$

可见，试样质量必须在 0.2 g 以上才能保证称量的相对误差在 0.1%以内。

在滴定分析中，测量误差主要表现在体积测量过程中，常量滴定管读数常有±0.01 mL 的误差。完成一次滴定，需要读数两次，这样可能造成±0.02 mL 的误差。为了使测量时的相对误差小于 0.1%，消耗滴定剂体积必须在 20 mL 以上。一般控制在 20～30 mL，以保证相对误差小于 0.1%。

对不同测定方法，测量的准确度只要与该方法的准确度相适就可以了，过度要求准确度是没有意义的。例如，用比色法测定微量组分，要求相对误差为 2%，若称取试样 0.5 g，则试样的称量误差应小于 0.5 g×2%＝0.01 g。在实际工作中，为了使称量误差忽略不计，一般将称量的准确度提高约 1 个数量级。如在上例中宜称准至 0.001 g。

三、减小随机误差

在消除系统误差的前提下，平行测定次数越多，测定结果的平均值越接近真实值。因此，增加测定次数可以减小随机误差。但测定次数过多意义不大，一般分析测定，平行测定 4～6 次即可。

四、消除测量过程中的系统误差

虽然造成系统误差有多方面的原因，但其原因是固定的，因此应根据具体情况，采用不同的方法来检验和消除。

1. 对照试验

对照试验是检验系统误差的有效方法。做对照试验时，常用组成与待测试样相近，已知准确含量的标准试样与被测试样按同样方法进行对照试验，或用其他可靠的分析方法进行对照试验，也可由不同人员、不同单位进行对照试验。根据标准试样的分析结果，采用统计检验方法确定是否存在系统误差。

由于标准试样的数量和品种有限，所以有些单位又自制一些所谓“管理样”，以此代替标准试样进行对照分析。管理样事先经过反复多次分析，其中各组分的含量也是比较可靠的。

如果没有适当的标准试样和管理样，有时可以自己制备“人工合成试样”来进行对照分析。人工合成试样是根据试样的大致成分，由纯化合物配制而成，配制时要注意称量准确，混合均匀，以保证被测组分的含量是准确的。

进行对照试验时，如果对试样的组成不完全清楚，则可以采用“加入回收法”进行试验。这种方法是向试样中加入已知量的被测组分，然后进行对照试验，根据加入的被测组分的回收量，判断分析过程是否存在系统误差。

用国家颁布的标准分析方法和所选的方法同时测定某一试样，进行对照试验，也是经常采用的一种办法。

在一些生产单位中，为了确认分析人员之间是否存在系统误差和其他问题，在安排试样分析任务时，常将相同的试样安排在不同分析人员之间进行重复测定，相互进行对照试验，这种方法称为“内检”。有时又将部分试样送交其他单位进行对照分析，这种方法称为“外检”。

2. 空白试验

所谓空白试验就是在不加试样的情况下，按照与试样分析同样的操作步骤和条件进行分析。所得结果称为空白值。由试剂和器皿带进杂质所造成的系统误差，一般可做空白试验来扣除。从试样分析结果中扣除空白值后，就得到比较可靠的分析结果。

得到的空白值不应很大，否则扣除空白时会引起较大的误差。如空白值较大时，可通过提纯试剂和改用其他适当的器皿来降低空白值。

3. 校准仪器

仪器不准确引起的系统误差，可以通过校准仪器来减小。例如，天平砝码、移液管和滴定管、容量瓶等，在准确度要求较高的分析中必须进行校准，并在计算结果时采用校正值。在日常分析工作中，因仪器出厂时已进行过校准，只要仪器保管妥善，通常可以不再进行校准。在平行测定中，应使用同一套仪器，这样可以抵消仪器误差。

4. 分析结果的校正

方法校正可补充校正有些分析方法固定的系统误差。例如，用硫氰酸盐比色法测定钢铁中的钨时，钒的存在引起正的系统误差。为了扣除钒的影响，可采用校正系数法。根据实验结果，1%的钒相当于0.2%的钨，即钒的校正系数为0.2(校正系数随实验条件略有变化)。因此，在测得试样中钒的含量后，利用校正系数即可由钨的测定结果中扣除钒的结果，从而得到钨的正确结果。

思考与练习 2-3

一、要点回顾

提高分析结果准确度的方法：

(1) 选择合适的分析方法　对于高含量组分的测定，可以选择滴定分析方法或重量分析方法；对于低含量组分的测定可选择仪器分析方法。同时还要考虑分析试样的组成。

(2) 减小测量误差　在常量组分分析中，通常试样质量必须在0.2 g以上；消耗滴定剂体积一般控制在20～30 mL，才能保证称量的相对误差在0.1%以内。

(3) 减小随机误差　在消除系统误差的前提下，增加测定次数可以减小随机误差。

(4) 消除系统误差的方法　对照试验、空白实验、校准仪器、分析结果的校正。

二、学习思考

下列各种情况将引起什么误差？如果是系统误差应如何消除？

(1) 砝码被腐蚀；

(2) 称量时，试样吸收了空气中的水分；

(3) 天平零点稍有变动；

(4) 读取滴定管读数时，最后一位数字估测不准；

(5) 用分析纯碳酸钠作为基准物质标定盐酸溶液；

(6) 试剂中含有微量的被测物质；

(7) 洗涤沉淀时，少量沉淀因溶解而损失；

(8) 草酸($H_2C_2O_4 \cdot 2H_2O$)基准物质结晶水部分风化。

三、练习题

1. 某人以分光光度法测定某药物中主要成分的含量时，称取此药物 0.028 3 g，最后计算其主要成分的质量分数为 98.12%，此结果是否合理？为什么？

2. 某分析天平称量绝对误差为±0.1 mg，用差减法称取试样质量为 0.05 g，相对误差是多少？如果称取试样 1 g，相对误差又是多少？两个结果说明了什么问题？

3. 测定铜合金中铜的含量(质量分数)，6 次平行测定的结果是 44.15%，44.20%，44.22%，44.21%，44.19%，44.24%。

(1) 计算平均值、中位值、平均偏差、相对平均偏差、标准偏差、平均值标准偏差。

(2) 若已知铜的标准值为 44.23%，计算以上结果的绝对误差和相对误差。

4. 用硫氰酸盐比色法测定钢铁中的钨时，钒的存在引起正的系统误差。为了扣除钒的影响，可采用的方法是(　　)。

(A) 做空白试验　(B) 校正系数法　(C) 进行仪器校正　(D) 进行多次重复测定

5. 下列各措施中可以减小随机误差的是(　　)。

(A) 做空白试验　(B) 进行对照试验　(C) 增加平行测定次数　(D) 校正系数法

第三章 滴定分析

学习目标

- 了解滴定分析法的分类和滴定方式的特点；
- 掌握滴定分析的基本术语；
- 掌握常用的基准物质和使用条件；
- 掌握标准溶液浓度的表示方法，能正确配制常见标准溶液和选择相关仪器；
- 掌握确定物质基本单元的方法，能正确进行待测组分含量的计算。

第一节 概 述

【学习指导】 滴定分析的基本术语是滴定分析法中最基本最重要的概念，结合实验会加深理解。化学计量点是理论上确定的，滴定终点是通过指示剂突然改变颜色而确定的，在实际分析中，两者很难达到完全一致。如果按分析允许误差为0.1%，只要能在化学计量点前后0.1%范围内借助指示剂颜色突变停止滴定，即可达到要求。

滴定分析方法以简单、快速、准确的特点广泛应用于生产及科研中。它是本课程的重点内容。

一、滴定分析的基本术语

滴定分析又称容量分析。它是通过滴定操作，将已知准确浓度的试剂溶液滴加到被测物质的溶液中，直至所加溶液物质的量按化学式计量关系恰好反应完全，再根据所加滴定剂的浓度和所消耗的体积，计算出试样中待测组分含量的分析方法。

在滴定分析过程中，确定了准确浓度的用于滴定分析的溶液，称为标准溶液（或滴定剂）。用滴定管将标准溶液逐滴加入到盛有一定量被测物质溶液中的操作过程称为滴定。当加入的标准溶液的量与被测物的量恰好符合化学反应式所表示的化学计量关系时，称反应到达化学计量点（以 sp 表示）。在化学计量点时，反应往往没有易被察觉的外部特征，因此，通常是加入某种辅助试剂，利用该试剂的颜色突变来判断。这种能改变颜色的试剂称为指示剂。滴定时指示剂突然改变颜色的那一点称为滴定终点，简称终点（以 ep 表示）。滴定终点往往与理论上的化学计量点不一致，它们之间存在有很小的差别。由滴定终点和化学计量点不一致所引起的误差称为终点误差。终点误差是滴定分析误差的主要来源之一，其大小取决于化学反应的完全程度和指示剂的选择。

滴定分析是化学分析方法中的重要方法之一。通常适用于常量组分（被测组分含量在1%

以上)的测定,滴定分析方法准确度高,分析的相对误差可在 0.1%左右。仪器设备(主要仪器为滴定管、移液管、容量瓶和锥形瓶等)比较简单,操作简便、快速。因此,被广泛地应用于工农业生产和科研中。

二、滴定分析法的分类和滴定方式

1. 滴定分析法的分类

滴定分析法是以化学反应为基础的分析方法,因此,根据不同的化学反应类型,滴定分析方法一般可分为四大类。

(1) 酸碱滴定法 酸碱滴定法是以酸、碱之间质子传递反应为基础的一种滴定分析法,可用于测定酸、碱和两性物质,其基本反应为

$$H^+ + OH^- \longrightarrow H_2O$$

(2) 配位滴定法 配位滴定法是以配位反应为基础的一种滴定分析法,可用于测定金属离子的含量。若采用 EDTA(乙二胺四乙酸)作滴定剂,其反应为

$$M^{n+} + Y^{4-} \longrightarrow MY^{n-4}$$

式中,M^{n+} 表示金属离子,Y^{4-} 表示 EDTA 的阴离子。

(3) 氧化还原滴定法 氧化还原滴定法是以氧化还原反应为基础的一种滴定分析法,可用于测定具有氧化还原性物质或某些不具有氧化还原性物质的含量。如重铬酸钾法测定铁,其反应如下:

$$Cr_2O_7^{2-} + 6Fe^{2+} + 14H^+ \longrightarrow 2Cr^{3+} + 6Fe^{3+} + 7H_2O$$

(4) 沉淀滴定法 沉淀滴定法是以生成沉淀的反应为基础的一种滴定分析法,可用于测定 Ag^+,CN^-、SCN^- 及卤素等离子。如银量法的反应如下:

$$Ag^+ + Cl^- \longrightarrow AgCl\downarrow$$

2. 滴定方式

(1) 直接滴定法 凡能满足滴定分析要求的反应都可用标准溶液直接滴定被测物质。例如,用 NaOH 标准溶液可直接滴定 HAc,HCl,H_2SO_4 等试样;用 HCl 标准溶液可直接滴定 Na_2CO_3,$Na_2B_4O_7 \cdot 10H_2O$ 等试样;用 EDTA 标准溶液可直接滴定 Ca^{2+},Mg^{2+},Zn^{2} 等;用 $AgNO_3$ 标准溶液可直接滴定 Cl^- 等。直接滴定法是最常用和最基本的滴定方式,简便、快速,引入的误差较小。如果反应不能完全符合上述要求时,则可选择采用下述方式进行滴定。

(2) 返滴定法 又称为回滴法。在待测试液中准确加入适当过量的标准溶液,待反应完全后,再用另一种标准溶液返滴定剩余的第一种标准溶液,从而测定待测组分的含量,这种滴定方式称为返滴定法。例如,Al^{3+} 与 EDTA(乙二胺四乙酸)溶液反应速率慢,不能直接滴定,可采用返滴定法,即在一定的 pH 条件下,在待测的 Al^{3+} 离子试液中加入过量的 EDTA 溶液,加热促使反应完全,再用另外一种锌标准溶液返滴定剩余的 EDTA 溶液,从而计算出试样中 Al^{3+} 的含量。返滴定法主要用于化学反应速率较慢,反应物是固体或没有合适的指示剂时的情况。

(3) 置换滴定法 置换滴定法是先加入适当的试剂与待测组分定量反应,生成另一种可滴定的物质,再利用标准溶液滴定反应产物,由滴定剂的消耗量、反应生成的物质与待测组分等物质的量的关系计算出待测组分的含量。例如,用 $K_2Cr_2O_7$ 标定 $Na_2S_2O_3$ 溶液的浓度时,在酸性溶液中 $K_2Cr_2O_7$ 能将 $Na_2S_2O_3$ 部分氧化成 $S_4O_6^{2-}$ 及 $SO_4{}^{2-}$ 等混合物。所以,$Na_2S_2O_3$ 溶液不能

直接滴定 $K_2Cr_2O_7$。采用置换滴定法时，一定量的 $K_2Cr_2O_7$ 酸性溶液，与过量的 KI 作用析出相当量的 I_2，以淀粉为指示剂，用 $Na_2S_2O_3$ 溶液滴定析出的 I_2，进而求得 $Na_2S_2O_3$ 溶液的浓度。这种滴定方式主要用于滴定反应没有定量关系或伴有副反应而无法直接滴定的物质测定。

(4) 间接滴定法　某些待测组分不能直接与滴定剂反应，但可通过其他的化学反应间接测定其含量。例如，用氧化还原滴定法测定 Ca^{2+} 时，利用 $(NH_4)_2C_2O_4$ 与 Ca^{2+} 作用形成 CaC_2O_4 沉淀，过滤洗涤后，加入 H_2SO_4 使其溶解，用 $KMnO_4$ 标准溶液滴定 $C_2O_4^{2-}$，可间接测定 Ca^{2+} 的含量。

由于返滴定法、置换滴定法和间接滴定法的应用，使滴定分析法的应用更加广泛。

三、滴定反应具备的条件

凡能满足下述要求的反应都可采用直接滴定法。

(1) 反应要按一定的化学反应式进行，即反应要具有确定的化学计量关系，不发生副反应。

(2) 反应必须定量进行，通常要求反应完全程度≥99.9%。

(3) 反应速率要快，速率较慢的反应可以通过加热、增加反应物浓度、加入催化剂等措施来加快反应速率。

(4) 有适当的指示剂或其他物理化学方法来确定滴定终点。

思考与练习 3-1

一、要点回顾

1. 基本术语

滴定分析、标准溶液、滴定、化学计量点、滴定终点、终点误差。

2. 滴定分析法分类和滴定方式

滴定分析法分为：酸碱滴定法、配位滴定法、氧化还原滴定法、沉淀滴定法。

滴定方式分为：直接滴定法、返滴定法、置换滴定法、间接滴定法。

二、学习思考

1. 什么是滴定分析？

2. 什么是标准溶液？

3. 什么叫化学计量点、滴定终点和终点误差？

4. 滴定分析对化学反应有哪些要求？

5. 常用的滴定方式有哪几种？各在什么情况下采用？

三、练习题

1. 食醋中醋酸含量的测定。用移液管准确量取 20.00 mL 食醋待测试液，加入酚酞指示剂后，用 NaOH 标准溶液滴定，滴定终点后根据 NaOH 标准溶液消耗的体积和浓度计算试液中醋酸的含量。请说明该测定属于何种滴定方式。

2. 蛋壳中 $CaCO_3$ 含量的测定。称取一定量试样，准确加入 40 mL 的 HCl 标准溶液，加入甲基橙指示剂后，用 NaOH 标准溶液滴定过量的 HCl 溶液。计算蛋壳试样中 $CaCO_3$ 的质量分数。请说明该测定属于何种滴定方式。

第二节 标 准 溶 液

【学习指导】 根据物质的性质不同,标准溶液的配制方法有直接法和间接法,其操作和选择的仪器都不同。直接法可用基准试剂配制标准溶液;间接法可用分析纯试剂配制成溶液后再进行标定。

标准溶液是指确定了准确浓度的用于滴定分析的溶液。在滴定分析中,标准溶液(滴定剂)的浓度和消耗体积是计算待测组分含量的主要依据,因此,对于标准溶液,正确配制,准确确定其浓度和妥善保存,将直接关系到滴定分析结果的准确度。

一、基准物质

基准物质是能够直接配制标准溶液或标定溶液浓度的物质。基准物质必须具备以下条件。

(1) 组成恒定并与化学式相符,包括结晶水。例如 $H_2C_2O_4 \cdot 2H_2O$,$Na_2B_4O_7 \cdot 10H_2O$ 等。

(2) 纯度达 99.9%以上,杂质含量应低于分析方法允许的误差限。

(3) 性质稳定。不易吸收空气中的水分和 CO_2,不易被空气氧化,不易风化,不易潮解。

(4) 有较大的摩尔质量,以减少称量时的相对误差。

(5) 试剂参加滴定反应时,应严格按反应式定量进行,没有副反应。

常用的基准物质有 $KHC_8H_4O_4$(邻苯二甲酸氢钾),$H_2C_2O_4 \cdot 2H_2O$,Na_2CO_3,$K_2Cr_2O_7$,NaCl,$CaCO_3$,金属锌等。因基准物质在贮存过程中会吸潮,要以适宜方法进行干燥处理后再使用(常用的基准物质的干燥条件请参阅配套实验教材),同时也要妥善保存。

二、标准溶液浓度的表示方法

1. 物质 B 的物质的量浓度

标准溶液的浓度常用物质的量浓度表示。物质 B 的物质的量浓度是指物质 B 的物质的量除以溶液的体积,用 c_B 表示。即

$$c_B = \frac{n_B}{V}$$

式中,n_B 表示溶液中溶质 B 的物质的量,单位为 mol 或 mmol;V 为溶液的体积,单位为 L 或 mL;浓度 c_B 的常用单位为 mol/L,如 $c(HCl)=0.120\,4$ mol/L。

由于物质的量 n_B 的数值,取决于基本单元的选择,因此,表示 B 的浓度时,必须标明基本单元。待测物质的基本单元的确定:在滴定反应中,根据酸碱反应的质子转移数、氧化还原反应的电子得失数或反应的计量关系来确定。

在滴定分析反应中,标准溶液基本单元一般均有规定。例如,在酸碱反应中常以 NaOH,HCl,$\frac{1}{2}H_2SO_4$ 为基本单元;在氧化还原反应中常以 $\frac{1}{2}I_2$,$Na_2S_2O_3$,$\frac{1}{5}KMnO_4$,$\frac{1}{6}KBrO_3$,$\frac{1}{6}K_2Cr_2O_7$ 等为基本单元;在配位反应中 EDTA 标准溶液基本单元规定为 EDTA;在沉淀滴定法中 $AgNO_3$ 标准溶液基本单元规定为 $AgNO_3$。即物质 B 在反应中的转移质子数或得失电子

数为 Z_B 时，基本单元选 $1/Z_B$。

例如，某 H_2SO_4 溶液的浓度，当选择 H_2SO_4 为基本单元时，其浓度 $c(H_2SO_4)=0.1$ mol/L；当选择$\frac{1}{2}H_2SO_4$ 为基本单元时，其浓度 $c\left(\frac{1}{2}H_2SO_4\right)=0.2$ mol/L。

当用 HCl 标准溶液滴定 Na_2CO_3 时，滴定反应为

$$2HCl+Na_2CO_3 \longrightarrow 2NaCl+CO_2\uparrow+H_2O$$

则
$$n(Na_2CO_3)=\frac{1}{2}n(HCl)$$

Na_2CO_3 的基本单元为$\frac{1}{2}Na_2CO_3$。

在酸性溶液中，用 $KMnO_4$ 标准溶液滴定 Fe^{2+} 时，滴定反应为

$$MnO_4^- +5Fe^{2+}+8H^+ \longrightarrow Mn^{2+}+5Fe^{3+}+4H_2O$$

则
$$n\left(\frac{1}{5}KMnO_4\right)=n(Fe^{2+})$$

Fe^{2+} 的基本单元为 Fe^{2+}。

2. 滴定度

在工矿企业的例行分析中，有时也用"滴定度"表示标准溶液的浓度。滴定度是指每毫升标准溶液相当于被测物质的质量(g 或 mg)，用 $T_{B/A}$ 表示。例如，若每毫升 $KMnO_4$ 标准溶液恰好能与 0.005 012 g Fe^{2+} 反应，则该 $KMnO_4$ 标准溶液的滴定度可表示为 $T_{Fe/KMnO_4}=0.005\ 012$ g/mL。如滴定时消耗 20.00 mL $KMnO_4$ 标准溶液，则相当于铁的质量为 $m=0.005\ 012$ g/mL×20.00 mL=0.100 2 g。

用 T_A 表示时是指每毫升标准溶液相当于溶质的质量。例如，$T_{NaOH}=0.004\ 876$ g/mL，则表示每毫升 NaOH 标准溶液相当于溶质的质量是 0.004 876 g。

滴定度主要用在工厂化验室中，需要对大量的试样中同一组分进行常规分析，这种情况用滴定度来表示标准溶液的浓度十分简便。

三、标准溶液的配制与标定

1. 直接法

准确称取一定量的基准物质，经溶解后转移至一定体积的容量瓶中，用去离子水准确稀释至刻度，摇匀。根据溶质的质量和容量瓶的体积即可计算出该标准溶液的准确浓度。

2. 间接法

用来配制标准溶液的物质大多数是不能满足基准物质条件的，如 HCl，NaOH，$KMnO_4$，I_2，$Na_2S_2O_3$ 等试剂，它们不适合用直接法配制成标准溶液，需要采用间接法(又称为标定法)。首先用分析纯试剂配制成接近于所需浓度的溶液(所配溶液的浓度值应在所需浓度值的±5%范围以内)，然后用基准物质来确定它的准确浓度，此测定过程称为标定。也可以用另一种标准溶液来测定所配溶液的浓度，这种方法称为比较法。用基准物质标定的方法其准确度较比较法高。

例如，欲配制 0.1 mol/L NaOH 标准溶液。

用基准物质标定：先用 NaOH 饱和溶液稀释配制成浓度大约是 0.1 mol/L 的稀溶液，然后称取一定量的基准试剂邻苯二甲酸氢钾或草酸进行标定，根据基准试剂的质量和待标定标准溶液的消耗体积，计算该标准溶液的浓度。

用比较法测定：移取一定体积的已知准确浓度的 HCl 标准溶液，用待定的 NaOH 溶液滴定至终点，根据 HCl 标准溶液的浓度、体积和 NaOH 溶液的消耗体积来计算 NaOH 溶液的浓度。标定法配制标准溶液要选用分析纯试剂。

配制好的溶液贴上标签，标明品名、浓度、日期。标准溶液在常温（15～25℃）下保存一般不超过两个月，当出现沉淀、浑浊或变色时应重新配制。

GB 601—88《化学试剂　滴定分析（容量分析）用标准溶液的制备》给出了 23 种标准溶液的配制方法。

思考与练习　3-2

一、要点回顾

1. 基准物质

基准物质是能够直接配制标准溶液或标定溶液浓度的物质。

2. 标准溶液浓度的表示方法

（1）物质 B 的物质的量浓度　是指物质 B 的物质的量除以溶液的体积，用 c_B 表示。

$$c_B=\frac{n_B}{V}$$

在确定摩尔质量、物质的量及溶液浓度时，应注意标明所选用的基本单元。

（2）滴定度　是指每毫升标准溶液 A 相当于被测物质 B 的质量（g 或 mg），用 $T_{B/A}$ 表示。单位：g/mL 或 mg/mL。

用 T_A 表示时是指每毫升标准溶液相当于溶质的质量。单位：g/mL 或 mg/mL。

3. 标准溶液的配制方法

直接法：用基准物质配制。主要仪器选用分析天平和容量瓶。

间接法：用分析纯试剂配制。如是固体物质，主要仪器则选用托盘天平和试剂瓶；如是液体物质则选用量筒和试剂瓶。然后再选择基准物质进行标定，也可采用比较法确定其准确浓度。

二、学习思考

1. 滴定分析计算的基本依据是什么？

2. 标定 NaOH 溶液时，邻苯二甲酸氢钾和草酸都可以作基准物质，你认为选择哪一种更好？为什么？$M(KHC_8H_4O_4)=204.2$ g/mol；$M(H_2C_2O_4\cdot 2H_2O)=126.1$ g/mol。

3. 分析纯试剂可以直接用来配制标准溶液吗？

三、练习题

1. 求算下列反应中“画线”物质的基本单元。

（1）$\underline{Na_2B_4O_7}+2HCl+5H_2O \longrightarrow 2NaCl+4H_3BO_3$

（2）$2MnO_4^- + 5\,\underline{H_2O_2}+6H^+ \longrightarrow 2Mn^{2+}+5O_2+8H_2O$

（3）$2HCl+\underline{Na_2CO_3} \longrightarrow 2NaCl+CO_2\uparrow+H_2O$

（4）$HCl+\underline{Na_2CO_3} \longrightarrow NaCl+NaHCO_3$

2. 说明下列物质配制标准溶液所选择的方法。

$Na_2B_4O_7\cdot 10H_2O$，NaOH，HCl，$KMnO_4$，I_2，$Na_2S_2O_3$，无水 Na_2CO_3（基准物质）

第三节 滴定分析中的计算

【学习指导】 本书主要采用等物质的量规则进行有关计算，该规则的运用要注意正确选择基本单元。滴定计算中，必须熟练地写出涉及的化学反应式，根据题意判断出滴定方式再进行计算，还要注意有效数字的正确运用。

一、滴定分析计算的依据

在滴定分析中，滴定剂 A 与被测组分 B 发生下列反应：

$$aA+bB \longrightarrow cC+dD$$

则被测组分 B 的物质的量 n_B 与滴定剂 A 的物质的量 n_A 之间的关系可用两种方式求得。

1. 根据滴定剂 A 与被测组分 B 的化学计量数比计算

由上述反应式可得：$n_A : n_B = a : b$，则

$$n_B=\frac{b}{a}n_A \tag{3-1}$$

式中，$\frac{b}{a}$称为化学计量数比（也称摩尔比），该化学计量关系是滴定分析定量测定的依据。

2. 根据等物质的量规则计算

等物质的量规则是指在滴定分析中，对于一定的化学反应，若根据滴定反应选取适当的基本单元，则滴定到达化学计量点时被测组分物质的量与标准溶液物质的量相等。例如：

$$MnO_4^- + 5Fe^{2+} + 8H^+ \longrightarrow Mn^{2+} + 5Fe^{3+} + 4H_2O$$

$KMnO_4$ 的电子转移数为 5，以$\frac{1}{5}KMnO_4$ 为基本单元；Fe^{2+} 的电子转移数为 1，以 Fe^{2+} 为基本单元。则

$$n\left(\frac{1}{5}KMnO_4\right)=n(Fe^{2+})$$

二、滴定分析中的计算

从滴定的全过程看，遇到的计算问题有基准物质的称量计算，标准溶液配制与标定计算，待测物质组分含量计算。

1. 基准物质的称量计算

例 3-1 欲配制 $c\left(\frac{1}{2}Na_2CO_3\right)=0.1000\ mol/L$ 的 Na_2CO_3 标准溶液 250.0 mL，应称取基准试剂 Na_2CO_3 多少克？已知 $M(Na_2CO_3)=106.0\ g/mol$。

解：设应称取基准试剂的质量为 $m(Na_2CO_3)$，则

$$m(Na_2CO_3)=c\left(\frac{1}{2}Na_2CO_3\right)\cdot V(Na_2CO_3)\cdot M\left(\frac{1}{2}Na_2CO_3\right)$$

$$=0.1000\ mol/L\times0.2500\ L\times\frac{1}{2}\times106.0\ g/mol=1.3250\ g$$

答：称取基准试剂 Na_2CO_3 的质量为 1.3250 g。

例 3-2 配制 0.1 mol/L HCl 溶液，用基准试剂硼砂（$Na_2B_4O_7 \cdot 10H_2O$）标定其浓度，计算 $Na_2B_4O_7 \cdot 10H_2O$ 的称量范围。已知 $M\left(\frac{1}{2}Na_2B_4O_7 \cdot 10H_2O\right) = 190.7\ g/mol$。

解：用 $Na_2B_4O_7 \cdot 10H_2O$ 标定 HCl 溶液浓度的反应为

$$Na_2B_4O_7 + 2HCl + 5H_2O \longrightarrow 2NaCl + 4H_3BO_3$$

硼砂的基本单元为 $\frac{1}{2}Na_2B_4O_7 \cdot 10H_2O$，根据反应式得

$$n\left(\frac{1}{2}Na_2B_4O_7\right) = n(HCl)$$

$$\frac{m(Na_2B_4O_7 \cdot 10H_2O)}{M\left(\frac{1}{2}Na_2B_4O_7 \cdot 10H_2O\right)} = c(HCl) \cdot V(HCl)$$

$$m(Na_2B_4O_7 \cdot 10H_2O) = c(HCl) \cdot V(HCl) \cdot M\left(\frac{1}{2}Na_2B_4O_7 \cdot 10H_2O\right)$$

为保证标定的准确度，HCl 溶液的消耗体积一般为 20～30 mL。

$$m_1 = (0.1 \times 0.020 \times 190.7)g = 0.38\ g$$

$$m_2 = (0.1 \times 0.030 \times 190.7)g = 0.57\ g$$

答：基准试剂 $Na_2B_4O_7 \cdot 10H_2O$ 的称量范围应为 0.38～0.57 g。

2. 标准溶液配制与标定计算

例 3-3 准确称取基准物质邻苯二甲酸氢钾（$KHC_8H_4O_4$）3.010 2 g，溶解后转移至 250.0 mL 容量瓶中稀释至刻度，摇匀，计算此溶液的浓度。已知 $M(KHC_8H_4O_4) = 204.2\ g/mol$。

解：用基准物质邻苯二甲酸氢钾配制标准溶液，采用直接法。

根据 $\frac{m}{M} = c_BV_B$ 得

$$c(KHC_8H_4O_4) = \frac{3.010\ 2\ g}{204.2\ g/mol \times 250.0\ mL} = 0.058\ 97\ mol/L$$

答：邻苯二甲酸氢钾溶液的浓度为 0.058 97 mol/L。

例 3-4 准确称取基准物质草酸（$H_2C_2O_4 \cdot 2H_2O$）1.902 0 g 于 250 mL 容量瓶中，稀释至刻度，摇匀。移取 25.00 mL 于锥形瓶中，用 NaOH 标准溶液滴定，消耗了 NaOH 溶液 25.42 mL，计算 NaOH 溶液的浓度。已知 $M(H_2C_2O_4 \cdot 2H_2O)$ 为 126.1 g/mol。

解：由于 NaOH 易吸收空气中的水分和 CO_2，其标准溶液采用间接方法配制，再用基准物质草酸（$H_2C_2O_4 \cdot 2H_2O$）进行标定。

按题意滴定反应为

$$2NaOH + H_2C_2O_4 \longrightarrow Na_2C_2O_4 + 2H_2O$$

根据质子转移数选 NaOH 为基本单元，$H_2C_2O_4 \cdot 2H_2O$ 的基本单元为 $\frac{1}{2}H_2C_2O_4 \cdot 2H_2O$，则

$$c(NaOH) = \frac{m(H_2C_2O_4 \cdot 2H_2O) \times \frac{25.00\ mL}{250\ mL}}{M\left(\frac{1}{2}H_2C_2O_4 \cdot 2H_2O\right)} \times \frac{1}{V(NaOH)}$$

代入数据得

$$c(NaOH) = \frac{1.902\ 0\ g \times \frac{25.00\ mL}{250\ mL}}{\frac{1}{2} \times 126.1\ g/mol \times 25.42\ mL} = 0.118\ 7\ mol/L$$

答：该 NaOH 溶液的浓度为 0.118 7 mol/L。

3. 滴定度与物质的量浓度之间的换算

设标准溶液浓度为 c_A，滴定度为 $T_{B/A}$，根据等物质的量规则（或化学计量数比）和滴定度定义，它们之间的关系应为

$$T_{B/A}=\frac{b}{a}c_A M_B \tag{3-2}$$

或

$$T_{B/A}=c\left(\frac{1}{Z_A}\right)\cdot M\left(\frac{1}{Z_B}\right) \tag{3-3}$$

例 3-5 计算 $c(HCl)=0.102\ 4$ mol/L 的 HCl 溶液对 Na_2CO_3 的滴定度。已知 $M(Na_2CO_3)=106.0$ g/mol。

解：滴定反应式为

$$2HCl+Na_2CO_3 \longrightarrow 2NaCl+CO_2\uparrow+H_2O$$

根据质子转移数选 HCl，$\frac{1}{2}Na_2CO_3$ 为基本单元，采用式（3-3），则

$$T_{Na_2CO_3/HCl}=c(HCl)M\left(\frac{1}{2}Na_2CO_3\right)$$

$$=0.102\ 4\ \text{mol/L}\times\frac{1}{2}\times106.0\ \text{g/mol}=0.005\ 427\ \text{g/mL}$$

4. 待测组分含量的计算

若被测定的试样是固体，其质量为 m_s，试样中被测物质 B 的质量为 m_B，则试样中被测物质 B 的质量分数为

$$w_B=\frac{m_B}{m_s}\times100\% \tag{3-4}$$

其中

$$m_B=n_B M_B \tag{3-5}$$

将式（3-5）和式（3-1）代入式（3-4）得

按化学计量数比

$$w_B=\frac{\frac{b}{a}c_A V_A M_B}{m_s}\times100\% \tag{3-6}$$

按等物质的量规则

$$w_B=\frac{c\left(\frac{1}{Z_A}A\right)\cdot V_A\cdot M\left(\frac{1}{Z_B}B\right)}{m_s}\times100\% \tag{3-7}$$

例 3-6 称取 0.259 8 g 工业纯碱试样，以甲基橙为指示剂，用 0.198 6 mol/L 的 HCl 标准溶液滴定，终点时消耗 HCl 标准溶液 23.50 mL，求该工业纯碱的质量分数。

解：工业纯碱试样的测定属于直接滴定法。滴定反应为

$$2HCl+Na_2CO_3 \longrightarrow 2NaCl+CO_2\uparrow+H_2O$$

$$w(Na_2CO_3)=\frac{c(HCl)V(HCl)M\left(\frac{1}{2}Na_2CO_3\right)}{m_s}\times100\%$$

$$=\frac{0.198\ 6\ \text{mol/L}\times0.023\ 50\ \text{L}\times\frac{1}{2}\times106.0\ \text{g/mol}}{0.259\ 8\ \text{g}}\times100\%$$

$$=95.21\%$$

答：试样中 Na_2CO_3 的质量分数为 95.21%。

若被测定的是液体试样，通常是计算 B 的质量浓度 ρ_A。设所取试液的体积为 V_s，其计算通式为

第四章 酸碱滴定法

学习目标

- 掌握酸碱质子理论的酸碱定义，正确地判断物质的酸碱性，区分酸（碱）的强弱，理解酸碱反应的实质；
- 理解酸碱反应平衡常数的意义。掌握酸碱水溶液中 H^+ 浓度的计算方法；
- 掌握缓冲溶液的选择原则、pH 计算及配制方法；
- 理解酸碱指示剂的作用原理，掌握常用酸碱指示剂变色范围、变色点和使用方法；
- 了解使用混合指示剂的意义及混合指示剂的配制方法；
- 了解各类酸碱滴定曲线的特征，掌握影响各类酸碱滴定突越范围的因素；
- 掌握一元弱酸（碱）、多元弱酸（碱）和混合酸（碱）滴定可行性判断方法及指示剂的选择；
- 掌握酸碱标准溶液的配制方法；
- 了解非水溶液中酸碱滴定的原理和应用。

酸碱滴定法是以酸碱反应为基础的定量分析方法，又称中和滴定。由于酸碱反应一般非常快速，能够满足滴定分析的要求。酸碱反应的完全程度同酸碱的强度以及浓度等因素有关。酸和碱越弱或浓度越小，反应的完全程度越差，严重时将不能满足滴定分析的要求。通常采用强酸和强碱作为滴定剂，使酸碱反应能进行得更完全。而酸碱滴定的终点常由酸碱指示剂的变色来确定。

第一节 概 述

【学习指导】 酸碱反应的实质和平衡常数是本节的主要内容。从酸碱质子理论关于酸（碱）的定义出发，围绕质子的转移这一主线，正确理解共轭酸碱对、酸碱半反应、酸碱强弱和酸碱反应的实质。酸的浓度和酸度的概念是不同的，学习时要注意区别，明确两者的关系。

一、酸碱质子理论

1. 基本概念

布朗斯特（Brϕnsted J N）于 1923 年提出的酸碱质子理论认为，酸是能给出质子的物质，碱是能接受质子的物质。例如：

$$HA(酸) \rightleftharpoons H^+ + A^-(碱)$$

上述反应称为酸碱半反应。反应中或是 HA 失去一个质子形成其共轭碱 A^-，或是碱 A^- 获得一个质子生成其共轭酸 HA。HA 和 A^- 称为共轭酸碱对，也可直接称为酸碱对，彼此只相差一个质子。

酸碱的定义是广义的，可以是中性分子，也可以是阳离子或阴离子。酸或碱又是相对的，与本身和溶剂的性质有关。例如：

$$酸 \rightleftharpoons 质子 + 碱$$

$$H_2S \rightleftharpoons H^+ + HS^-$$

$$HS^- \rightleftharpoons H^+ + S^{2-}$$

$$NH_4^+ \rightleftharpoons H^+ + NH_3$$

$$H_2PO_4^- \rightleftharpoons H^+ + HPO_4^{2-}$$

$$HPO_4^{2-} \rightleftharpoons H^+ + PO_4^{3-}$$

想一想

$H_2PO_4^{2-}$ 和 PO_4^{3-} 是共轭酸碱对吗？为什么？

各个共轭酸碱对的质子得失反应称为酸碱半反应。在上述酸碱半反应中，HS^- 和 HPO_4^{2-} 在不同的共轭酸碱对中有时是酸，有时是碱，这类物质称为两性物质。

2. 酸碱反应

由于酸碱反应实质是发生在两对共轭酸碱对之间的质子转移反应，因此它是由两个酸碱半反应组成，即酸碱半反应是不能单独存在的。例如，HAc 在水溶液中的解离：

$$\underset{酸1}{HAc} + \underset{碱2}{H_2O} \rightleftharpoons \underset{酸2}{H_3O^+} + \underset{碱1}{Ac^-}$$

为了书写方便，通常将上述反应简写为

$$HAc \rightleftharpoons H^+ + Ac^-$$

它代表的仍然是一个完整的酸碱反应。HAc 的水溶液表现出的酸性，是由于 HAc 和水溶剂之间发生了质子转移的结果。

又如，NH_3 在 H_2O 中的反应为

$$\underset{碱2}{NH_3} + \underset{酸1}{H_2O} \rightleftharpoons \underset{酸2}{NH_4^+} + \underset{碱1}{OH^-}$$

上述反应简写为

$$NH_3 \cdot H_2O \rightleftharpoons NH_4^+ + OH^-$$

NH_3 的水溶液表现出的碱性，也是由于 NH_3 和水溶剂之间发生了质子转移的结果。

因此，质子理论中酸碱反应的实质是质子的转移。在上述两个反应中，水分子既可以接受质子，又可以提供质子，因此它是两性物质。

发生在溶剂水分子之间的质子转移作用称为水的质子自递反应，实际上也是酸碱反应。

$$\underset{酸1}{H_2O} + \underset{碱2}{H_2O} \rightleftharpoons \underset{酸2}{H_3O^+} + \underset{碱1}{OH^-}$$

3. 酸碱反应的平衡常数

酸碱反应进行的程度可以用相应平衡常数的大小来衡量。例如，弱酸 HA、弱减 A^- 在水溶液中的解离反应，即它们与溶剂之间的酸碱反应为

$$HA + H_2O \rightleftharpoons H_3O^+ + A^-$$

$$A^- + H_2O \rightleftharpoons HA + OH^-$$

水的自递反应是酸碱反应吗?

反应的平衡常数称为酸、碱的解离常数,分别用 K_a 或 K_b 来表示。

$$K_a=\frac{[H^+][A^-]}{[HA]} \tag{4-1a}$$

$$K_b=\frac{[HA][OH^-]}{[A^-]} \tag{4-1b}$$

在稀溶液中,通常将溶剂(此处为水)的活度视为 1,可用浓度代替活度。

又如,在水的质子自递反应中,其平衡常数称为水的质子自递常数,或称水的离子积(严格讲应是活度积),用 K_w 表示。

$$H_2O+H_2O \rightleftharpoons H_3O^+ +OH^-$$

$$K_w=[H_3O^+][OH^-] \tag{4-2}$$

水合质子也可以简写为 H^+,因此水的质子自递常数可以简写为

$$K_w=[H^+][OH^-] \tag{4-3}$$

在 25℃时,$K_w=[H^+][OH^-]=1.0\times10^{-14}$。

K_a,K_b 和 K_w 表示了在一定温度下,酸碱反应达到平衡时各组分浓度(严格讲应是活度)之间的关系。

K_a 或 K_b 可由书后附录一和附录二查得。但在做准确度较高的计算时,例如计算标准缓冲溶液的 pH,就必须用活度。

4. 酸碱强度、共轭酸碱对 K_a 与 K_b 的关系

酸碱强度取决于酸碱得失质子的能力以及介质传递质子的能力。酸碱强度是相对的,因酸碱物质不同、介质不同而不同。这里仅讨论以水为溶剂时酸碱强度的比较。

选择以 $H_3^+O-H_2O$ 共轭酸碱对作为比较标准,则水溶液中酸的强度取决于它将质子给予水分子的能力,而碱的强度取决于它从水分子中夺取质子的能力。衡量这种释放、夺取质子的能力的尺度是酸碱解离常数 K_a 或 K_b。K_a(或 K_b)的值越大,表明酸(或碱)与水之间的质子转移反应越完全,即该酸(或碱)的酸(或碱)性越强;反之,亦然。

由式(4-1a)和式(4-1b)可知,共轭酸碱对的 K_a 与 K_b 之间的关系应满足:

$$K_a\cdot K_b=\frac{[H^+][A^-]}{[HA]}\times\frac{[HA][OH^-]}{[A^-]}=[H^+][OH^-]=K_w$$

即在共轭酸碱对中,酸、碱解离常数的乘积等于溶剂的质子自递常数。

$$K_a\cdot K_b=K_w \tag{4-4}$$

或

$$pK_a+pK_b=pK_w=14.00 \tag{4-5}$$

由上式可知,在共轭酸碱中,若酸(或碱)的酸(或碱)性越强,其共轭碱(或酸)的碱(或酸)性就越弱。

在水溶液中,$HClO_4$,H_2SO_4,HCl 和 HNO_3 都是很强的酸,如果浓度不是太大,它们与水分子之间的质子转移反应都进行得十分完全,因而不能显示出它们之间酸强度的差别,所以 H_3O^+ 是水溶液中实际存在的最强酸的形式。可以想象,上述酸的共轭碱 ClO_4^-,HSO_4^-,Cl^- 和 NO_3^- 都是极弱的碱,几乎没有从 H_3O^+ 处获得质子的能力。同理,OH^- 也是水溶液中最强碱的存在形式。

多元碱各级解离常数的大小通常有下述关系：

$$K_{a_1} > K_{a_2} > K_{a_3} \cdots \quad 或 \quad K_{b_1} > K_{b_2} > K_{b_3} \cdots$$

在水溶液中多元酸(或碱)的解离是逐级进行的，例如，H_3PO_4 能形成三个共轭酸碱对：

$$H_3PO_4 \rightleftharpoons H_2PO_4^- \rightleftharpoons HPO_4^{2-} \rightleftharpoons PO_4^{3-}$$

（酸式解离 →；← 碱式解离）

$$PO_4^{3-} + H_2O \rightleftharpoons HPO_4^{2-} + OH^- \qquad K_{b_1} = \frac{K_w}{K_{a_3}}$$

$$HPO_4^{2-} + H_2O \rightleftharpoons H_2PO_4^- + OH^- \qquad K_{b_2} = \frac{K_w}{K_{a_2}}$$

$$H_2PO_4^- + H_2O \rightleftharpoons H_3PO_4 + OH^- \qquad K_{b_3} = \frac{K_w}{K_{a_1}}$$

对于每一共轭酸碱对 K_a 与 K_b 均存在式(4-4)中所述的关系，所以

$$K_{a_1} K_{b_3} = K_{a_2} K_{b_2} = K_{a_3} K_{b_1} \tag{4-6}$$

酸碱质子理论与电离理论比较，质子理论中无“盐的概念”；质子理论的酸、碱不局限于水溶液，扩大了酸碱的范围；质子理论中的酸和碱是对立统一的。

二、酸的浓度、酸度和活度

1. 酸的浓度和酸度

分析浓度(总浓度)即溶液中溶质 B 的物质的量浓度，包括未解离的与已解离的溶质的浓度，用符号 c_B 表示，单位为 mol/L。平衡浓度指在平衡状态时，溶质或溶质各种存在形式的浓度，以符号[ ]表示，单位为 mol/L。

酸的浓度是指酸的分析浓度；溶液中 H^+ 的平衡浓度称为酸度，碱度则为 OH^- 的浓度(严格地讲是 H^+ 或 OH^- 的活度)。稀溶液的酸度、碱度常用 pH，pOH 来表示。

例如，0.10 mol/L 的 NaCl 和 HAc 溶液，c(NaCl)和 c(HAc)均为 0.10 mol/L，平衡状态时，$[Cl^-]=[Na^+]=0.10$ mol/L，而 HAc 是弱酸，因部分解离在溶液中有两种存在形式，平衡浓度分别为[HAc]和$[Ac^-]$。

2. 活度和浓度

在电解质溶液中，由于离子之间以及离子与溶质之间存在相互作用，使得离子在化学反应中表现出的有效浓度与其真实的浓度之间存在一定差别。离子在化学反应中起作用的有效浓度称为离子的活度，以 a 表示，它与离子浓度 c 的关系是

$$a = c\gamma \tag{4-7}$$

式中，γ 称为离子的活度系数，其大小反映了离子间力对离子化学作用影响的大小，也是衡量实际溶液与理想溶液之间差别的尺度。对于浓度极低的电解质溶液，由于离子的总浓度很低，离子间相距甚远，因此可忽略离子间的相互作用，将其视为理想溶液，即 $\gamma \approx 1, a \approx c$；而对于浓度较高的电解质溶液，由于离子的总浓度较高，离子间距离较小，离子间作用增大，因此 $\gamma < 1, a < c$。

思考与练习　4-1

一、要点回顾

1. 酸碱反应及反应的实质

酸是能给出质子的物质，碱是能接受质子的物质。酸碱反应的实质是质子的转移反应。

2. 酸的浓度、酸度和活度

	酸的浓度	酸度	活度
概念	酸的物质的量浓度	H^+的平衡浓度	化学反应中的有效浓度
表示方法	c_B	[ ]	a
单位	mol/L	mol/L	mol/L

3. 酸碱反应的平衡常数

酸碱反应的平衡常数反映了酸碱反应进行的完全程度。酸（或碱）的 K_a（或 K_b）越大，酸（或碱）性越强；酸（或碱）的 K_a（或 K_b）越小，酸（或碱）性越弱。酸（或碱）性越强，其共轭碱（或酸）的碱（或酸）性越弱；反之亦然。

二、学习思考

1. 酸碱质子理论中酸碱的定义分别是什么？酸碱反应的实质是什么？

2. 举例说明酸的浓度与酸度之间的区别。

3. 在 1 mol/L HCl 和 1 mol/L HAc 溶液中，哪一个[H_3O^+]较高？为什么？

三、练习题

写出下列碱的共轭酸：$H_2PO_4^-$，$HC_2O_4^-$，HPO_4^{2-}，HCO_3^-，H_2O，$C_2H_5O^-$。

第二节　酸碱溶液中的分布分数及 H^+ 浓度的计算

【学习指导】　溶液中各种组分的浓度和溶液中 H^+ 浓度的计算是本节的主要内容，这也是滴定分析法重要的理论基础。在理解分布分数概念的基础上，重点掌握一元弱酸或弱碱和二元弱酸或弱碱溶液中各种组分浓度的计算。通过例题弄清楚溶液中 pH 计算所需条件，能熟练计算分析化学中常见酸碱溶液的 pH。

分析化学中所使用的试剂（如沉淀剂、配位剂等）大多是弱酸或弱碱。在弱酸或弱碱平衡体系中，往往存在多种酸碱组分，这些组分的浓度，随溶液中酸度的改变而变化。利用这一性质，通过控制溶液的酸度来控制反应物或生成物某种组分的浓度，以便使某反应进行完全，或对某些干扰组分进行掩蔽。因此，了解酸度对弱酸或弱碱各种存在形式的分布的影响，对于掌握与控制分析条件具有重要的指导意义。

一、分布分数与分布曲线

分布分数能定量说明溶液中各种酸碱组分的分布情况。溶液中某酸碱组分的平衡浓度占其分析浓度的分数称为分布分数，以 δ 表示。当溶液的 pH 发生变化时，平衡随之移动，溶液中酸

(碱)各组分的分布情况也发生变化,所以分布分数也随之发生相应变化。分布分数随溶液 pH 变化的曲线称为分布曲线。

1. 一元弱酸(碱)

一元弱酸 HA 在水溶液中达到解离平衡后,只能以 HA 和 A^- 两种形式存在。设一元弱酸 HA 的总浓度为 c,HA 和 A^- 的分布分数分别为 δ_0 和 δ_1,根据分布分数的定义和 K_a 的表达式有

$$\delta_0=\frac{[HA]}{c}=\frac{[HA]}{[HA]+[A^-]}=\frac{1}{1+\frac{K_a}{[H^+]}}=\frac{[H^+]}{[H^+]+K_a} \quad (4-8a)$$

同理

$$\delta_1=\frac{[A^-]}{c}=\frac{K_a}{[H^+]+K_a} \quad (4-8b)$$

显然

$$\delta_1+\delta_0=1$$

若以溶液 pH 为横坐标,溶液中各存在形式的分布分数为纵坐标,则可得到 HA 的分布曲线。图 4-1 显示了 HAc 的分布曲线。

由图 4-1 可知,随着溶液的 pH 增大,δ_0 逐渐减小,而 δ_1 则逐渐增大。当溶液的 $pH=pK_a$(4.74)时,两条曲线相交于 $\delta_0=\delta_1=0.5$ 处,显然[HAc]=[Ac^-];当 $pH<pK_a$ 时,溶液中 HAc 占优势;反之,当 $pH>pK_a$ 时,Ac^- 为主要存在形式。

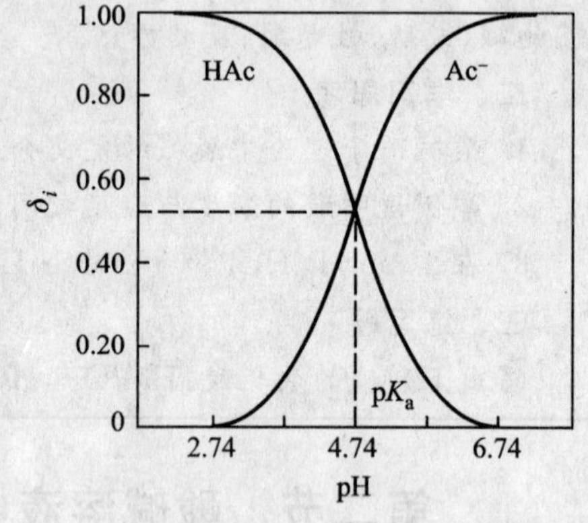

图 4-1 HAc 和 Ac^- 的分布分数与溶液 pH 的关系曲线

以上讨论结果亦适用于其他一元弱酸(碱)。由式(4-8a)和式(4-8b)可知,在平衡状态下,一元弱酸(碱)各种存在形式分布分数的大小首先与酸(碱)本身的强弱(即 K_a 或 K_b 的大小)有关;对于某酸(碱)而言,分布分数是溶液中[H^+]的函数。

2. 多元酸(碱)

设二元酸 H_2A 的浓度为 c,在水溶液中有 H_2A、HA^- 和 A^- 三种形式存在。按与一元酸类似的方法处理,可以推导出二元酸分布分数的计算公式,即

$$\delta_0=\frac{[H^+]^2}{[H^+]^2+K_{a_1}[H^+]+K_{a_1}K_{a_2}} \quad (4-9a)$$

$$\delta_1=\frac{K_{a_1}[H^+]}{[H^+]^2+K_{a_1}[H^+]+K_{a_1}K_{a_2}} \quad (4-9b)$$

$$\delta_2=\frac{K_{a_1}K_{a_2}}{[H^+]^2+K_{a_1}[H^+]+K_{a_1}K_{a_2}} \quad (4-9c)$$

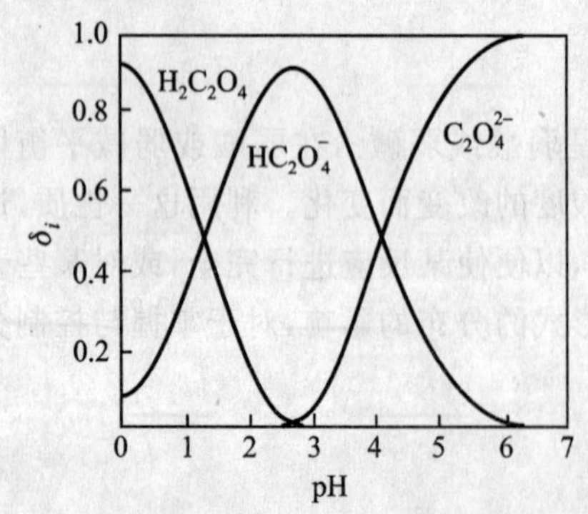

图 4-2 草酸各种存在形式的分布曲线图

图 4-2 是草酸的分布曲线图。从中可以看出:当 $pH<pK_{a_1}$ 时,溶液中草酸分子($H_2C_2O_4$)是主要存在形式;$pH>pK_{a_2}$ 时,草酸根($C_2O_4^{2-}$)存在形式占优势;$pK_{a_1}<pH<pK_{a_2}$ 时,草酸氢根($HC_2O_4^-$)的浓度明显

高于其他两者。

二元弱碱各种存在形式的分布分数，亦可采用上述相应的公式进行计算。

例 4-1　计算 pH=5.0 时，0.10 mol/L 草酸溶液中 $C_2O_4^{2-}$ 的浓度。

解：

$$\delta_2=\frac{[C_2O_4^{2-}]}{c}=\frac{K_{a_1}K_{a_2}}{[H^+]^2+K_{a_1}[H^+]+K_{a_1}K_{a_2}}$$

$$=\frac{5.9\times10^{-2}\times6.4\times10^{-5}}{(10^{-5})^2+5.9\times10^{-2}\times10^{-5}+5.9\times10^{-2}\times6.4\times10^{-5}}$$

$$=0.86$$

$$[C_2O_4^{2-}]=\delta_2 c=0.86\times0.10\ \text{mol/L}=0.086\ \text{mol/L}$$

磷酸为三元酸，在溶液中有四种存在形式：H_3PO_4，$H_2PO_4^-$，HPO_4^{2-} 和 PO_4^{3-}，按上述方法可以推导出平衡时溶液各存在形式分布分数的计算公式，即

$$\delta_0=\frac{[H^+]^3}{[H^+]^3+K_{a_1}[H^+]^2+K_{a_1}K_{a_2}[H^+]+K_{a_1}K_{a_2}K_{a_3}} \tag{4-10a}$$

$$\delta_1=\frac{K_{a_1}[H^+]^2}{[H^+]^3+K_{a_1}[H^+]^2+K_{a_1}K_{a_2}[H^+]+K_{a_1}K_{a_2}K_{a_3}} \tag{4-10b}$$

$$\delta_2=\frac{K_{a_1}K_{a_2}[H^+]}{[H^+]^3+K_{a_1}[H^+]^2+K_{a_1}K_{a_2}[H^+]+K_{a_1}K_{a_2}K_{a_3}} \tag{4-10c}$$

$$\delta_3=\frac{K_{a_1}K_{a_2}K_{a_3}}{[H^+]^3+K_{a_1}[H^+]^2+K_{a_1}K_{a_2}[H^+]+K_{a_1}K_{a_2}K_{a_3}} \tag{4-10d}$$

$$\delta_0+\delta_1+\delta_2+\delta_3=1$$

以上各式中，c 表示磷酸的分析浓度，δ_3，δ_2，δ_1 和 δ_0 分别表示 H_3PO_4，$H_2PO_4^-$，HPO_4^{2-} 和 PO_4^{3-} 的分布分数。其 δ_i-pH 曲线见图 4-3。由于磷酸的三级解离常数 pK_{a_1}（2.12），pK_{a_2}（7.20）和 pK_{a_3}（12.36）之间相隔很大，因此各种存在形式共存的情况不如酒石酸明显，有利于分步滴定（详见本章第五节的讨论）。

可见，分布分数主要取决于酸碱的强弱与溶液中 H^+ 的浓度。

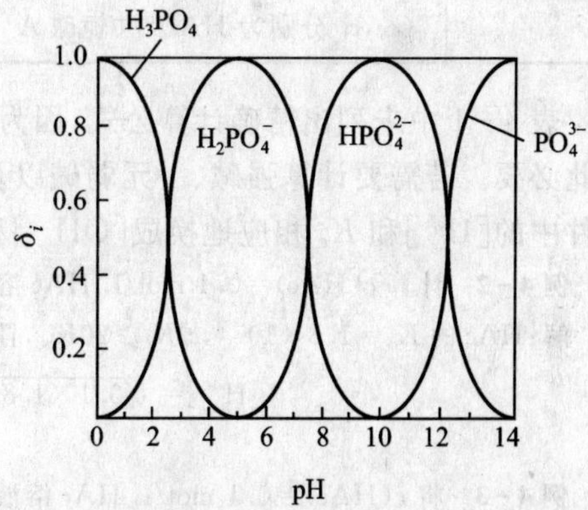

图 4-3　磷酸各种存在形式的分布曲线图

二、酸碱水溶液中 H^+ 浓度计算公式及使用条件

酸度是影响水溶液中化学平衡最重要的因素之一，溶液中 H^+ 浓度的计算具有实际意义。由于酸碱反应的实质是质子的转移，因此可根据共轭酸碱对之间质子转移的平衡关系（质子条件式）来推导出计算溶液中$[H^+]$的公式，在运算过程中再根据具体情况进行合理的近似处理，即可得到计算$[H^+]$的近似式与最简式。有关$[H^+]$计算公式的推导在《无机化学》中已做了详细介绍，本书不再赘述。为方便起见，表 4-1 列出了分析化学中常用酸碱水溶液$[H^+]$的计算公式及其在允许有 5%误差范围内的使用条件，供读者选择与参考。

表 4-1 常用酸碱水溶液计算[H$^+$]简化公式及使用条件

类 别	计 算 公 式	使用条件(允许误差 5%)
强酸	近似式:$[H^+]=c_a$ $[H^+]=\sqrt{K_w}$ 精确式:$[H^+]=\frac{1}{2}(c+\sqrt{c^2+4K_w})$	$c_a\geqslant10^{-6}$ mol/L $c_a<10^{-8}$ mol/L 10^{-6} mol/L$\geqslant c_a\geqslant10^{-8}$ mol/L
一元弱酸	近似式:$[H^+]=\frac{1}{2}(-K_a+\sqrt{K_a^2+4c_aK_a})$ 最简式:$[H^+]=\sqrt{cK_a}$	$c_aK_a\geqslant20K_w$ $c_aK_a\geqslant20K_w$, $c_a/K_a\geqslant500$
二元弱酸	近似式:$[H^+]=\frac{1}{2}(-K_{a_1}+\sqrt{K_{a_1}^2+4c_aK_{a_1}})$ 最简式:$[H^+]=\sqrt{c_aK_{a_1}}$	$c_aK_{a_1}\geqslant20K_w$ $c_aK_{a_1}\geqslant20K_w$, $c_a/K_{a_1}\geqslant500$
两性物质	酸式盐 近似式:$[H^+]=\sqrt{cK_{a_1}K_{a_2}/(K_{a_1}+c)}$ 最简式:$[H^+]=\sqrt{K_{a_1}K_{a_2}}$ 弱酸弱碱盐(1:1型) 近似式:$[H^+]=\sqrt{cK_aK'_a/(K_a+c)}$ 最简式:$[H^+]=\sqrt{K_aK'_a}$ (K'_a 为弱碱的共轭酸的解离常数,K_a 为弱酸的解离常数)	 $cK_{a_2}\geqslant20K_w$ $cK_{a_2}\geqslant20K_w$, $c\geqslant20K_{a_1}$ $cK'_a\geqslant20K_w$ $cK'_a\geqslant20K_w$, $c\geqslant20K_a$
缓冲溶液	最简式:$[H^+]=\frac{c_a}{c_b}\cdot K_a$ (c_a,c_b 分别为 HA 及共轭碱 A^- 的浓度)	$c_a\gg[OH^-]-[H^+]$, $c_b\gg[H^+]-[OH^-]$

表 4-1 中未列出精确计算公式,因为进行精确计算需要复杂的数学处理,在实际工作中也无此必要。若需要计算强碱、一元弱碱以及二元弱碱等碱性物质的 pH,只需将计算公式及使用条件中的[H$^+$]和 K_a 相应地换成[OH$^-$]和 K_b 即可。

例 4-2 计算 c(HAc)=0.1 mol/L HAc 溶液的 pH。

解:HAc 的 $K_a=1.8\times10^{-5}$,$c_aK_a\geqslant20K_w$,且 $c_a/K_a\geqslant500$,用最简公式计算。

$$[H^+]=\sqrt{0.1\times1.8\times10^{-5}}\ \text{mol/L}=1.34\times10^{-3}\ \text{mol/L}$$

$$pH=2.87$$

例 4-3 将 c(HAc)=0.1 mol/L HAc 溶液稀释一倍,计算此稀溶液的 pH。

解:溶液稀释一倍后浓度为原来的$\frac{1}{2}$,即 0.050 mol/L,$c_aK_a\geqslant20K_w$,且 $c_a/K_a\geqslant500$,则

$$[H^+]=\sqrt{0.050\times1.8\times10^{-5}}\ \text{mol/L}=9.49\times10^{-4}\ \text{mol/L}$$

$$pH=3.02$$

从上述两例可看出,弱酸虽稀释一倍,但它的[H$^+$]并未按比例减小,因为稀释后它的解离度增大了,这一点应加以注意。

例 4-4 计算 $c(NH_4Cl)$=0.10 mol/L NH_4Cl 溶液的 pH。

解:NH_4Cl 是强电解质,在溶液中全部解离,NH_4^+ 是 NH_3 的共扼酸,NH_3 的 $K_b=1.8\times10^{-5}$,所以 NH_4^+ 的

$K_a=\frac{1.00\times10^{-14}}{1.8\times10^{-5}}=5.6\times10^{-10}$，而 $c_aK_a\geqslant20K_w$，且 $c_a/K_a\geqslant500$，可用最简公式计算。

$$[H^+]=\sqrt{0.10\times5.6\times10^{-10}}\ \text{mol/L}=7.50\times10^{-6}\ \text{mol/L}$$

$$pH=5.12$$

例 4-5　计算 $c(NH_3)=0.2$ mol/L NH_3 水溶液的 pH。

解：NH_3 的 $K_b=1.8\times10^{-5}$，$c_aK_a\geqslant20K_w$，且 $c_a/K_a\geqslant500$，用最简公式计算。

$$[OH^-]=\sqrt{0.2\times1.8\times10^{-5}}\ \text{mol/L}=1.90\times10^{-3}\ \text{mol/L}$$

$$pOH=2.72\qquad pH=14.00-2.72=11.28$$

还可以由$[OH^-]$计算出$[H^+]$，然后求出 pH，请同学自己计算一下。

思考与练习　4-2

一、要点回顾

溶液中某酸碱组分的平衡浓度占其分析浓度的分数称为分布分数，以 δ 表示。分布分数随溶液 pH 变化的曲线称为分布曲线。

二、学习思考

1. 当溶液的 pH 发生变化时，溶液中酸（碱）各组分的分布是否发生变化，分布分数是否变化？

2. 在图 4-1 中两条曲线的相交点，说明什么问题？

3. 在图 4-2 中，当 $pH<pK_{a_1}$ 时，溶液中哪种组分为主要存在形式？

三、练习题

计算下列溶液的 pH。

(1) 0.010 0 mol/L 的 HCl 溶液；

(2) 2.00×10^{-7} mol/L 的 HCl 溶液；

(3) 0.200 0 mol/L 的 HAc 溶液；

(4) 0.20×10^{-5} mol/L 的 HAc 溶液；

(5) 0.100 mol/L 的 H_3PO_4 溶液。

(6) 0.200 0 mol/L 的 NaOH 溶液；

(7) 1.00×10^{-7} mol/L 的 NaOH 溶液；

(8) 0.200 0 mol/L 的氨水；

(9) 20 g NaAc 固体与 1.0 mol/L 的 150 mL HAc 溶液混合，稀释至 1 L；

(10) 100 mL 1 mol/L 的 HCl 溶液与 200 mL 1.5 mol/L 的氨水混合，稀释至 1 L。

第三节　酸碱缓冲溶液及应用

【学习指导】　缓冲溶液的 pH 计算和选择是本节的主要内容。要掌握缓冲溶液的作用原理，缓冲范围和选择缓冲溶液的基本原则，pH 的近似计算方法，根据计算结果进行配制一般酸碱缓冲溶液。

一、缓冲溶液及分类

酸碱缓冲溶液是一种在一定的程度和范围内对溶液酸度起稳定作用的溶液，可以减小和消除因加入少量酸、碱（或因化学反应产生的少量酸、碱）或适度稀释对溶液 pH 的影响，使其不致发生显著变化。

就作用而言，缓冲溶液可以分为两类。一类是用于控制溶液酸度的一般缓冲溶液，它们大多是由一定浓度的共轭酸碱对所组成，常用的这类缓冲溶液列于表 4－2；另一类为标准缓冲溶液，用于测量溶液 pH 时的参照溶液，表 4－3 列出了几种常用标准缓冲溶液及其 pH 的实验值。缓冲溶液从组成区分主要为两类，一般常用缓冲溶液为浓度较大的弱酸及共轭碱，基于弱酸解离平衡，稳定溶液 H^+ 的浓度；另一类是高浓度的强酸（pH<2）或强碱（pH>12），溶液中 H^+ 或 OH^- 浓度很高，故外加少量酸或碱时，酸度相对改变不大。

表 4－2 几种常用缓冲溶液的配制

pH	配制方法
3.6	$NaAc \cdot 3H_2O$ 8 g，溶于适量水中，加 6 mol/L HAc 134 mL，稀释至 500 mL
4.0	$NaAc \cdot 3H_2O$ 20 g，溶于适量水中，加 6 mol/L HAc 134 mL，稀释至 500 mL
4.5	$NaAc \cdot 3H_2O$ 32 g，溶于适量水中，加 6 mol/L HAc 68 mL，稀释至 500 mL
5.0	$NaAc \cdot 3H_2O$ 50 g，溶于适量水中，加 6 mol/L HAc 34 mL，稀释至 500 mL
5.7	$NaAc \cdot 3H_2O$ 100 g，溶于适量水中，加 6 mol/L HAc 13 mL，稀释至 500 mL
7.0	NH_4Ac 77 g，用水溶解后，稀释至 500 mL
7.5	NH_4Cl 60 g，溶于适量水中，加 15 mol/L 氨水 1.4 mL，稀释至 500 mL
8.0	NH_4Cl 50 g，溶于适量水中，加 15 mol/L 氨水 3.5 mL，稀释至 500 mL
8.5	NH_4Cl 40 g，溶于适量水中，加 15 mol/L 氨水 8.8 mL，稀释至 500 mL
9.0	NH_4Cl 35 g，溶于适量水中，加 15 mol/L 氨水 24 mL，稀释至 500 mL
9.5	NH_4Cl 30 g，溶于适量水中，加 15 mol/L 氨水 65 mL，稀释至 500 mL
10.0	NH_4Cl 27 g，溶于适量水中，加 15 mol/L 氨水 197 mL，稀释至 500 mL
10.5	NH_4Cl 9 g，溶于适量水中，加 15 mol/L 氨水 175 mL，稀释至 500 mL
11	NH_4Cl 3 g，溶于适量水中，加 15 mol/L 氨水 207 mL，稀释至 500 mL

表 4－3 几种常用的标准缓冲溶液

标准缓冲溶液	pH（实验值，25℃）
饱和酒石酸氢钾（0.034 mol/kg）	3.56
0.050 mol/kg 邻苯二甲酸氢钾	4.01
0.025 mol/kg KH_2PO_4－0.025 mol/kg Na_2HPO_4	6.86
0.010 mol/kg 硼砂	9.18

二、缓冲溶液配制及 pH 计算

作为控制溶液酸度的一般缓冲溶液，因为共轭酸碱组分的浓度不会很低，对计算结果也不要求十分准确，可以采用近似公式计算其 pH。以弱酸 HA［浓度为 $c(HA)$］及其共轭碱 NaA［浓度为 $c(A^-)$］组成的缓冲溶液为例，若 $c(HA)$ 和 $c(A^-)$ 远较溶液中的 $[H^+]$ 和 $[OH^-]$ 大（大于 20

倍或更多时),则

$$[H^+]=K_a\frac{c(HA)}{c(A^-)} \quad 或 \quad pH=pK_a+\lg\frac{c(A^-)}{c(HA)} \tag{4-11}$$

例 4-6 配制 pH=4.00 浓度为 1.0 mol/L 的缓冲溶液 1.0 L,HAc 和 NaAc 各需多少克?已知 $K_a=1.8\times10^{-5}$,$pK_a=4.74$。

解:$c(HAc)+c(NaAc)=1.0$ mol/L,则

$$c(HAc)=1.0\ mol/L-c(NaAc)$$

$$pH=4.00$$

根据式(4-11),则有

$$4.00=4.74+\lg\frac{c(NaAc)}{1.0\ mol/L-c(NaAc)}$$

$$c(NaAc)=0.15\ mol/L$$

需 HAc 的质量:

$$m=(1-0.15)mol/L\times60\ g/mol\times1.0\ L=51\ g$$

需 NaAc 的质量:

$$m=0.15\ mol/L\times82.034\ g/mol\times1.0\ L=12\ g$$

答:配制 pH=4.00 浓度为 1.0 mol/L 的缓冲溶液 1.0 L,需 HAc 51 g,需 NaAc 12 g。

标准缓冲溶液的 pH 是由精确的实验测定的,如果要以理论计算加以核对,必须校正离子强度。一般缓冲溶液的配制方法见表 4-2。

例 4-7 计算 $c(NH_4Cl)=0.10$ mol/L NH_4Cl 和 $c(NH_3)=0.20$ mol/L 氨水缓冲溶液的 pH。

解:查得 NH_3 的 $K_b=1.8\times10^{-5}$,故

$$K_a=\frac{K_w}{K_b}=5.6\times10^{-10}$$

根据式(4-11),则

$$\begin{aligned}pH&=pK_a+\lg\frac{c(A^-)}{c(HA)}\\&=9.25+\lg\frac{0.20}{0.10}\\&=9.55\end{aligned}$$

答:该缓冲溶液的 pH 为 9.55。

三、缓冲溶液的选择

分析化学中用于控制溶液酸度的缓冲溶液很多,通常根据实际情况选用不同的缓冲溶液。缓冲溶液选择原则如下。

(1) 溶液对测量过程没有干扰。

(2) 所需控制的 pH 应在缓冲溶液的缓冲范围之内。如果缓冲溶液是由弱酸及其共轭碱组成的,则所选的弱酸的 pK_a 值应尽量与所需控制的 pH 一致。

(3) 缓冲溶液应有足够的缓冲容量,以满足实际工作需要。为此,在配制缓冲溶液时,应尽量控制弱酸与共轭碱的浓度比接近于 1:1,所用缓冲溶液的总浓度尽量大一些(一般可控制为 0.01~1 mol/L)。

(4) 组成缓冲溶液的物质应价廉易得,避免污染环境。

思考与练习 4-3

一、要点回顾

一般缓冲溶液的 pH 及配制可按下式进行计算：

$$[H^+]=K_a\frac{c(HA)}{c(A^-)} \qquad pH=pK_a+\lg\frac{c(A^-)}{c(HA)}$$

二、学习思考

1. 缓冲溶液为什么具有缓冲作用？

2. 缓冲溶液在什么条件下具有缓冲作用？

三、练习题

1. 欲配制 1 L pH＝10.00 的 NH_3-NH_4Cl 缓冲溶液，现有 250 mL 10 mol/L 的氨水，还需要称取 NH_4Cl 固体多少克？

2. 欲配制 pH 为 3.00 和 4.00 的 HCOOH－HCOONa 缓冲溶液 1 L，应分别往 200 mL 0.20 mol/L 的 HCOOH 溶液中加入多少毫升 1.0 mol/L 的 NaOH 溶液？

3. 20 g 六亚甲基四胺，加浓 HCl（按 12 mol/L 计）4.0 mL，稀释至 100 mL，溶液的 pH 是多少？此溶液是否是缓冲溶液？

4. 用 0.200 0 mol/L 的 $Ba(OH)_2$ 标准溶液滴定 0.100 0 mol/L 的 HAc 溶液，至化学计量点时，溶液的 pH 是多少？

第四节 酸碱指示剂

【学习指导】 以酸碱平衡理论为基础，理解酸碱指示剂的作用原理，明确酸碱指示剂变色的内因和外因的关系。掌握常见的单色指示剂、双色指示剂和混合指示剂的应用。

酸碱滴定分析中，确定滴定终点的方法有仪器法与指示剂法两类。指示剂法是借助加入的酸碱指示剂在化学计量点附近颜色的变化来确定滴定终点。这种方法简单、方便，是确定终点的基本方法。本节仅介绍酸碱指示剂法，关于仪器法将在《仪器分析》中介绍。

一、酸碱指示剂的作用原理

酸碱指示剂一般是某些有机弱酸或弱碱，其酸式与共轭碱式具有明显不同的颜色。当溶液的 pH 改变时，指示剂得到质子由碱式转化为酸式，或失去质子由酸式转化为碱式，由于结构上的改变，从而引起颜色的变化。

1. 甲基橙指示剂

甲基橙（缩写 MO）是一种有机弱碱，称碱型指示剂，因其酸式和碱式形式均有颜色，又称为双色指示剂。它在水溶液中的解离作用和颜色的变化为

$$(CH_3)_2N-C_6H_4-N=N-C_6H_4-SO_3^- \underset{OH^-}{\overset{H^+}{\rightleftharpoons}}$$

黄色（偶氮式）

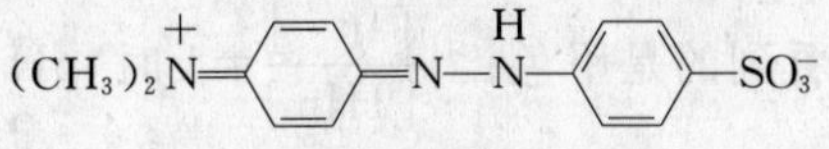

$$(CH_3)_2\overset{+}{N}=\langle\rangle=N-\overset{H}{N}-\langle\bigcirc\rangle-SO_3^-$$

红色(醌式)

由平衡关系可以看出,增大溶液的酸度,甲基橙以醌式双极离子形式存在,溶液呈红色;降低溶液酸度,它以偶氮形式存在,溶液显黄色。

2. 酚酞指示剂

酚酞(缩写 PP)是有机弱酸,称酸型指示剂,由于仅碱式形式有颜色,又称单色指示剂。它在水溶液中有如下颜色变化:

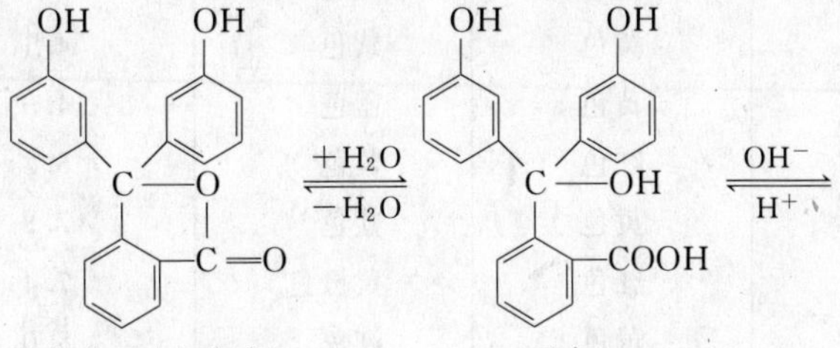

$$\text{无色分子(内酯式)} \underset{-H_2O}{\overset{+H_2O}{\rightleftharpoons}} \text{无色} \underset{H^+}{\overset{OH^-}{\rightleftharpoons}}$$

无色分子(内酯式)　　无色

$$\text{无色离子} \underset{H^+}{\overset{OH^-}{\rightleftharpoons}} \text{红色离子} + H_2O$$

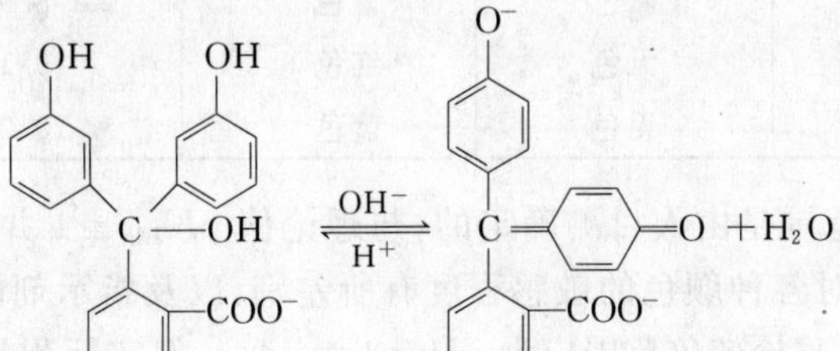

无色离子　　红色离子

在酸性溶液中,酚酞以无色的酸式形式存在。随溶液的酸度减小,酚酞转化为醌式结构而呈红色;反之,则由红色变为无色。

应该注意的是,指示剂以酸式或碱式形式存在,并不表明此时溶液一定呈酸性或碱性。

二、指示剂的变色范围

1. 变色范围

现以弱酸型指示剂 HIn 为例进行讨论,其酸式 HIn(甲色)和碱式 In^-(乙色)在溶液中有如下解离平衡:

$$HIn \rightleftharpoons H^+ + In^-$$

$$K_{HIn}=\frac{[H^+][In^-]}{[HIn]} \qquad (4-12)$$

则

$$\frac{[In^-]}{[HIn]}=\frac{K_{HIn}}{[H^+]} \qquad (4-13)$$

溶液的颜色是由$\frac{[In^-]}{[HIn]}$的值来决定的。对于某指示剂,在一定条件下 K_{HIn} 是一个常数,因此仅随溶液$[H^+]$的变化而改变。一般来说,如果$\frac{[In^-]}{[HIn]}\geqslant 10$,$pH\geqslant pK_{HIn}+1$,则看到的是乙色;

$\frac{[In^-]}{[HIn]} \leqslant 0.1$，$pH \leqslant pK_{HIn}-1$，看到的是甲色；当$\frac{[In^-]}{[HIn]}=1$时，$pH=pK_{HIn}$，称为指示剂的理论变色点，此时溶液为甲、乙的混合色。因此，这一颜色变化的 pH 范围，即 $pH=pK_{HIn}\pm1$，称为指示剂的变色范围。常用酸碱指示剂列于表 4-4 中。

表 4-4 几种常用酸碱指示剂在室温下水溶液中的变色范围

指　示　剂	酸式色	碱式色	pK_{HIn}	变色范围(pH)
百里酚蓝(第一次变色)	红色	黄色	1.6	1.2～2.8
甲基橙	红色	黄色	3.4	3.1～4.4
溴酚蓝	黄色	紫色	4.1	3.1～4.6
溴甲酚绿	黄色	蓝色	4.9	3.8～5.4
甲基红	红色	黄色	5.2	4.4～6.2
溴百里酚蓝	黄色	蓝色	7.3	6.0～7.6
中性红	红色	黄橙色	7.4	6.8～8.0
酚红	黄色	红色	8.0	6.7～8.4
百里酚蓝(第二次变色)	黄色	蓝色	8.9	8.0～9.6
酚酞	无色	红色	9.1	8.0～9.6
百里酚酞	无色	蓝色	10.0	9.4～10.6

指示剂的实际变色范围是由人目测确定的，与理论值 $pK_{HIn}\pm1$ 并不完全一致，具体数据见表 4-4。这是因为人眼对各种颜色的敏感程度有所差别，以及指示剂两种颜色的强度所致。例如，甲基橙的 $pK_{HIn}=3.4$，理论变色范围应为 pH=2.4～4.4，但实际测量值却是 pH=3.1～4.4。产生这种差异的原因是由于人眼对于红色比对黄色更为敏感的缘故，故从红色中辨别黄色比较困难，而在黄色中辨别出红色就比较容易，因此甲基橙的实际变色范围在 pH 较小的一端就较为短一些。指示剂的变色范围越窄越好，这样当溶液的 pH 稍有变化时，就能引起指示剂的颜色突变，这对提高测定的准确度是有利的。

在滴定过程中，并不要求指示剂由酸型色完全转变为碱型色或者相反，而只需在指示剂的变色范围内找出能产生明显变色的点，即可据此指示滴定终点。例如，甲基橙在其变色过程中，当 pH=4.0 时呈明显的橙色，比较容易分辨出来，通常将它称为甲基橙的实际变色点，并用来指示终点。

2. 影响指示剂变色范围的因素

(1) 指示剂的用量　在滴定过程中，适宜的指示剂浓度将使其在终点变色比较敏锐，有助于提高滴定分析的准确度。对于双色指示剂，例如甲基橙等，由指示剂的解离可以看出，指示剂的用量多少，不会影响指示剂变色点的 pH。但是，如果指示剂用量太多了，颜色变化不明显，而且指示剂本身也会消耗一些滴定剂，从而带来误差。

对于单色指示剂，指示剂用量的多少对它的变色范围是有影响的。例如酚酞，它的酸式无色，碱式红色。若实验者观察红色形式酚酞的最低浓度为 c_0，它应该是不变的。又假设指示剂的总浓度为 c，由指示剂的解离平衡式可以看出：

$$\frac{K_a}{[H^+]}=\frac{[In^-]}{[HIn]}=\frac{c_0}{c-c_0}$$

如果 c 增大了，因为 K_{HIn} 和 c_0 都是定值，所以 H^+ 浓度就会相应的增大。就是说，指示剂会在较低的 pH 时变色。例如，在 50～100 mL 溶液中加 2～3 滴 0.1%酚酞，pH≈9 出现微红色，而在同样情况下加 10 滴酚酞，则在 pH≈8 时出现微红色。

(2) 温度　温度的变化会引起指示剂解离常数和水的质子自递常数发生变化，因而指示剂的变色范围亦随之改变，对碱型指示剂的影响较酸型指示剂更为明显。例如，在 18℃时，甲基橙的变色范围为 3.1～4.4，而在 100℃时，则为 2.5～3.7。一般酸碱滴定都在室温下进行，若有必要加热煮沸，也须在溶液冷却后再滴定。

(3) 中性电解质　由于中性电解质的存在增大了溶液的离子强度，使得指示剂的解离常数发生改变，从而影响其变色范围。此外，电解质的存在还影响指示剂对光的吸收，使其颜色的强度发生变化，因此滴定中不宜有大量中性盐存在。

(4) 溶剂　不同的溶剂具有不同的介电常数和酸碱性，因而影响指示剂的解离常数和变色范围。例如，甲基橙在水溶液中 $pK_{HIn}=3.4$，而在甲醇中则为 3.8。

三、混合指示剂

在某些酸碱滴定中，为了达到一定的准确度，需要将滴定终点限制在较窄的 pH 范围内(如对弱酸或弱碱的滴定)，这种情况下，一般的单一指示剂难以满足需要。混合指示剂利用了颜色之间的互补作用，具有很窄的变色范围，且于滴定终点有敏锐的颜色变化，在上述情况下可以正确地指示滴定终点。混合指示剂有两种配制方法。

(1) 采用一种颜色不随溶液中 H^+ 浓度变化而改变的染料(称为惰性染料)和一种指示剂配制而成。

(2) 选择两种(或多种)pK_{HIn} 值比较接近的指示剂，按一定的比例混合使用。

例如，溴甲酚绿($pK_{HIn}=4.9$)和甲基红($pK_{HIn}=5.2$)，前者的酸色为黄色，碱色为蓝色；后者的酸色为红色，碱色为黄色。当它们混合后，由于共同作用的结果，在酸性条件下显橙色(黄＋红)，在碱性条件下显绿色(蓝＋黄)。在溶液 pH＝5.1 时，由于绿色和橙色相互叠合，溶液呈灰色，颜色变化十分明显，使变色范围缩为变色点。表 4－5 中列出了一些常用混合酸碱指示剂。

表 4－5　几种常用混合酸碱指示剂

指示剂溶液的组成	变色时 pH	颜色		备注
		酸色	碱色	
1 份 0.1%甲基黄乙醇溶液； 1 份 0.1%亚甲基蓝乙醇溶液	3.25	蓝紫	绿	pH＝3.2，蓝绿色； pH＝3.4，绿色
1 份 0.1%甲基橙水溶液； 1 份 0.25%靛蓝二磺酸钠水溶液	4.1	紫	黄绿	
1 份 0.1%溴甲酚绿钠盐水溶液； 1 份 0.2%甲基橙水溶液	4.3	橙	黄绿	pH＝3.5，黄色； pH＝4.05，绿色； pH＝4.3，浅绿色

续表

指示剂溶液的组成	变色时 pH	颜色		备注
		酸色	碱色	
3 份 0.1%溴甲酚绿乙醇溶液； 1 份 0.1%甲基红乙醇溶液	5.1	酒红	蓝绿	
1 份 0.1%溴甲酚绿钠盐水溶液； 1 份 0.1%氯酚红钠盐水溶液	6.1	黄绿	蓝紫	pH=5.4，蓝绿色； pH=5.8，蓝色； pH=6.0，蓝带紫； pH=6.2，蓝紫
1 份 0.1%中性红乙醇溶液； 1 份 0.1%亚甲基蓝乙醇溶液	7.0	紫蓝	蓝绿	pH=7.0，紫蓝
1 份 0.1%甲酚红钠盐水溶液； 3 份 0.1%百里酚蓝钠盐水溶液	8.3	黄	紫	pH=8.2，玫瑰红； pH=8.4，清晰的紫色
1 份 0.1%百里酚蓝乙醇溶液； 3 份 0.1%酚酞乙醇溶液	9.0	黄	紫	从黄到绿，再到紫
1 份 0.1%酚酞乙醇溶液； 1 份 0.1%百里酚酞乙醇溶液	9.9	无色	紫	pH=9.6，玫瑰红； pH=10，紫色
2 份 0.1%百里酚酞乙醇溶液； 1 份 0.1%茜素黄 R 乙醇溶液	10.2	黄	紫	

思考与练习 4-4

一、要点回顾

1. 指示剂作用原理

随着溶液 pH 的改变，酸碱指示剂的结构发生变化，从而引起溶液颜色的变化。

2. 指示剂变色范围

$$pH=pK_a\pm1$$

影响指示剂变色范围的因素：指示剂的用量、温度、中性电解质、溶剂。

3. 混合指示剂

混合指示剂是利用了颜色之间的互补作用，具有很窄的变色范围，增加了终点观察的敏锐性。

二、学习思考

1. 酸碱指示剂的变色原理是什么？

2. 表 4-4 中，几种常用酸碱指示剂变色范围是理论变色范围吗？

3. 增加电解质的浓度会使酸碱指示剂 HIn（$HIn \rightleftharpoons H^+ + In^-$）的理论变色点的 pH 有何变化？

4. 影响酸碱指示剂变色范围的因素是什么？

5. 什么叫混合指示剂？举例说明使用混合指示剂有什么优点？

三、练习题

1. 下列 pH 溶液中，指示剂显什么颜色？

(1) pH＝3.5 溶液中滴入甲基红指示液；

(2) pH＝7.0 溶液中滴入溴甲酚绿指示液；

(3) pH＝4.0 溶液中滴入甲基橙指示液；

(4) pH＝10.0 溶液中滴入甲基橙指示液；

(5) pH＝6.0 溶液中滴入甲基红和溴甲酚绿指示液。

2. 某种溶液滴入酚酞呈无色，滴入甲基红呈黄色。指出该溶液的 pH 范围。

第五节　酸碱滴定曲线和指示剂的选择

【学习指导】 酸碱滴定过程中 H^+ 浓度的变化规律，指示剂的选择原则和弱酸、弱碱滴定可行性的判断是本节的主要内容。要把握滴定过程中不同阶段溶液的组成来计算溶液中 H^+ 浓度。加深对滴定突跃概念的认识，正确选择指示剂。

在酸碱滴定过程中，溶液中$[H^+]$随着滴定剂的加入而逐渐变化的情况，可用相应的滴定曲线直观地表示出来。由于酸、碱有强弱的不同，滴定过程溶液酸度的变化规律也不同。只有了解不同类型酸碱滴定过程中溶液酸度的变化规律，才能选择合适的指示剂，正确指示滴定终点。下面按照不同类型的滴定反应分别予以讨论。

一、一元酸碱的滴定

1. 强碱(酸)滴定强酸(碱)

(1) 滴定曲线和滴定突跃　强碱和强酸的反应为

$$H^+ + OH^- \longrightarrow H_2O$$

$$K_t = \frac{1}{[H^+][OH^-]} = \frac{1}{K_w} = 1.0\times10^{14} \quad (25℃)$$

此类滴定反应的平衡常数(滴定常数)K_t 相当大，说明反应进行得十分完全，强碱、强酸之间的滴定是水溶液中反应完全程度最高的，也最容易得到准确的滴定结果。下面以 0.100 0 mol/L NaOH 标准溶液滴定 20.00 mL(V_0)0.100 0 mol/L HCl 溶液为例进行讨论，设滴定中加入 NaOH 溶液的体积为 V，整个滴定过程可按以下四个阶段来考虑。

① 滴定前($V=0$)。此时溶液的组成为 HCl，溶液的 pH 由 HCl 溶液的浓度决定，即

$$[H^+] = c(HCl) = 0.100\,0\ mol/L \qquad pH = 1.00$$

② 滴定开始至化学计量点前($V<V_0$)。此时溶液的组成为 HCl－NaCl，溶液中$[H^+]$取决于剩余 HCl 的浓度，即

$$[H^+] = \frac{V_0 - V}{V_0 + V}\cdot c(HCl)$$

例如，当滴入 19.98 mL NaOH 溶液时(相对误差为－0.1%)：

$$[H^+]=\frac{(20.00-19.98)\text{mL}}{(20.00+19.98)\text{mL}}\times 0.1000\ \text{mol/L}$$
$$=5.0\times 10^{-5}\ \text{mol/L}$$
$$\text{pH}=4.30$$

③ 化学计量点时($V=V_0$)。滴入 20.00 mL NaOH 溶液时，HCl 与 NaOH 恰好完全反应，溶液的组成为 NaCl，溶液呈中性，H^+ 来自水的解离。

$$[H^+]=[OH^-]=\sqrt{K_w}=1.0\times 10^{-7}\ \text{mol/L}$$
$$\text{pH}=7.00$$

④ 化学计量点后($V>V_0$)。此时，溶液的组成为 HAc - NaAc，溶液的 pH 由过量 NaOH 的浓度决定，即

$$[OH^-]=\frac{V-V_0}{V_0+V}\cdot c(\text{NaOH})$$

例如，当滴入 20.02 mL NaOH 溶液时(相对误差为+0.1%)：

$$[OH^-]=\frac{(20.02-20.00)\text{mL}}{(20.00+20.02)\text{mL}}\times 0.1000\ \text{mol/L}$$
$$=5.0\times 10^{-5}\ \text{mol/L}$$
$$\text{pOH}=4.30 \qquad \text{pH}=9.70$$

按照上述方式进行一系列的计算，并将主要计算结果列入表 4-6 中。然后以滴定剂的加入量(或滴定分数)为横坐标，以溶液的 pH 为纵坐标，绘制滴定曲线如图 4-4 所示。

表 4-6 以 0.1000 mol/L NaOH 溶液滴定 0.1000 mol/L HCl 溶液

加入 NaOH 溶液体积/mL	HCl 被滴定的分数/%	过量 NaOH 溶液的分数/%	$[H^+]$	pH
0.00	0.00		1.0×10^{-1}	1.00
18.00	90.00		5.3×10^{-3}	2.28
19.80	99.00		5.0×10^{-4}	3.30
19.98	99.90		5.0×10^{-5}	4.30
20.00	100.00	0.00	1.0×10^{-7}	7.00
20.02		0.10	2.0×10^{-10}	9.70
20.20		1.00	2.0×10^{-11}	10.70
22.00		10.00	2.1×10^{-12}	11.68
40.00		100.00	3.0×10^{-13}	12.52

由图 4-4 和表 4-6 可知，在滴定过程中的不同阶段，加入单位体积的滴定剂时，溶液 pH 变化的快慢是不同的，这是因为被滴定溶液的缓冲容量在不断变化的缘故。从滴定开始至滴入 18.00 mL NaOH 溶液时，HCl 被滴定了 90%，但溶液的 pH 仅增加了 1.3 个单位，这反映了一定浓度的强酸对控制溶液酸碱度所表现出的缓冲作用。因为 pH<2 正是强酸的缓冲容量最大的区域，故此段曲线比较平坦。随着滴定剂的继续加入，溶液中$[H^+]$降低较快，其缓冲作用减小，pH 增大加快。若再滴入 NaOH 溶液 1.98 mL(共加入 19.98 mL，HCl 被滴定了 99.9%)，溶液的 pH 将增大 2 个单位，达到 4.30，滴定曲线的斜率也变大。从 19.98 mL 到 20.02 mL，总共加入 0.04 mL NaOH 溶液(约一滴的量)，滴定曲线就发生了由量变到质变的转折，溶液从酸性

(pH＝4.30)急剧变化到碱性(pH＝9.70)，H^+浓度减小了近2.5×10^5倍，这种在化学计量点附近溶液中[H^+]发生显著变化的现象称为滴定的pH突跃。仅仅在化学计量点前后相对误差为－0.1%～＋0.1%的范围内，pH变化了5.4个单位，在滴定曲线上出现了近于垂直的一段，它所包括的pH范围称为滴定突跃范围，这种转折在滴定分析中具有十分重要的意义。在此之后，继续加入NaOH溶液，随着溶液中OH^-浓度增大，pH的变化减缓，滴定曲线又趋于平坦，这是由于强碱逐渐发挥其缓冲作用的缘故。在加入NaOH为18.00～22.00 mL的范围内，在滴定突跃的两端，滴定曲线的变化是对称的。

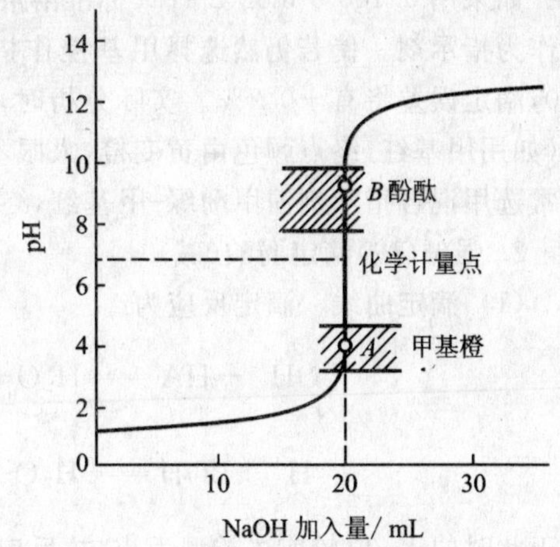

图4-4　0.1000 mol/L NaOH溶液滴定0.1000 mol/L HCl溶液的滴定曲线

若用HCl标准溶液滴定NaOH溶液(条件与前相同)，其滴定曲线与上述曲线互相对称，但溶液pH变化的方向相反。滴定突跃由pH＝9.70降至pH＝4.30。

想一想

用HCl标准溶液滴定NaOH溶液的滴定曲线图是何种情况?

强碱与强酸的相互滴定具有较大的滴定突跃，其大小与滴定剂和被滴定物的浓度有关。浓度越大，滴定突跃越大；浓度越小，滴定突跃也越小。例如，用1.000 mol/L NaOH溶液滴定20.00 mL 1.000 mol/L HCl溶液，突跃范围为pH＝3.30～10.70。说明强酸、强碱溶液的浓度各增大10倍，滴定突跃范围则向上下两端各延伸一个pH单位。若NaOH和HCl的浓度均为0.010 00 mol/L，则突跃范围为pH＝5.3～8.7，见图4-5所示。

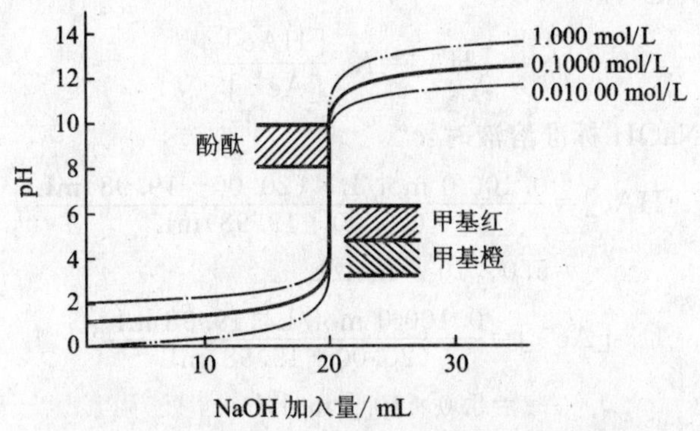

图4-5　不同浓度的强碱滴定强酸的滴定曲线

(2) 指示剂的选择　指示剂的选择原则：一是指示剂的变色范围全部或部分地落入滴定突跃范围内；二是指示剂的变色要明显。

例如，用0.100 0 mol/L NaOH标准溶液滴定0.100 0 mol/L HCl溶液，其突跃范围为4.30～9.70，可选择甲基红、甲基橙与酚酞作指示剂。如果选择甲基橙作指示剂，当溶液颜色由橙色变为黄色时，溶液的pH为4.0，滴定误差小于0.1%。实际分析时，为更好地判断终点，通常选用酚酞作指示剂，因其终点颜色由无色变成浅红色，非常容易辨别。

如果用 0.100 0 mol/L HCl 标准溶液滴定 0.100 0 mol/L NaOH 溶液，可选择酚酞或甲基红作为指示剂。倘若仍然选择甲基橙作指示剂，则当溶液颜色由黄色转变成橙色时，其 pH 为 4.0，滴定误差将有 +0.2%。实际分析时，为了进一步提高滴定终点的准确性以及更好地判断终点（如用甲基红，终点颜色由黄变橙，人眼不易观察；若用酚酞，则由红色褪至无色，也不易判断），通常选用混合指示剂溴甲酚绿-甲基红，终点时颜色由绿经浅灰变为暗红，容易观察。

2. 强碱（酸）滴定弱酸（碱）

(1) 滴定曲线　滴定反应为

$$OH^- + HA \Longrightarrow H_2O + A^- \qquad K_t = \frac{[A^-]}{[HA][OH^-]} = \frac{K_a}{K_w}$$

$$H^+ + BOH \Longrightarrow H_2O + B^+ \qquad K_t = \frac{[B^+]}{[BOH][H^+]} = \frac{K_b}{K_w}$$

由于此时的 K_t 值较前述类型为小，故反应的完全程度要低一些。

现以 NaOH 溶液滴定 HAc 为例进行讨论。设 HAc 的浓度 c_0 为 0.100 0 mol/L，体积为 V_0(20.00 mL)；NaOH 的浓度 c(NaOH) 为 0.100 0 mol/L，滴定时加入的体积为 V。同前例一样，以下按四个阶段进行讨论。

① 滴定前（$V=0$）。溶液中的 H^+ 主要来自 HAc 的解离。根据弱酸 pH 计算的最简式（见表 4-1）有

$$[H^+] = \sqrt{c_0 K_a} = \sqrt{0.100\,0 \times 1.8 \times 10^{-5}}\ \text{mol/L}$$
$$= 1.3 \times 10^{-3}\ \text{mol/L}$$
$$\text{pH} = 2.89$$

② 滴定开始至化学计量点前（$V<V_0$）。此时溶液的组成为 HAc 及其共轭碱 Ac^-，其 pH 由 HAc-NaAc 缓冲体系决定，即

$$[H^+] = K_a \frac{[HAc]}{[Ac^-]}$$

当滴入 19.98 mL NaOH 标准溶液时：

$$[HAc] = \frac{0.100\,0\ \text{mol/L} \times (20.00 - 19.98)\text{mL}}{(20.00 + 19.98)\text{mL}}$$
$$= 5.0 \times 10^{-5}\ \text{mol/L}$$

$$[Ac^-] = \frac{0.100\,0\ \text{mol/L} \times 19.98\ \text{mL}}{(20.00 + 19.98)\text{mL}}$$
$$= 5.0 \times 10^{-2}\ \text{mol/L}$$

$$[H^+] = 1.8 \times 10^{-5} \times \frac{5.0 \times 10^{-5}}{5.0 \times 10^{-2}}\ \text{mol/L}$$
$$= 1.8 \times 10^{-8}\ \text{mol/L}$$
$$\text{pH} = 7.74$$

③ 化学计量点时（$V=V_0$）。此时体系产物是 NaAc，$c(Ac^-)=0.050\,00$ mol/L（溶液的体积增大一倍），且溶液的 pH 主要由 Ac^- 的解离所决定。因为 $K_b = K_w/K_a = 5.6 \times 10^{-10}$，于是

$$[OH^-] = \sqrt{c_{Ac^-} K_b} = \sqrt{0.050\,00 \times 5.6 \times 10^{-10}}\ \text{mol/L}$$

$$=5.3\times10^{-6}\ \text{mol/L}$$

$$\text{pOH}=5.28 \qquad \text{pH}=8.72$$

④ 化学计量点后($V>V_0$)。溶液由 OH^- 和 Ac^- 组成,即强碱与弱碱的混合溶液。由于 NaOH 的存在抑制了 Ac^- 的解离,溶液的 pH 主要由过量的 NaOH 决定。当滴入 20.02 mL NaOH 溶液时(相对误差为+0.1%):

$$[OH^-]=\frac{(20.02-20.00)\text{mL}}{(20.00+20.02)\text{mL}}\times0.1000\ \text{mol/L}$$

$$=5.0\times10^{-5}\ \text{mol/L}$$

$$\text{pOH}=4.30 \qquad \text{pH}=9.70$$

按上述方法计算滴定过程中溶液的 pH,部分计算结果列于表 4-7 中,滴定曲线如图 4-6 所示。

表 4-7 以 0.100 0 mol/L NaOH 溶液滴定 20.00 mL 0.100 0 mol/L HAc 溶液

加入 NaOH 溶液的体积/mL	HAc 被滴定的分数/%	过量 NaOH 的分数/%	$[H^+]$	pH
0.00	0.00		1.3×10^{-3}	2.89
18.00	90.00		2.0×10^{-6}	5.70
19.80	99.00		1.8×10^{-7}	6.74
19.98	99.90		1.8×10^{-8}	7.74
20.00	100.00	0.00	1.9×10^{-9}	8.72
20.02		0.10	2.0×10^{-10}	9.70
20.20		1.00	2.0×10^{-11}	10.70
22.00		10.00	2.1×10^{-12}	11.68
40.00		100.00	5.0×10^{-13}	12.52

0.100 0 mol/L NaOH 滴定相同浓度 20.00 mL HAc 时溶液的 pH 与滴定 HCl 相比较,NaOH 滴定 HAc 的滴定曲线有如下特点。

a. 滴定曲线起始点的 pH 为 2.89,高于前者 1.89 个 pH 单位,这是由于 HAc 为弱酸的缘故所致。

b. 当未达到化学计量点时,在 HAc 被滴定约 10%之前和 90%之后,溶液的 pH 随滴定剂的加入上升较快,滴定曲线的斜率较大;而在 HAc 被滴定 10%~90%时,滴定曲线上升的趋势减缓,这些都与 $HAc-Ac^-$ 溶液缓冲容量大小变化有关。在加入 NaOH 溶液 2.00~18.00 mL 的范围内,HAc 被滴定了 80%,但溶液的 pH 仅增大约 2 个 pH 单位(3.80~5.70),因为此时正处于 $HAc-Ac^-$ 体系的缓冲范围之内,缓冲作用较强。

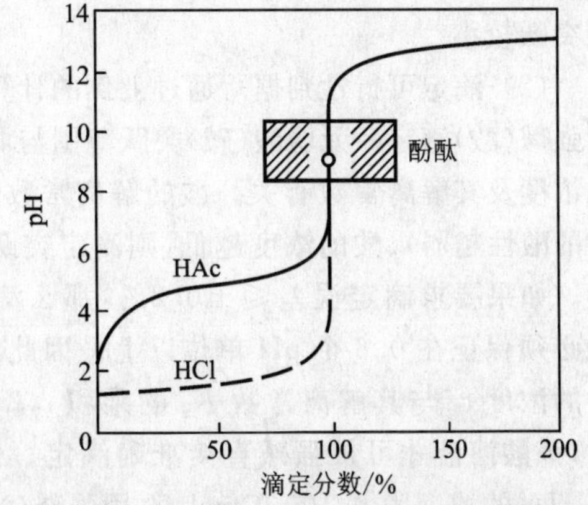

图 4-6 0.1000 mol/L NaOH 标准溶液滴定 0.1000 mol/L HAc 溶液的滴定曲线

c. 在化学计量点时由于滴定产物 Ac^- 的解离作用,溶液已呈碱性,pH=8.72,可见被滴定的酸越弱，其共轭碱的碱性越强，化学计量点的 pH 越大。

d. 滴定突跃范围约 2 个 pH 单位（7.74～9.70），较 NaOH 滴定等浓度 HCl 溶液滴定的突越范围 4.30～9.70 减小了很多，这与反应的完全程度较低是一致的。因此只能选择在碱性范围内变色的指示剂，如酚酞、百里酚酞来指示终点，而在酸性范围内变色的指示剂，如甲基橙和甲基红等已不能使用。

关于强酸滴定弱碱，可用类似方式进行处理。表 4－8 列出了用 0.100 0 mol/L HCl 溶液滴定相同浓度的 20.00 mL 氨水时体系 pH 的变化情况，同时绘出了如图 4－7 所示的滴定曲线图。

表 4－8　以 0.100 0 mol/L HCl 溶液滴定 20.00mL 0.100 0 mol/L 氨水

加入 HCl 溶液体积/mL	NH_3 被滴定的分数/%	过量 HCl 的分数/%	$[H^+]$	pH
0.00	0.00		7.5×10^{-12}	11.13
18.00	90.00		5.0×10^{-9}	8.30
19.80	99.00		5.6×10^{-8}	7.26
19.98	99.90		5.6×10^{-7}	6.26
20.00	100.00	0.00	5.3×10^{-6}	5.28
20.02		0.10	5.0×10^{-5}	4.30
20.20		1.00	5.0×10^{-4}	3.30
22.00		10.00	4.8×10^{-3}	2.32
40.00		100.00	3.3×10^{-2}	1.48

图 4－7 与表 4－8 可以看出，其滴定曲线与 NaOH 滴定 HAc 的相似，但 pH 变化方向相反。由于反应的产物是 NH_4^+，故化学计量点时呈酸性，且整个滴定突跃也位于酸性范围（pH＝6.26～4.30），可以选择甲基橙与甲基红为指示剂。同理，由于反应的完全程度低于强酸与强碱的反应，故滴定突跃较小。

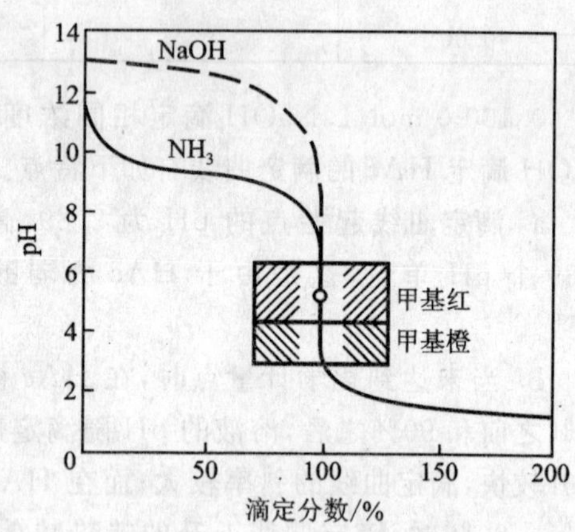

图 4－7　0.1000 mol/LHCl 标准溶液滴定 20.00 mL 0.1000 mol/L 氨水滴定曲线

（2）滴定可行性判据　通过上例的计算过程可知强碱（酸）滴定一元弱酸（碱）突跃范围与弱酸（碱）的浓度及其解离常数有关。酸的解离常数越小（即酸的酸性越弱）、酸的浓度越低，则滴定突跃也就越小。如果要求滴定误差≤±0.2%，那么滴定突跃就必须保证在 0.6 个 pH 单位以上。因此，只有当酸的浓度 c_0 与其解离常数 K_a 的乘积 $c_0K_a\geqslant10^{-8}$ 时，该酸溶液才可被强碱直接准确滴定。例如，弱酸 HA 的浓度为 0.100 0 mol/L，用强碱（NaOH）标准溶液准确滴定的条件是 $K_a\geqslant10^{-7}$（解离常数）。

应该注意，被滴定弱酸的浓度不宜太低。例如，若弱酸的浓度 $c_0=10^{-4}$ mol/L，即使其解离常数 $K_a=10^{-3}$，满足了 $c_0K_a\geqslant10^{-8}$ 的条件，但因突跃范围为 6.81～7.21，仅有 0.4 个 pH 单位，所以此时也无法准确滴定。

因此，用指示剂法直接准确滴定一元弱酸的条件是：

$$c_0 K_a \geqslant 10^{-8}, \quad 且\ c_0 \geqslant 10^{-3}\ \text{mol/L}$$

在上述条件下，滴定误差≤±0.2%，滴定突跃大于0.6个pH单位。

同理，能够用指示剂法直接准确滴定一元弱碱的条件是：

$$c_0 K_b \geqslant 10^{-8}, \quad 且\ c_0 \geqslant 10^{-3}\ \text{mol/L}$$

式中，c_0 表示一元弱酸(碱)的浓度。

显然，如果允许的误差较大，或使用仪器法检测终点，那么上述滴定条件还可适当放宽。

二、多元酸碱、混合酸碱的滴定

多元酸碱或混合酸碱的滴定比一元酸碱的滴定要复杂，因为它们在水溶液中的解离是分步进行的。要直接准确滴定必须考虑两个方面：一是能否直接准确滴定酸或碱的总量；二是能否分级滴定多元酸(碱)。下面结合实例对上述问题做简要的讨论。

1. 强碱滴定多元酸

一般来说，实现分步滴定，需满足 $K_{a_1}/K_{a_2} \geqslant 10^5$ 的条件。这是多元酸能否实现分步滴定的可行性判断标准。以二元酸为例。

(1) 当 $c_a K_{a_1} \geqslant 10^{-8}$，$c_a K_{a_2} \geqslant 10^{-8}$，且 $K_{a_1}/K_{a_2} \geqslant 10^5$，可分步滴定。产生两个滴定突越，得到两个滴定终点。

(2) 当 $c_a K_{a_1} \geqslant 10^{-8}$，$c_a K_{a_2} < 10^{-8}$，且 $K_{a_1}/K_{a_2} \geqslant 10^5$ 时，分步滴定。第一级解离的 H^+ 可被滴定，第二级解离的 H^+ 不能被滴定，产生一个滴定突跃，得到一个滴定终点。

(3) 当 $c_a K_{a_1} \geqslant 10^{-8}$，$c_a K_{a_2} \geqslant 10^{-8}$，且 $K_{a_1}/K_{a_2} < 10^5$ 时，第一、二级解离的 H^+ 均被滴定，滴定时两个滴定突跃将混在一起，产生一个滴定突跃，得到一个滴定终点。

例如，用 NaOH 标准溶液滴定 $H_2C_2O_4$ 溶液，设 $c(H_2C_2O_4)=0.1\ \text{mol/L}$，$H_2C_2O_4$ 在水溶液中分步解离：

$$H_2C_2O_4 \rightleftharpoons H^+ + HC_2O_4^- \qquad K_{a_1}=5.6\times10^{-2}$$

$$HC_2O_4^- \rightleftharpoons H^+ + C_2O_4^{2-} \qquad K_{a_2}=5.6\times10^{-5}$$

可见：$c_a K_{a_1} \geqslant 10^{-8}$，$c_a K_{a_2} \geqslant 10^{-8}$，但 $K_{a_1}/K_{a_2} < 10^5$，因此，不能分步滴定。能一步滴定到 $C_2O_4^{2-}$，中和全部的 H^+，产生一个滴定突跃，得到一个滴定终点。

再如，用 NaOH 标准溶液滴定 H_3PO_4 的溶液，设 $c(H_3PO_4)=0.1\ \text{mol/L}$，$H_3PO_4$ 在水溶液中分布解离：

$$H_3PO_4 \rightleftharpoons H^+ + H_2PO_4^- \qquad K_{a_1}=6.9\times10^{-3}$$

$$H_2PO_4^- \rightleftharpoons H^+ + HPO_4^{2-} \qquad K_{a_2}=6.2\times10^{-8}$$

$$HPO_4^{2-} \rightleftharpoons H^+ + PO_4^{3-} \qquad K_{a_3}=4.8\times10^{-13}$$

如果用 NaOH 滴定 H_3PO_4，那么 H_3PO_4 首先被滴定成 $H_2PO_4^-$，即

$$H_3PO_4 + NaOH \longrightarrow NaH_2PO_4 + H_2O$$

但当反应进行到大约99.4%的 H_3PO_4 被中和时(pH=4.7)，已经有大约0.3%的 $H_2PO_4^-$ 被进行一步中和成 HPO_4^{2-}，即

$$NaH_2PO_4 + NaOH \longrightarrow Na_2HPO_4 + H_2O$$

这表明前面两步中和反应并不是分步进行的，而是稍有交叉地进行的，所以，严格来说，对 H_3PO_4 而言，实际上并不真正存在两个化学计量点。由于对多元酸的滴定准确度要求不太高(通常分步滴定允许误差为±0.5%)，因此，在满足一般分析的要求下，认为 H_3PO_4 还是能够进行分步滴定的，第一化学计量点时溶液的 pH=4.68；第二化学计量点时溶液的 pH=9.76；第三化学计量点因 $K_{a_3}=4.8\times10^{-13}$，说明 HPO_4^{2-} 已太弱，故无法用 NaOH 直接滴定。因此，用 NaOH 标准溶液滴定 H_3PO_4 的溶液，得到两个终点，两个滴定突越。

如果此时在溶液中加入 $CaCl_2$ 溶液，则会发生如下反应：

$$2HPO_4^{2-}+3Ca^{2+}\longrightarrow Ca_3(PO_4)_2+2H^+$$

则弱酸转化成强酸，就可以用 NaOH 直接滴定了。NaOH 滴定 H_3PO_4 滴定曲线一般采用仪器法(电位滴定法)绘制。图 4-8 所示的是 0.100 0 mol/L NaOH 标准溶液滴定 20.00 mL 0.100 0 mol/L H_3PO_4 溶液的滴定曲线。从图 4-8 可以看出，由于中和反应交叉进行，使化学计量点附近曲线倾斜，滴定突跃较短，且第二化学计量点附近的突跃较第一化学计量点附近的突跃还短。正因为突跃范围小，使得终点变色不够明显，因而导致终点准确度较差。如图 4-8 所示，第一化学计量点时 NaH_2PO_4 的浓度为 0.050 mol/L，根据 H^+ 浓度计算的最简式，得

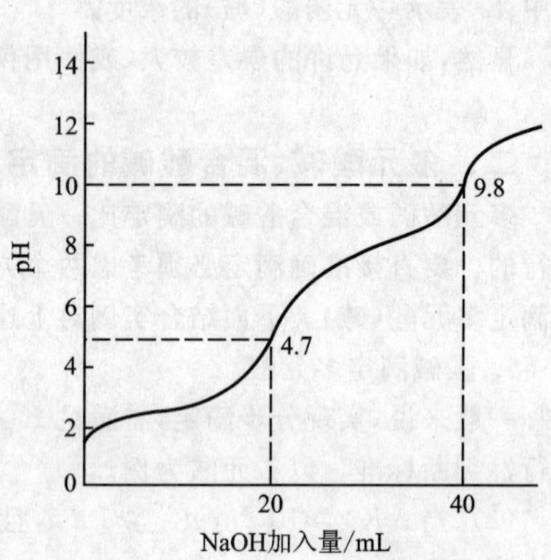

图 4-8　0.100 0 mol/L NaOH 标准溶液滴定 0.100 0 mol/L H_3PO_4 溶液的滴定曲线

$$[H^+]_1=\sqrt{K_{a_1}K_{a_2}}=\sqrt{6.9\times10^{-3}\times6.2\times10^{-8}}\ \text{mol/L}$$
$$=2.07\times10^{-5}\ \text{mol/L}$$
$$pH_1=4.68$$

此时，若选用甲基橙(pH=4.0)为指示剂，采用同浓度 Na_2HPO_4 溶液为参比时，其终点误差不大于±0.5%。

第二化学计量点时 Na_2HPO_4 的浓度为 3.33×10^{-2} mol/L(此时溶液的体积已增加了 2 倍)，同样根据 H^+ 浓度计算的最简式，得

$$[H^+]_2=\sqrt{K_{a_2}K_{a_3}}=\sqrt{6.2\times10^{-8}\times4.8\times10^{-13}}\ \text{mol/L}$$
$$=1.73\times10^{-10}\ \text{mol/L}$$
$$pH_2=9.76$$

此时，若选用酚酞(pH=9.0)为指示剂，则终点将出现过早；若选用百里酚酞(pH=10.0)作指示剂，当溶液由无色变为浅蓝色时，其终点误差为±0.5%。

2. 强酸滴定多元碱

用强酸滴定多元碱其情况与多元酸的滴定类似，因此，有关多元酸滴定的结论也适合多元碱的情况。以二元碱为例。

(1) 当 $c_bK_{b_1}\geqslant10^{-8}$，$c_bK_{b_2}\geqslant10^{-8}$，且 $K_{b_1}/K_{b_2}\geqslant10^5$ 时，可分步滴定。产生两个滴定突越，得到两个滴定终点。

(2) 当 $c_b K_{b_1} \geqslant 10^{-8}$，$c_b K_{b_2} < 10^{-8}$，且 $K_{b_1}/K_{b_2} \geqslant 10^5$ 时，分步滴定。第一级解离的 OH^- 可被滴定，第二级解离的 OH^- 不能被滴定，产生一个滴定突跃，得到一个滴定终点。

(3) 当 $c_b K_{b_1} \geqslant 10^{-8}$，$c_b K_{b_2} \geqslant 10^{-8}$，且 $K_{b_1}/K_{b_2} < 10^5$ 时，第一、二级解离 OH^- 均被滴定，滴定时两个滴定突跃将混在一起，产生一个滴定突跃，得到一个滴定终点。

例如，用 HCl 标准溶液滴定 Na_2CO_3 溶液，设 $c(Na_2CO_3) = 0.100\ 0$ mol/L，Na_2CO_3 在水溶液中存在如下解离平衡：

$$CO_3^{2-} + H_2O \rightleftharpoons HCO_3^- + OH^- \qquad K_{b_1} = 2.1 \times 10^{-4}$$
$$HCO_3^- + H_2O \rightleftharpoons H_2CO_3 + OH^- \qquad K_{b_2} = 2.3 \times 10^{-8}$$

在满足一般分析的要求下，Na_2CO_3 还是能够进行分步滴定的，只是滴定突跃较小。如果用 HCl 滴定，则第一步生成 $NaHCO_3$，反应式为

$$HCl + Na_2CO_3 \longrightarrow NaHCO_3 + NaCl$$

图 4-9 所示的为 0.100 0 mol/L HCl 标准溶液滴定 20.00 mL 0.100 0 mol/L Na_2CO_3 溶液的滴定曲线。第一化学计量点时，HCl 与 Na_2CO_3 反应生成 $NaHCO_3$。$NaHCO_3$ 为两性物质，其浓度为 0.050 mol/L，根据表 4-1 所列 H^+ 浓度计算的最简式，得

$$[H^+]_1 = \sqrt{K_{a_1} K_{a_2}}$$
$$= \sqrt{4.2 \times 10^{-7} \times 5.6 \times 10^{-11}}\ \text{mol/L}$$
$$= 4.85 \times 10^{-9}\ \text{mol/L}$$
$$pH_1 = 8.31$$

此时选用酚酞（pH＝9.0）为指示剂，终点误差较大，滴定准确度不高。若采用酚红与百里酚蓝混合指示剂，并用同浓度 $NaHCO_3$ 溶液作参比时，终点误差约为 0.5%。

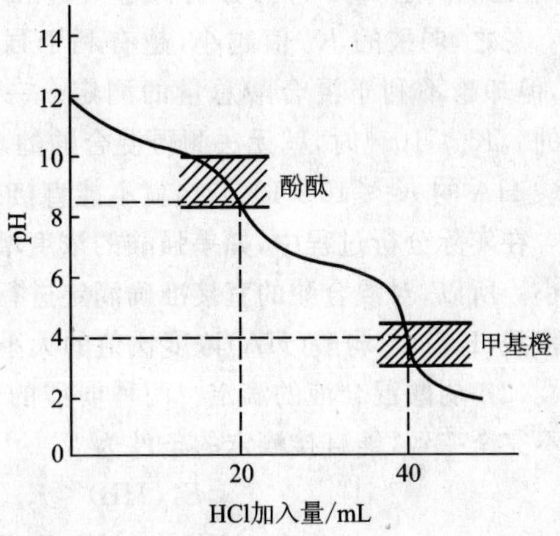

图 4-9　0.1000 mol/L HCl 标准溶液滴定 20.00 mL 0.1000 mol/L Na_2CO_3 溶液的滴定曲线

第二化学计量点时，$NaHCO_3$ 继续与 HCl 反应，生成 H_2CO_3（CO_2 和 H_2O），其在水溶液中的饱和浓度约为 0.040 mol/L，计算 pH 为

$$[H^+]_2 = \sqrt{cK_{a_1}} = \sqrt{0.040 \times 4.2 \times 10^{-7}}\ \text{mol/L}$$
$$= 1.3 \times 10^{-4}\ \text{mol/L}$$
$$pH_2 = 3.89$$

若选用甲基橙（pH＝4.0）为指示剂，在室温下滴定时，终点变化不敏锐。为提高滴定准确度，可选择甲基红（pH＝5.0）为指示剂，滴定时需加热除去 CO_2。当滴定到溶液变红（pH<4.4）时，暂时停止滴定，加热除去 CO_2，则溶液又变回黄色（pH>6.2），继续滴定到红色。重复操作 2～3 次，加热驱赶 CO_2 并将溶液冷至室温后，溶液颜色不再改变为止，终点敏锐，准确度高。

3. 混合酸（碱）的滴定

混合酸（碱）的滴定主要包括两种情况：一是强酸（碱）与弱酸（碱）混合液的滴定；二是两种弱酸（碱）混合液的滴定。下面主要讨论混合酸的滴定。

(1) 强酸与弱酸混合液的滴定　例如，HCl 与另一弱酸 HA 混合液的滴定。当 HCl 与 HA 的浓度均为 0.1 mol/L 时，用 0.100 0 mol/L NaOH 标准溶液滴定不同解离常数的弱酸 HA，滴定曲线如图 4-10 所示。

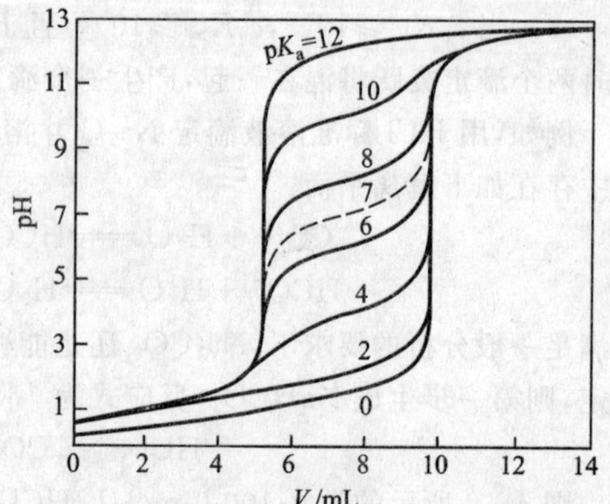

图 4-10　0.100 0 mol/L NaOH 标准溶液滴定 0.100 0 mol/L HCl 与 0.100 0 mol/L HA 的滴定曲线

由图 4-10 可以得出如下结论。

① 若 $K_a(HA)<10^{-7}$，HA 不影响 HCl 的滴定，能准确滴定 HCl 的分量，但无法准确滴定混合酸的总量；

② 若 $K_a(HA)>10^{-5}$，滴定 HCl 时，HA 同时被滴定，能准确滴定混合酸的总量，但无法准确滴定 HCl 的分量；

③ 若 $10^{-7}<K_a(HA)<10^{-5}$，则既能滴定 HCl，也能滴定 HA，即可分别滴定 HCl 和 HA。

总之，弱酸的 K_a 值越小，越有利于强酸的滴定，但却越不利于混合酸总量的测定。一般当弱酸的 $c_0K_a\leqslant10^{-8}$时，就无法测得混合酸的总量，而弱酸 HA 的 $K_a\leqslant10\times10^{-5}$时，就不能直接准确滴定混合液中的强酸。

在实际分析过程中，如果强酸的浓度增大，则分别滴定强酸与弱酸的可能性就增大，反之就变小。所以，对混合酸的直接准确滴定进行判断时，除了要考虑弱酸 HA 酸的强度之外，还须比较强酸(HCl)与弱酸(HA)浓度比值的大小。

(2) 弱酸混合液的滴定　两种弱酸的混合液(HA+HB)，类似于一种二元酸的情况，但也并不完全一致，能直接滴定的条件为

$$K_a(HB)\leqslant K_a(HA),\quad c(HB)<c(HA)$$
$$c(HB)K_a(HB)\geqslant10^{-8},\quad 且\ c(HB)\geqslant10^{-3}\ mol/L$$

两种弱酸能够分别滴定的条件为

$$\frac{c(HA)K_a(HA)}{c(HB)K_a(HB)}\geqslant10^5$$
$$c(HB)K_a(HB)\geqslant10^{-8},\quad 且\ c(HB)\geqslant10^{-3}\ mol/L$$

思考与练习　4-5

一、要点回顾

1. 酸碱滴定曲线和滴定突跃

以滴定剂的加入量(或滴定分数)为横坐标，以溶液的 pH 为纵坐标，绘制的曲线称为酸碱滴定曲线。在化学计量点附近，溶液中$[H^+]$发生显著变化的现象称为滴定突越，突越所在的 pH 范围称为滴定突越范围，即化学计量点前后 0.1%处对应的 pH 范围。

2. 酸碱指示剂的选择方法

(1) 指示剂的变色范围全部或部分地落入滴定突跃范围内。

(2) 定量计算化学计量点时溶液 pH，使指示剂的变色点尽量靠近化学计量点。

(3) 定性选择在酸性范围或碱性范围内变色的指示剂。

另外，还要注意指示剂在滴定终点时颜色变化要明显。

3. 弱酸(碱)滴定可行性判断

(1) 直接准确滴定一元弱酸的条件是

$$c_0K_a \geqslant 10^{-8}, \quad 且\ c_0 \geqslant 10^{-3}\ \text{mol/L}$$

滴定误差≤±0.2%，滴定突跃大于 0.6 个 pH 单位。

(2) 多元酸和多元碱分步滴定的条件：

$$K_{a_1}/K_{a_2} \geqslant 10^5, \quad K_{b_1}/K_{b_2} \geqslant 10^5$$

二、学习思考

1. 用 0.010 00 mol/L NaOH 标准溶液滴定 20.00 mL 0.010 00 mol/L HCl 溶液时，滴定突跃范围是多少？能否选用甲基橙作指示剂？

2. 多元酸(碱)满足什么条件时就能用强碱(强酸)分步进行滴定？

3. 怎样判断酸碱滴定突跃范围？

4. 为什么用 NaOH 标准溶液可以直接滴定 HAc，而不能直接滴定硼酸？

三、练习题

1. 用 0.1 mol/L NaOH 标准溶液滴定下列各种酸能出现几个滴定突跃？各选何种指示剂？

(1) CH_3COOH　(2) $H_2C_2O_4 \cdot 2H_2O$　(3) H_3PO_4　(4) HF＋HAc

2. 有人要用酸碱滴定法测定 NaAc 溶液的浓度，先加入一定量过量的 HCl 标准溶液，然后用 NaOH 的标准溶液返滴定过量的 HCl，问上述操作是否正确？为什么？

第六节　酸碱标准溶液的配制和标定

【学习指导】 本节的主要内容是盐酸和氢氧化钠标准溶液的配制和标定。通过实验掌握间接法配制 HCl，NaOH(不含 CO_2)的标准溶液的方法，正确认识 CO_2 对酸碱滴定的影响，并掌握消除这种影响的方法。

酸碱滴定法中常用的标准溶液均由强酸或强碱组成。一般用于配制酸标准溶液的有 HCl 和 H_2SO_4，其中最常用的是 HCl 溶液；若需要加热或在较高温度下使用，则用 H_2SO_4 溶液较适宜。一般用来配制碱标准溶液的有 NaOH 与 KOH，实际分析中一般多数用 NaOH。酸碱标准溶液通常配制成 0.1 mol/L，但有时也用到高达 1.0 mol/L 的浓度。不过标准溶液若浓度太高，因消耗太多试剂，会造成不必要的浪费；浓度太低，又会导致滴定突跃太小，不利于终点的判断，从而得不到准确的滴定结果。因此，实际工作中应根据需要配制合适的标准溶液。

一、HCl 标准溶液的配制和标定

1. 配制

盐酸标准溶液一般用间接法配制，即先用市售的盐酸试剂（分析纯）配制成接近所需浓度的溶液（其浓度值与所需配制浓度值的误差不得大于 5%），然后再用基准物质标定其准确浓度。由于浓盐酸具有挥发性，配制时所取 HCl 的量可稍多一些。

2. 标定

用于标定 HCl 标准溶液的基准物质有无水碳酸钠和硼砂等。

（1）无水碳酸钠（Na_2CO_3） Na_2CO_3 容易吸收空气中的水分，使用前必须在 270～300℃高温炉中灼热至恒重（见 GB/T 601—2002），然后密封于称量瓶内，保存在干燥器中备用。称量时要求动作迅速，以免吸收空气中的水分而带入测定误差。

用 Na_2CO_3 标定 HCl 溶液的标定反应为

$$2HCl + Na_2CO_3 \longrightarrow H_2CO_3 + 2NaCl$$
$$H_2CO_3 \longrightarrow CO_2 + H_2O$$

滴定时用溴甲酚绿-甲基红混合指示剂指示终点（详细步骤见 GB/T 601—2002 或配套实验教材）。近终点时要煮沸溶液，赶出 CO_2 后继续滴定至暗红色，以避免由于溶液中 CO_2 过饱和而造成假终点。

（2）硼砂（$Na_2B_4O_7 \cdot 10H_2O$） 硼砂容易提纯，且不宜吸水，由于其摩尔质量大（M= 381.4 g/mol），因此直接称取单份基准物质做标定时，称量误差相当小。但硼砂在空气中当相对湿度小于 39%时容易风化失去结晶水，因此应保存在相对湿度为 60%的恒湿器中。用硼砂标定 HCl 溶液的标定反应为

$$Na_2B_4O_7 + 2HCl + 5H_2O \longrightarrow 4H_3BO_3 + 2NaCl$$

滴定时选用甲基红作指示剂，终点时溶液颜色由黄变红，变色较为明显。

二、NaOH 标准溶液的配制和标定

1. 配制

由于氢氧化钠具有很强的吸湿性，也容易吸收空气中的水分及 CO_2，因此 NaOH 标准溶液也不能用直接法配制，同样须先配制成接近所需浓度的溶液，然后再用基准物质标定其准确浓度。

NaOH 溶液吸收空气中的 CO_2 生成 CO_3^{2-}。而 CO_3^{2-} 的存在，在滴定弱酸时会带入较大的误差，因此必须配制和使用不含 CO_3^{2-} 的 NaOH 标准溶液。由于 Na_2CO_3 在浓的 NaOH 的饱和溶液（取分析纯 NaOH 约 110 g，溶于 100 mL 无 CO_2 的蒸馏水中），密闭静置数日，待其中的 Na_2CO_3 沉降后，取上层清液作贮备液（由于浓碱腐蚀玻璃，因此饱和 NaOH 溶液应当保存在塑料瓶或内壁涂有石蜡的瓶中），其浓度为 20 mol/L。配制时，根据所需浓度移取一定体积的 NaOH 饱和溶液，再用无 CO_2 的蒸馏水稀释至所需的体积（详细步骤见 GB/T 601—2002 或配套实验教材）。

配制成的 NaOH 标准溶液应保存在装有虹吸管及碱石灰管的瓶中，防止吸收空气中的 CO_2。放置过久的 NaOH 溶液浓度会发生变化，使用时应重新标定。

2. 标定

常用于标定 NaOH 标准溶液浓度的基准物质有邻苯二甲酸氢钾与草酸。

（1）邻苯二甲酸氢钾（$KHC_8H_4O_4$） 邻苯二甲酸氢钾容易用重结晶法制得纯品，不含结晶水，在空气中不吸水，容易保存，且摩尔质量大[$M(KHC_8H_4O_4)$=204.2 g/mol]，单份标定时称量误差小，所以它是标定碱标准溶液较好的基准物质。标定前，邻苯二甲酸氢钾应于 100～

125℃干燥后备用。干燥温度不宜过高，否则邻苯二甲酸氢钾会脱水而成为邻苯二甲酸酐。

用 $KHC_8H_4O_4$ 标定 NaOH 溶液得标定反应如下：

$$KHC_8H_4O_4 + NaOH \longrightarrow NaKC_8H_4O_4 + H_2O$$

由于滴定产物邻苯二甲酸钾钠呈弱碱性，故滴定时采用酚酞作指示剂，终点时溶液由无色变至浅红。

(2) 草酸($H_2C_2O_4 \cdot 2H_2O$)　草酸是二元酸($pK_{a_1}=1.25, pK_{a_2}=4.29$)，由于 $\frac{K_{a_1}}{K_{a_2}} < 10^5$，故与强碱作用时只能按二元酸一次被滴定到 $C_2O_4^{2-}$。其标定反应如下：

$$H_2C_2O_4 + 2NaOH \longrightarrow Na_2C_2O_4 + 2H_2O$$

由于草酸的摩尔质量较小[$M(H_2C_2O_4 \cdot 2H_2O) = 126.07$ g/mol]，为了减小称量误差，标定时宜采用"称大样法"标定。用草酸标定 NaOH 溶液可选用酚酞作指示剂，终点时溶液变色敏锐。

草酸固体比较稳定，但草酸溶液的稳定性较差(空气中 $H_2C_2O_4$ 易分解)，溶液在长时期保存后浓度逐渐降低。

思考与练习　4-6

一、要点回顾

标准溶液的配制和标定：

HCl 标准溶液一般用间接法配制，用于标定 HCl 标准溶液的基准物质有无水碳酸钠和硼砂等。

NaOH 标准溶液采用间接法配制。常用于标定 NaOH 标准溶液浓度的基准物质有邻苯二甲酸氢钾与草酸。

二、学习思考

1. 常用的酸、碱标准溶液有哪些？通常使用的浓度是什么？
2. 以无水碳酸钠为标定 HCl 的基准物质需要进行哪些处理？在标定中还要注意什么？
3. 如何配制无 CO_3^{2-} 的 NaOH 标准溶液？
4. CO_2 对酸碱滴定有一定的影响，用什么方法可以减小这种影响？在滴定分析中还应注意什么？

三、练习题

配制 0.1 mol/L NaOH 标准溶液 500 mL，计算应称取固体 NaOH 的质量。说明如何标定 NaOH 溶液，选择的主要仪器是什么？

第七节　酸碱滴定法的应用

【学习指导】　本节的内容可用比较的方法结合实验，掌握直接滴定法、返滴定法、间接滴定法的特点、适用范围及相关计算。

酸碱滴定法在生产实际中应用极为广泛，许多酸、碱物质包括一些有机酸(或碱)均可用酸碱滴定法进行测定。对于一些极弱酸或弱碱，有的可在非水溶液中进行测定（见本章第六节）。有些非酸碱性物质也可以用酸碱滴定法进行测定。

在我国现行的国家标准（GB）中，如化工产品、石油产品、化学试剂、食品添加剂、水质标准等涉及酸度、碱度项目的，多数采用酸碱滴定法。

下面列举几个实例，说明酸碱滴定法的一些应用。

一、直接滴定法

直接滴定法可测定强酸或强碱性物质，及 $c_a K_a \geqslant 10^{-8}$ 的弱酸或 $c_b K_b \geqslant 10^{-8}$ 的弱碱。

1. 工业乙酸的测定

工业乙酸（CH_3COOH）主要用于有机合成、合成纤维、染料、医药、农药等工业。

工业乙酸是一种有机弱酸，但因其乙酸含量较高，可用强碱标准溶液进行直接滴定。用具塞称量瓶称取约 2.5 g 试样，精确至 0.000 2 g。置于已盛有 50 mL 无二氧化碳蒸馏水的 250 mL 的锥形瓶中，并将称量瓶盖摇开，加 0.5 mL 酚酞指示液，用氢氧化钠标准溶液滴定至微粉红色，保持 5 s 不褪色为终点。

2. 混合碱的分析

(1) 烧碱中 NaOH 和 Na_2CO_3 含量的测定　氢氧化钠俗称烧碱，在生产和贮存过程中，由于吸收空气中的 CO_2 而生成 Na_2CO_3，因此，经常要对烧碱进行 NaOH 和 Na_2CO_3 含量的测定。

双指示剂法　双指示剂法是指采用两种指示剂，从而得到两个滴定终点的方法。

准确称取一定量试样，溶解后，以酚酞为指示剂，用浓度为 c 的 HCl 标准溶液滴定至终点。然后，加入甲基橙并继续滴至终点，前后消耗 HCl 溶液的体积分别为 V_1 和 V_2。滴定过程如下：

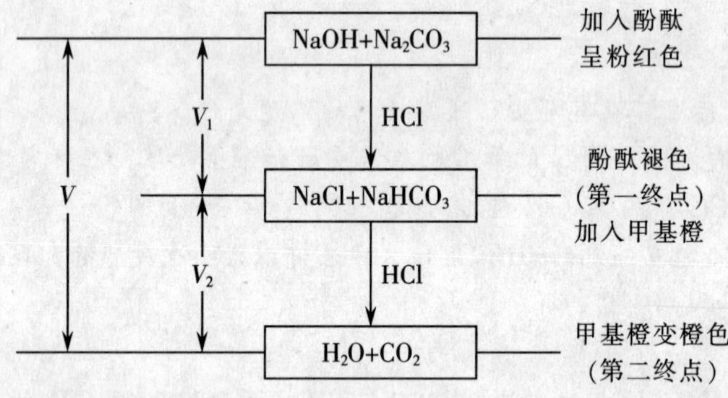

由图可知，$V_1 > V_2$，滴定 NaOH 用去 HCl 溶液的体积为 $(V_1 - V_2)$，滴定 Na_2CO_3 用去的体积为 $2V_2$。若混合碱试样质量为 m_s，则

$$w(\mathrm{NaOH}) = \frac{c(\mathrm{HCl}) \cdot (V_1 - V_2) \cdot M(\mathrm{NaOH})}{m_s} \times 100\%$$

$$w(\mathrm{Na_2CO_3}) = \frac{2c(\mathrm{HCl}) \cdot V_2 \cdot M\left(\frac{1}{2}\mathrm{Na_2CO_3}\right)}{m_s} \times 100\%$$

可见：$V_1 > V_2$ 时，混合碱的组成为 NaOH 和 Na_2CO_3。

双指示剂法虽然操作简便，但因在第一化学计量点时，酚酞变色不明显（由红色到微红），误差在1%左右。若要求提高测定的准确度，可改用下述的氯化钡法。

氯化钡法 先取一份试样溶液，以甲基橙作指示剂，用HCl标准溶液滴定至橙色，测得的是碱的总量，设消耗HCl溶液的体积为V_1，另取等体积试液，加入$BaCl_2$溶液，待$BaCO_3$沉淀析出后，以酚酞作指示剂，用HCl标准溶液滴定至终点，设用去的体积为V_2，此时反应的是NaOH。则

$$w(Na_2CO_3)=\frac{c(HCl)\cdot(V_1-V_2)\cdot M\left(\frac{1}{2}Na_2CO_3\right)}{m_s}\times 100\%$$

$$w(NaOH)=\frac{c(HCl)\cdot V_2\cdot M(NaOH)}{m_s}\times 100\%$$

（2）纯碱中Na_2CO_3和$NaHCO_3$含量的测定

双指示剂法 测定纯碱中Na_2CO_3和$NaHCO_3$的含量，亦可以采用双指示剂法。由图示可知，此时消耗HCl溶液的体积有$V_2>V_1$的关系。

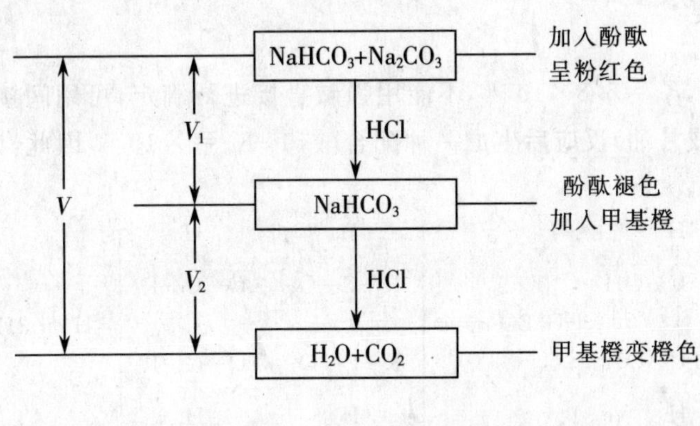

$$w(Na_2CO_3)=\frac{2c(HCl)\cdot V_1\cdot M\left(\frac{1}{2}Na_2CO_3\right)}{m_s}\times 100\%$$

$$w(NaHCO_3)=\frac{c(HCl)\cdot(V_2-V_1)\cdot M(NaHCO_3)}{m_s}\times 100\%$$

可见：$V_1<V_2$时，混合碱的组成为Na_2CO_3和$NaHCO_3$。

氯化钡法 首先加入过量的NaOH标准溶液。将试液中的$NaHCO_3$完全转变成Na_2CO_3，然后用$BaCl_2$溶液沉淀Na_2CO_3，再以酚酞为指示剂，用HCl标准溶液滴定剩余的NaOH。设V_1，V_2分别为HCl，NaOH所消耗的体积，则

$$w(NaHCO_3)=\frac{[c(NaOH)\cdot V_2-c(HCl)\cdot V_1]\cdot M(NaHCO_3)}{m_s}\times 100\%$$

另取等体积试液，以甲基橙为指示剂，用HCl标准溶液滴定碱的总量，设用去HCl溶液的体积为V，则

$$w(Na_2CO_3)=\frac{\{c(HCl)\cdot V-[c(NaOH)\cdot V_2-c(HCl)\cdot V_1]\}\cdot M\left(\frac{1}{2}Na_2CO_3\right)}{m_s}\times 100\%$$

氯化钡法虽然繁琐，但避免了双指示剂法中酚酞指示终点不明显的缺点，所以测定结果比较

准确。

碱度、总碱度分析在化工生产中，在原材料、中控、产品分析中广泛应用。碱度测定在食品检验中广泛应用。例如，皮蛋总碱度测定；饼干中 Na_2CO_3 和 $NaHCO_3$ 测定；白酒中总碱含量测定；锡罐头钝化液游离碱测定等。

二、返滴定法

氨水的分析：氨水是弱碱，易挥发，如果直接滴定会导致测定结果偏低，因此，常用返滴定法测定。

先加入一定量过量 HCl 标准溶液，使氨水与 HCl 反应，再用 NaOH 标准溶液滴定剩余的 HCl。化学计量点时，由于存在 NH_4Cl，pH 为 5.3，故可选择甲基红作指示剂。

想一想

氨水的分析的计算公式？

三、间接滴定法

1. 硼酸的测定

硼酸是极弱的酸，$K_a=5.8\times10^{-10}$，不能用强碱直接进行滴定，可用间接滴定法。硼酸与某些多元醇（如甘露醇或甘油）反应后生成一种配合酸，其 $K_a=\times10^{-6}$，因此，以酚酞作指示剂，可用强碱标准溶液滴定。

$$2\begin{matrix}\text{H}\\ |\\ \text{R—C—OH}\\ |\\ \text{R—C—OH}\\ |\\ \text{H}\end{matrix} + H_3BO_3 \rightleftharpoons \left[\begin{matrix}\text{H} & & \text{H}\\ | & & |\\ \text{R—C—O} & & \text{O—C—R}\\ | & \text{B} & |\\ \text{R—C—O} & & \text{O—C—R}\\ | & & |\\ \text{H} & & \text{H}\end{matrix}\right]^- H^+ + 3H_2O$$

2. 铵盐的测定

常见的铵盐如 NH_4Cl，$(NH_4)_2SO_4$ 等都是很弱的酸，$K_a=5.6\times10^{-6}$，不能用强碱标准溶液进行直接滴定，可采用下述方法间接测定之。

(1) 蒸馏法　准确称取一定量的铵盐试样，置于蒸馏瓶中。加入过量的浓碱溶液，加热使 NH_3 逸出，并用过量的 H_3BO_3 溶液吸收，然后用 HCl 标准溶液滴定 H_3BO_3 吸收液。

$$NH_4^+ + OH^- \xlongequal{\triangle} NH_3 + H_2O$$

$$NH_3 + H_3BO_3 \xlongequal{} NH_4^+ + H_2BO_3^-$$

$$H^+ + H_2BO_3^- \xlongequal{} H_3BO_3$$

终点的产物是 H_3BO_3 和 NH_4^+（混合弱酸），pH≈5，可用甲基红作指示剂。

除硼酸外，还可用过量的 HCl 标准溶液吸收 NH_3，然后以甲基红作指示剂，再用 NaOH 标准溶液返滴定剩余的 HCl。试样中氮的含量用下式计算：

$$w(N)=\frac{[c(HCl)\cdot V(HCl)-c(NaOH)\cdot V(NaOH)]\cdot M(N)}{m_s}\times100\%$$

土壤和有机化合物（如蛋白质、生物碱和其他含氮化合物）中的氮，经过一定的处理后（在无水 $CuSO_4$ 或其他催化剂存在下，将试样在浓硫酸中加热消化），可使各种含氮化合物分解并转变成铵盐，然后再按上述蒸馏法进行测定，测得的是试样中的总含氮量，测定结果用不同的方式来表示。这种方法即著名的克氏定氮法，方法准确，在有机化合物分析中有着广泛的应用对于含氧化态氮的化合物，如有机硝基或偶氮基化合物，在煮沸消化之前还须用还原剂[Fe(Ⅱ)或 $S_2O_3^{2-}$ 等]处理，才能使其中的氮完全转化成 NH_4^+ 。

(2) 甲醛法　甲醛与 NH_4^+ 作用，按化学计算关系定量生成 H^+ 和质子化的六亚甲基四胺($K_a=7.1\times10^{-6}$)：

$$4NH_4^+ + 6HCHO \xlongequal{} (CH_2)_6N_4H^+ + 3H^+ + 6H_2O$$

以酚酞为指示剂，用 NaOH 标准溶液滴定。如试样中含有游离酸，则事先应以甲基红作指示剂，用碱中和。甲醛法简便快速，在工农业生产中被广泛使用。常见的铵盐中，NH_4HCO_3 含量的测定可以用 HCl 标准溶液直接滴定，但不能用甲醛法测定。试样中氮的含量用下式计算：

$$w(N)=\frac{c(NaOH)\cdot V(NaOH)\cdot M(N)}{m_s}\times100\%$$

四、置换滴定法

酯类的测定　将酯类与已知准确浓度并过量 NaOH 溶液共热，使其发生皂化反应：

$$CH_3COOC_2H_5 + NaOH \xlongequal{} CH_3COONa + C_2H_5OH$$

待反应完全以后，以酚酞作指示剂，用 HCl 标准溶液滴定过量的碱，即可测得碱的含量。

计算酯的含量公式是什么？

思考与练习　4-7

一、要点回顾

1. 直接滴定法

酸碱性物质，其 $cK_a\geqslant10^{-8}$ 或 $cK_b\geqslant10^{-8}$，可被直接滴定，如硫酸、醋酸、氨水、混合碱(双指示剂法)的分析。

有许多不能被直接滴定的酸碱性物质(cK_a 或 cK_b 小于 10^{-8})，在非水溶剂中增强了酸碱性，可被直接滴定，如苯胺、氨基酸等。

2. 返滴定法

用于易挥发或难溶于水的酸性或碱性物质，如氨水的测定、$CaCO_3$ 的测定等。

3. 间接滴定法

对有些酸碱性极弱的物质可转化为酸碱性较强的物质，再被滴定，如硼酸分析。

4. 置换滴定法

这种滴定方式主要用于因滴定反应没有定量关系或伴有副反应而无法直接滴定的情况。

二、学习思考

1. 有一碱性溶液，可能是 NaOH，$NaHCO_3$ 或 Na_2CO_3，或其中两者的混合物，用双指示剂法进行测定。开始用酚酞为指示剂，消耗 HCl 体积为 V_1，再用甲基橙为指示剂，又消耗 HCl

体积为 V_2，V_1 与 V_2 关系如下，试判断上述溶液的组成。

(1) $V_1>V_2, V_2\neq 0$；

(2) $V_1<V_2, V_1\neq 0$；

(3) $V_1=V_1\neq 0$；

(4) $V_1>V_2, V_2=0$；

(5) $V_1<V_2, V_1=0$

2. 请设计 $HCl+NH_4Cl$ 混合液的分析方案。

三、练习题

1. 某混合碱试样可能含有 NaOH，Na_2CO_3，$NaHCO_3$ 中的一种或两种。称取该试样 0.301 9 g，用酚酞为指示剂，滴定用去 0.103 5 mol/L 的 HCl 标准溶液 20.10 mL；再加入甲基橙指示液，继续以同一 HCl 标准溶液滴定，一共用去 HCl 标准溶液 47.70 mL。试判断试样的组成及各组分的质量分数。

2. 称取 Na_2CO_3 和 $NaHCO_3$ 的混合试样 0.7650 g，加适量的水溶解，以甲基橙为指示剂，用 0.200 0 mol/L 的 HCl 标准溶液滴定至终点时，消耗 HCl 标准溶液 50.00 mL。如改用酚酞指示剂，用上述 HCl 标准溶液滴定至终点，还需消耗多少毫升 HCl 标准溶液？

3. 用酸碱滴定法测定工业硫酸的含量。称取硫酸试样 1.809 5 g，配成 250 mL 的溶液，移取 25 mL 该溶液，以甲基橙为指示剂，用浓度为 0.123 3 mol/L 的 NaOH 标准溶液滴定，到终点时消耗 NaOH 标准溶液 31.42 mL。试计算该工业硫酸的质量分数。

4. 测定硅酸盐中 SiO_2 的含量。称取试样 5.000 g，用氢氟酸溶解处理后，用 4.072 6 mol/L 的 NaOH 标准溶液滴定，到终点时消耗 NaOH 标准溶液 28.42 mL。试计算该硅酸盐中 SiO_2 的质量分数。

5. 标定甲醇钠溶液时，称取苯甲酸 0.468 0 g，消耗甲醇钠溶液 25.50 mL。求甲醇钠的物质的量浓度。

6. 测定钢铁中的碳含量。称取钢铁试样 20.000 0 g，试样在氧气流中经高温燃烧，将产生的二氧化碳导入含有百里酚蓝和百里酚酞指示剂的丙酮-甲醇混合吸收中，然后以 5 题中的甲醇钠标准溶液滴定至终点，消耗该溶液 30.50 mL。试计算该钢铁中碳的质量分数。

阅读材料 酸碱滴定中 CO_2 的影响

在酸碱滴定中，CO_2 的影响是值得注意的。CO_2 从何而来呢？CO_2 的来源很多，例如，蒸馏水中溶有一定量的 CO_2，碱标准溶液和配制标准溶液的 NaOH 本身吸收 CO_2（成为碳酸盐），另外，在滴定过程中溶液也会吸收 CO_2 等。

在酸碱滴定中，CO_2 的影响是多方面的。当用碱溶液滴定酸时，酸溶液中的 CO_2 会被碱溶液滴定，至于滴定多少取决于滴定终点时溶液的 pH。在不同的 pH 结束滴定，CO_2 带来的误差不同（可由 H_2CO_3 的分布分数得知）。同样，当用含有 CO_3^{2-} 的碱标准溶液滴定酸时，由于终点 pH 的不同，碱标准溶液中的 CO_3^{2-} 被酸中和的情况也不一样。终点时溶液的 pH 越低，CO_2 的影响越小。（想一想：为什么？）一般来说，如果终点时溶液的 pH<5，则 CO_2 的影响是可以忽略的。

例如，分别用 0.1 mol/L 酸和碱进行相互滴定，若以酚酞为指示剂时，滴定终点 pH=9.0，此时溶液中的

CO_2 所形成的 H_2CO_3 基本上以 HCO_3^- 形式存在，H_2CO_3 作为一元酸被滴定。与此同时，碱标准溶液吸收 CO_2 所产生的 CO_3^{2-} 也被滴定生成 HCO_3^-。在这种情况下，由于 CO_2 的影响所造成的误差约为±2%，当然是不可忽略的。

若以甲基橙为指示剂，滴定终点时 pH=4.0，此时以各种方式溶于水中的 CO_2 主要以 CO_2 气体分子（室温下 CO_2 饱和溶液的浓度约为 0.04 mol/L）或 H_2CO_3 形式存在，只有约 4%作为一元酸参与滴定，因此所造成的误差是可以忽略的。在这种情况下，即使碱标准溶液吸收 CO_2 产生了 CO_3^{2-}，也基本上被中和为 CO_2 逸出，所以，对滴定结果不产生影响。因此，滴定分析时，在保证终点误差在允许范围之内的前提下，应当尽量选用在酸性范围内变色的指示剂。

当强酸强碱的浓度变得更小时，滴定突跃就会变小，若再用甲基橙作指示剂，也将产生较大的终点误差（若改用终点时 pH>5 的指示剂，只会增大溶液中 H_2CO_3 参加反应的比率，增大误差）。此时，为了消除 CO_2 对酸碱滴定的影响，必要时可采用加热至沸的办法，除去 CO_2 后再进行滴定。

由于 CO_2 在水中的溶解速度相当快，CO_2 的存在也影响到一些指示剂终点颜色的稳定性。若以酚酞作指示剂，当滴至终点时，溶液已呈浅红色，但稍放置 0.5～1 min 后，由于 CO_2 的进入，消耗了部分过量的 OH^-，溶液 pH 降低，溶液又褪至无色。因此，当使用酚酞、溴百里酚蓝、酚红等指示剂时，滴定至溶液变色后，若 30 s 内溶液颜色不褪，表明此时已达终点。

在滴定分析过程中，使用加热煮沸后冷却至室温的蒸馏水，使用不含 CO_3^{2-} 的碱标准溶液，滴定时不要剧烈振荡锥形瓶等措施，都可以进一步减少 CO_2 的侵入。

* 第八节　非水溶液中的酸碱滴定

【学习指导】 非水滴定的概念，滴定剂的选择和终点的确定是本节的主要内容。在质子理论的基础上，认识非水溶剂的分类、性质，通过类比水溶液中的酸碱滴定，掌握非水溶液滴定剂的选择和终点的确定。

一、概述

水是最常见的溶液，酸碱滴定一般在水溶液中进行。但是，并非在所有的情况下，都可以用水作介质进行滴定。

非水滴定主要用于在水溶液中不能直接滴定物质。例如，解离常数小于 10^{-7} 的弱酸（或弱碱），或 $c_0K_a<10^{-8}$（或 $c_0K_b<10^{-8}$）的溶液；许多在水中的溶解度很小的有机酸；在水溶液中一般不能准确滴定或不能分别进行滴定的强酸（或强碱）的混合溶液等。

如果采用各种非水溶剂作为滴定介质，就可以解决上述问题，从而扩大酸碱滴定的范围。非水滴定在有机分析中得到了广泛的应用，如在药物分析中。本节简要介绍在非水溶液中的酸碱滴定。

二、溶剂的分类和性质

1. 溶剂的分类

在非水溶液酸碱滴定中，常用的溶剂有甲醇、乙醇、冰醋酸、二甲基甲酰胺、四氯化碳、丙酮和苯等。可根据溶剂的酸碱性定性地将它们分为四大类。

(1) 酸性溶剂　这类溶剂酸性大于碱性，故称为酸性溶剂。如甲酸、冰醋酸、硫酸等，主要适用于测定弱碱的含量。

(2) 碱性溶剂 这类溶剂碱性大于酸性，故称为碱溶剂。如乙二胺、丁胺、乙醇胺、二甲基甲酰胺等，主要用于测定弱酸的含量。

(3) 两性溶剂 这类溶剂的酸碱性与水相近，即它们给出和接受质子的能力相当，既可作为酸，又可作为碱。属于这类溶剂的主要是醇类，如甲醇、乙醇、乙二醇、丙醇等，主要适用于测定酸性(或碱性)不太弱的有机酸(或有机碱)。

(4) 惰性溶剂 这类溶剂几乎不能进行质子的传递，如苯、氯仿、四氯化碳等。在惰性溶剂中质子转移反应直接发生在试样和滴定剂之间。

溶剂的分类是一个比较复杂的问题，不同的分类方法，各有其局限性。实际上，各类溶剂之间并无严格的界限。

2. 溶剂的性质

(1) 溶剂的酸碱性质 根据酸碱质子理论，酸碱反应的实质是质子的转移，因此，酸和碱要通过溶剂才能给出或接受质子完成解离，故酸和碱在溶剂中表现出它们的酸性和碱性。不同物质所表现出的酸性或碱性的强弱不仅与这种物质本身给出或接收质子的能力有关，而且还与溶剂的性质有关。即溶剂的碱性(接受质子的能力)越强，则物质的酸性越强；溶剂的酸性(给出质子的能力)越强，则物质的碱性越强。若以 HS 代表任一溶剂，酸 HB 在其中的解离平衡为

$$HB + HS \rightleftharpoons H_2S^+ + B^-$$

H_2S^+ 指溶剂化质子。HB 在水、乙醇和冰醋酸中的解离平衡可分别表示如下：

$$HB + H_2O \rightleftharpoons H_3O^+ + B^-$$

$$HB + C_2H_5OH \rightleftharpoons C_2H_5OH_2^+ + B^-$$

$$HB + HAc \rightleftharpoons H_2Ac^+ + B^-$$

实验证明，在冰醋酸溶剂中，$HClO_4$，H_2SO_4，HCl，HNO_3 的强度是有差别的，其强度顺序为

$$HClO_4 > H_2SO_4 > HCl > HNO_3$$

但是在水溶液中它们的强度却基本相同，这是因为它们在水溶液中给出质子的能力都很强，而水的碱性已足够使它充分接受这些酸给出的质子，只要这些酸的浓度不是太大，则它们将定量地与水作用，全部转化。

$$HClO_4 + H_2O \longrightarrow H_3O^+ + ClO_4^-$$

$$H_2SO_4 + 2H_2O \longrightarrow 2H_3O^+ + SO_4^{2-}$$

$$HCl + H_2O \longrightarrow H_3O^+ + Cl^-$$

$$HNO_3 + H_2O \longrightarrow H_3O^+ + NO_3^-$$

因此，它们的酸的强度在水中全部被拉平到 H_3O^+ 的水平。这种将各种不同强度的酸拉平到溶剂化质子水平的效应称为拉平效应，具有拉平效应的溶剂称为拉平性溶剂。在这里，水是 $HClO_4$，H_2SO_4，HCl 和 HNO_3 的拉平性溶剂。很明显，通过水的拉平效应，任何一种比 H_3O^+ 酸性更强的酸都将被拉平到 H_3O^+ 的水平。

如果是在冰醋酸介质中，由于 H_2Ac^+ 的酸性较水强，HAc 的碱性就较水弱。在这种情况下，这四种酸就不能将其质子全部转移给 HAc，并在程度上有差别。不同酸在冰醋酸介质中的解离反应及相应的 pK_a 如表 4-9 所示。

表 4-9 不同酸在冰醋酸介质中的解离反应及相应的 pK_a

名称	解离方程式	pK_a	名称	解离方程式	pK_a
$HClO_4$	$HClO_4 + HAc \rightleftharpoons H_2Ac^+ + ClO_4^-$	5.8	HCl	$HCl + HAc \rightleftharpoons H_2Ac^+ + Cl^-$	8.8
H_2SO_4	$H_2SO_4 + 2HAc \rightleftharpoons 2H_2Ac^+ + SO_4^{2-}$	8.2(pK_{a_1})	HNO_3	$HNO_3 + HAc \rightleftharpoons H_2Ac^+ + NO_3^-$	9.4

由表 4-9 可见，在冰醋酸介质中，这四种酸的强度能显示出差别。这种能区分酸（或碱）的强弱效应称为区分效应。具有区分效应的溶剂称为区分性溶剂。在这里，冰醋酸是 $HClO_4$，H_2SO_4，HCl 和 HNO_3 的区分性溶剂。

同理，在水溶液中最强的碱是 OH^-，比 OH^- 更强的碱（如 O^{2-}，NH_2^- 等）都被拉到同一水平 OH^-，只有比 OH^- 更弱的碱（如 NH_3，$HCOO^-$ 等）才能区分出强弱。

酸性溶剂对于碱来说具有拉平效应，可作为碱的拉平溶剂；但对于酸来说，就具有区分效应，又可作为酸的区分溶剂。碱性溶剂对于酸来说具有拉平效应，可作为碱酸的拉平溶剂；但对于碱来说，就具有区分效应，又可作为碱的区分溶剂。

(2) 酸碱中和反应的实质 酸和碱的中和反应是经过溶剂发生的质子转移过程。中和反应的产物不一定是盐和水。中和反应能否发生，全由参加反应的酸、碱以及溶剂的性质决定。

例如，一个酸与碱的反应，首先溶剂对于酸必须具有碱性，才能接受酸给出的质子，否则酸不能解离。其次，碱比溶剂有更强的碱性，即溶剂对于碱是酸，是质子的给予体，将质子传递给碱，从而完成质子由酸经过溶剂向碱的转移过程。

$$HA \rightleftharpoons A^- + H^+ \quad \text{（酸在溶剂中解离出质子）}$$

$$HS + H^+ \rightleftharpoons H_2S^+ \quad \text{（溶剂接受质子形成溶剂合质子）}$$

$$H_2S^+ + B \rightleftharpoons BH^+ + HS \quad \text{（质子转移给碱）}$$

合并上列三个反应式，则

$$HA + B \rightleftharpoons BH^+ + A^-$$

由上式可以看出，酸碱中和反应的实质是质子转移过程，而酸和碱之间的质子转移是通过溶剂完成的，故溶剂在酸碱中和反应中起了非常重要的作用。

三、非水滴定溶剂具备的条件

在非水滴定中，溶剂的酸碱性直接影响到滴定反应的完全程度。因此，选择溶剂时首先要考虑的是溶剂的酸碱性。例如，吡啶在水中是一个极弱的有机碱（$K_b = 1.4\times10^{-9}$），在水溶液中很难直接滴定。如果改用冰醋酸作溶剂，由于冰醋酸是酸性溶剂，给出质子的倾向较强，从而增强了吡啶的碱性，这样就可以顺利地利用 $HClO_4$ 进行滴定。其反应如下：

$$HClO_4 \longrightarrow H^+ + ClO_4^-$$

$$CH_3COOH + H^+ \longrightarrow CH_3COOH_2^+$$

$$CH_3COOH_2^+ + C_5H_5N \longrightarrow C_5H_5NH^+ + CH_3COOH$$

将上几式相加得

$$C_5H_5N + HClO_4 \longrightarrow C_5H_5NH^+ + ClO_4^-$$

在这个反应中，冰醋酸的碱性比 ClO_4^- 强，因此它接受 $HClO_4$ 给出的质子，生成溶剂合质子 $CH_3COOH_2^+$，C_5H_5N 接受 $CH_3COOH_2^+$ 给出的质子而生成 $C_5H_5NH^+$。

非水滴定溶剂应具备下列条件。

(1) 对试样的溶解度较大，并能提高其酸度或碱度；

(2) 能溶解滴定生成物和过量的滴定剂；

(3) 溶剂与试样及滴定剂不发生化学反应；

(4) 有合适的终点判断方法(目视指示剂或电位滴定法)；

(5) 易提纯，黏度小，挥发性低，易于回收，价格便宜，使用安全。

惰性溶剂不参加质子的传递，没有拉平效应，因此，在惰性溶剂中各酸、碱的质子转移不通过溶剂转移，其酸碱性差异得以保存。这样就使惰性溶剂成为一种很好的区分溶剂。

在非水溶剂中，利用拉平效应可以滴定酸或碱的总量。若要分别滴定混合酸或混合碱，必须利用区分效应显示其强度的差别，从而分别进行滴定。

四、标准溶液和滴定终点的确定

1. 标准溶液

(1) 酸性滴定剂　在非水滴定中使用的酸标准溶液为高氯酸($HClO_4$)的冰醋酸溶液，因滴定过程中产生的高氯酸盐具有较大的溶解度。市售的 $HClO_4$ 含 70%～72%的 $HClO_4$，其中的水一般通过加入一定量的醋酸酐除去。

$HClO_4$ -冰醋酸滴定剂一般用邻苯二甲酸氢钾作为基准物质进行标定，滴定反应为

$$KHC_8H_4O_4 + HClO_4 \longrightarrow C_8H_6O_4 + KClO_4$$

滴定时以甲基紫或结晶紫为指示剂。

采用冰醋酸作溶剂时，滴定温度应高于 18℃，否则 $HClO_4$ 会析出。

(2) 碱性滴定剂　常用的碱性滴定剂为醇钠或醇钾。例如甲醇钠，它是由金属钠和甲醇反应制得的。

$$2CH_3OH + 2Na \longrightarrow 2CH_3ONa + H_2$$

碱金属氢氧化物和季铵碱(如四丁基氢氧化铵)也可用作滴定剂。季铵碱的优点是碱性强度大，滴定产物易溶于有机溶剂。碱性滴定剂在储存和使用时，必须注意防水和避免 CO_2 的影响。

2. 滴定终点的确定

非水滴定中，确定滴定终点的方法很多，最常用的有电位法和指示剂法。

用指示剂确定终点，关键在于选用合适的指示剂。一般来说，非水滴定选用的指示剂与溶剂有关。在酸性溶剂中，一般使用结晶紫、甲基紫、α-萘酚等作指示剂。在碱性溶剂中，百里酚蓝可用于苯、吡啶、甲基酰胺或正丁胺中，但不适用于乙二胺溶液；偶氮紫可用于吡啶、二甲基甲酰胺、乙二胺及正丁胺中，但不适用于苯或其他烃类溶液；邻硝基苯胺可用于乙二胺或二甲基酰胺中，但在醇、苯或正丁胺中却不适用。

思考与练习　4-8

一、要点回顾

1. 非水滴定

以某些有机溶剂作滴定剂进行滴定分析的方法。适用于在水溶液中溶解度很小的有机

物、强酸的混合液或强碱的混合液的分步滴定。

2. 拉平效应和区分效应

拉平效应：将各种不同强度的酸拉平到溶剂化质子水平的效应称为拉平效应，具有拉平效应的溶剂称为拉平性溶剂。

区分效应：能区分酸(或碱)强弱的效应称为区分效应。具有区分效应的溶剂称为区分性溶剂。

3. 标准溶液

酸标准溶液：常用的酸性滴定剂为高氯酸($HClO_4$)的冰醋酸溶液。

碱标准溶液：常用的碱性滴定剂为醇钠或醇钾。

二、学习思考

1. 在冰醋酸介质中，为什么能将 $HClO_4$，H_2SO_4，HCl，HNO_3 四种酸区分开来？而在水溶剂中却不能区分开？

2. 简述在非水介质中测定有机弱酸或弱碱的基本原理。

三、练习题

水在下列混合酸中为拉平性溶剂还是区分性溶剂？

(1) HCl/H_2SO_4；

(2) HCl/HAc；

(3) HNO_3/H_3PO_4；

(4) $HClO_3$/HCl。

第五章 配位滴定法

学习目标

- 了解配位滴定法的基本原理,EDTA 与金属离子配位的特点;
- 理解酸效应、配位效应、稳定常数和条件稳定常数的意义及计算;
- 掌握 EDTA 标准溶液的配制与标定;
- 掌握金属离子能够被准确滴定判别式的应用;
- 掌握金属离子指示剂的作用原理及常见指示剂的使用条件;
- 掌握提高配位滴定选择性的方法和各种滴定方式的特点与应用;
- 掌握准确滴定金属离子酸度范围确定的方法;
- 掌握配位滴定结果的计算及应用。

配位滴定法是以形成稳定配合物的配位反应为基础的滴定分析方法。配位滴定法中常用的配位剂是 EDTA,应用范围广泛,本章主要讨论 EDTA 配位法。

第一节 概 述

【学习指导】 有机配位剂(EDTA)的结构、性质及影响配位反应平衡的主要因素是本节的主要内容。配合物的条件稳定常数是考虑副反应影响的实际稳定常数,对于实际的配位滴定反应的完全程度是很重要的。要弄清绝对稳定常数与条件稳定常数的区别和联系,明确副反应及其影响。配位滴定法与酸碱滴定法很相似,但更复杂,体现在配位平衡的影响因素多。通过本节内容的学习,明确在诸多矛盾中如何抓住主要矛盾处理问题的方法。

配位反应较多,但不是所有的配位反应都能用于滴定分析,能用于配位滴定的反应必须具备下列的条件。

(1) 生成配合物的稳定常数要足够大,即配位反应要完全。

(2) 反应要按一定的反应式定量进行。

(3) 配位反应速率要快。

(4) 有检验滴定终点的适当方法。

例如,用 $AgNO_3$ 溶液滴定 CN^- 时,反应如下:

$$Ag^+ + 2CN^- \xlongequal{} [Ag(CN)_2]^-$$

滴定到达化学计量点后,$AgNO_3$ 溶液稍微过量,Ag^+ 就与 $[Ag(CN)_2]^-$ 反应生成白色的 $Ag[Ag(CN)_2]$ 沉淀,指示终点的到达。

$$Ag^{+} + [Ag(CN)_2]^{-} = Ag[Ag(CN)_2]\downarrow$$

一、配位剂

1. 无机配位剂

无机配位剂虽然早在19世纪就已应用于分析化学中，但因大多数无机配位剂分子中仅含一个可键合原子，与金属离子配位形成配合物时，存在逐级配位现象，使得同一溶液中同时存在几种不同配位数的配合物，难以确定计量关系，且其逐级稳定常数比较接近，稳定性不够高。另外，有些无机配位反应找不到合适的指示剂确定终点。因此，无机配位剂在配位滴定中大多数不能满足滴定分析对化学反应的要求，所以常用作掩蔽剂、显色剂和指示剂等。

2. 有机配位剂

由于无机配位剂自身的原因，使其在配位滴定中的应用非常有限，因此，在配位滴定中使用的配位剂主要是有机配位剂，特别是含有二乙酸氨基[$—N(CH_2COOH)_2$]的氨羧配位剂，被广泛应用在配位滴定中。

氨羧配位剂是分子中含有氨基氮（$:N\langle$）和羧基氧（$—COO^-$）两种强配位原子的多基配体（或称螯合剂），可以和大多数金属离子配位形成稳定性很高的可溶性配合物。常见的氨羧配位剂有数十种，但其中应用最广泛的是乙二胺四乙酸及其二钠盐（简称EDTA）。通常所说的配位滴定法，实际上主要是指EDTA滴定法。

二、乙二胺四乙酸及其配合物

1. 乙二胺四乙酸的结构

乙二胺四乙酸（EDTA）是分析化学中应用最广泛的氨羧配位剂。它除了在配位滴定中作配位剂外，还在各种分离和测定中广泛地用作掩蔽剂。

乙二胺四乙酸是一种四元酸，习惯用 H_4Y 表示，在水溶液中，EDTA分子中互为对角线的两个羧基上的 H^+ 转移到N原子上，形成双偶极离子。其结构式如下：

```
⁻OOCH₂C                       CH₂COOH
       \H⁺                   /
        N—CH₂—CH₂—N
       /                 H⁺\
HOOCH₂C                       CH₂COO⁻
```

2. 乙二胺四乙酸的性质

乙二胺四乙酸是一种无毒、无臭，具有酸味的白色结晶粉末，微溶于水，22℃时每100 mL水仅能溶解0.02 g，难溶于酸和一般有机溶剂（如无水乙醇、丙酮、苯等），但易溶于氨水、NaOH等碱性溶液。在配位滴定中，由于乙二胺四乙酸的溶解度小，通常使用的是它的二钠盐，用 $Na_2H_2Y \cdot 2H_2O$ 表示，习惯上也称作EDTA。$Na_2H_2Y \cdot 2H_2O$ 的水溶性较好（在22℃时，每100 mL水可溶解11.1 g），室温下，此溶液的浓度约0.3 mol/L，pH约为4.4。在配位滴定中，通常配制成0.01～0.1 mol/L的标准溶液。

3. EDTA-M配合物的特点

(1) 普遍性　EDTA分子中共含有6个可配位原子（2个氨基氮，4个羧基氧），所以，它既可以作为四基配体，也可以作为六基配体，可以与周期表中绝大多数金属离子形成螯合物。ED-

TA 与金属离子配位的普遍性，既为配位滴定的广泛应用提供了可能，同时也增加了提高配位滴定选择性的难度。

(2) 稳定性　EDTA 与大多数金属离子配位时，可形成具有多个五元环的螯合物，其主体结构如图5－1所示。由于螯合效应的影响使得大多数的 EDTA－M 配合物具有很高的稳定性。螯合效应的大小与螯合环的数目和形状有关。根据有机结构的张力学说，由五个原子组成的五元环以及由六个原子组成的六元环的张力小，故稳定性高，而且是环数愈多，稳定性就愈高。

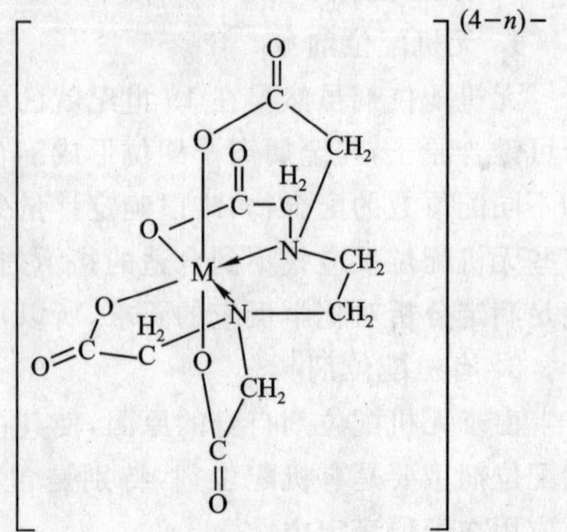

图 5－1　EDTA－M^{n+} 螯合物立体结构

(3) 配位比简单　因 EDTA 分子中含有 6 个配位原子，而多数金属离子的配位数不超过 6，因此在一般情况下，EDTA 与大多数金属离子以 1∶1的配位比形成配合物。只有极少数高价金属离子与 EDTA 配位时，配位比不是 1∶1。

金属离子与 EDTA 形成的配合物在结构上有什么特点?

例如，五价钼与 EDTA 形成 Mo(Ⅴ)∶Y＝2∶1的配合物 $(MoO_2)_2Y^{2-}$。在中性或碱性溶液中 Zr(Ⅳ)与 EDTA 也形成2∶1的配合物。

EDTA 配合物的配位比恒定、简单的特点为定量计算提供了极大的方便。

(4) 生成的配合物易溶于水　因 EDTA 分子中含有四个亲水的羧氧基团，且配合物多带有电荷。因此，使滴定反应能在水溶液中进行，并且反应速率快。

(5) 配合物的颜色特征　一般来说，无色的金属离子与 EDTA 形成的配合物仍为无色，如 ZnY^{2-}，AlY^-，CaY^{2-}，MgY^{2-} 等；有色的金属离子与 EDTA 形成的配合物其颜色更深，如 CuY^{2-} 为深蓝色，NiY^{2-} 为蓝色，MnY^{2-} 为紫红色，FeY^- 为黄色等。

三、配合物的稳定性

1. 配合物的稳定常数

配位反应的进行程度可用配位平衡常数衡量，配位平衡常数常用稳定常数(亦称形成常数) K 来表示。

(1) ML 型(1∶1)配合物　例如，Fe^{3+} 与 EDTA 的配位反应：

$$Fe^{3+} + Y^{4-} \rightleftharpoons FeY^-$$

$$K=\frac{[FeY]}{[Fe][Y]}=1.3\times10^{25}$$

$$\lg K=25.1$$

(为了书写简便，反应式可略去离子电荷，下同。)

显然，对具有相同配位比的配合物，K 值越大，该配合物就越稳定。部分 EDTA 配合物的 $\lg K_{MY}$见表 5－1：

(2) ML_n 型(1∶n)配合物　若配合物 ML_n 在溶液中存在逐级配位平衡，情况就比较复杂。

表 5-1 部分金属离子与 EDTA 配合物的 $\lg K_{MY}$（离子强度 $I=0.1\ mol\cdot L^{-1}$，18～25℃）

金属离子	$\lg K_{MY}$	金属离子	$\lg K_{MY}$	金属离子	$\lg K_{MY}$
Ag^{+}	7.32	Fe^{3+}	25.1	Pt^{3+}	16.4
Al^{3+}	16.3	Ga^{3+}	20.3	Sc^{3+}	23.1
Ba^{2+}	7.86	Hg^{2+}	21.7	Sn^{2+}	22.11
Be^{2+}	9.2	In^{3+}	25.0	Sr^{2+}	8.73
Bi^{3+}	27.94	Li^{+}	2.79	Th^{4+}	23.2
Ca^{2+}	10.69	Mg^{2+}	8.7	TiO^{2+}	17.3
Cd^{2+}	16.46	Mn^{2+}	13.87	Tl^{3+}	37.8
Co^{2+}	16.31	Mo(Ⅴ)	～28	U^{4+}	25.8
Co^{3+}	36	Na^{+}	1.66	VO^{2+}	18.8
Cr^{3+}	23.4	Ni^{2+}	18.62	Y^{3+}	18.09
Cu^{2+}	18.80	Pb^{2+}	18.04	Zn^{2+}	16.50
Fe^{2+}	14.32	Pd^{2+}	18.5	Zr^{4+}	29.50

逐级配合物 ML_n 在溶液中的逐级形成过程及其相应的稳定常数可表示如下：

$$M+L \rightleftharpoons ML \quad K_1=\frac{[ML]}{[M][L]}$$

$$ML+L \rightleftharpoons ML_2 \quad K_2=\frac{[ML_2]}{[ML][L]}$$

$$\vdots \qquad\qquad \vdots$$

$$ML_{n-1}+L \rightleftharpoons ML_n \quad K_n=\frac{[ML_n]}{[ML_{n-1}][L]} \tag{5-1}$$

以上 $K_1, K_2, \cdots, K_n$ 称为逐级稳定常数。

在许多配位平衡的计算中，经常用到 K_1，K_2 等数值，这就是逐级累积稳定常数，用 β_n 表示。

第一级累积稳定常数 $\beta_1=K_1$

第二级累积稳定常数 $\beta_2=K_1K_2$

$\vdots \qquad \vdots$

第 n 级累积稳定常数 $\beta_n=K_1\ K_2\cdots K_n$ (5-2)

最后一级累积稳定常数 β_n 又称为总稳定常数。

2. 配合物的条件稳定常数

当金属离子 M 与配体 Y 反应生成配合物 MY 时，如果没有副反应发生，配合物 MY 的稳定程度用稳定常数 K_{MY} 的大小来表示。K_{MY} 它不受浓度、酸度、其他配位剂或干扰离子的影响。但是，配位反应的实际情况较复杂，在主反应进行的同时，常伴有酸效应、配位效应、干扰离子效应等副反应，这些副反应的发生都将影响主反应进行的程度，因此，引入副反应系数来定量地表示副反应进行的程度。

(1) 副反应和副反应系数　配位滴定中，主反应是被测离子 M 与滴定剂 Y 的配位反应，把主反应以外的反应称为副反应，对主反应影响程度大小用副反应系数表示。溶液中可能存在下列副反应：

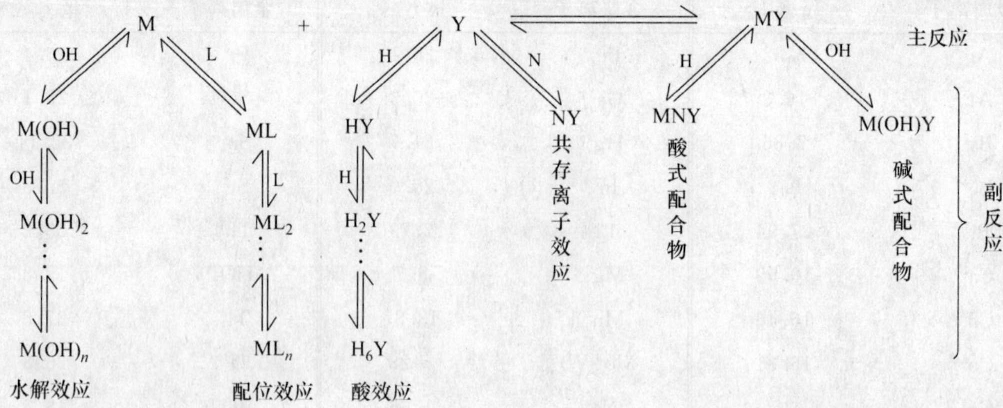

L:其他配位剂；N:共存干扰离子

显然，反应物 M 和 Y 的各种副反应不利于主反应的进行；生成物 MY 的各种副反应则有利于主反应的进行，但这些混合配合物不太稳定，可忽略不计。M，Y 及 MY 的各种副反应进行的程度，可用相应的副反应系数表示。下面主要讨论酸效应、共存离子效应和配位效应。

① EDTA 的副反应和副反应系数。

a. EDTA 的酸效应及酸效应系数。溶液中存在 H^+ 时，Y 与 H^+ 形成难电离的弱酸，$Y + H \longrightarrow HY$，[Y]下降，主反应受影响。这种由于 H^+ 的存在使 EDTA 参加主反应能力降低的现象，称酸效应（不一定有害，干扰离子与 Y 配位能力降低，提高滴定选择性），酸效应的强弱可用酸效应系数 $\alpha_{Y(H)}$ 表示：

$$\alpha_{Y(H)} = \frac{[Y']}{[Y]} \tag{5-3}$$

式中，[Y′]为未与 M 配位的 EDTA 各种形式的总浓度；[Y]为溶液中游离的 EDTA 的平衡浓度。

酸效应随溶液酸度增加而增大，酸效应系数越大，表示由酸效应引起的副反应越严重。$\alpha_{Y(H)} = 1$，说明 Y 无酸效应。配位滴定中酸效应系数是常用的重要数值，为应用方便，将 EDTA 在不同 pH 下的酸效应系数值计算出来列成表 5-2。

表 5-2 EDTA 的 lg $\alpha_{Y(H)}$

pH	lg $\alpha_{Y(H)}$	pH	lg $\alpha_{Y(H)}$	pH	lg $\alpha_{Y(H)}$	pH	lg $\alpha_{Y(H)}$	pH	lg $\alpha_{Y(H)}$
0.0	23.64	1.4	16.02	2.8	11.09	4.2	8.04	5.6	5.33
0.2	22.47	1.6	15.11	3.0	10.60	4.4	7.64	5.8	4.98
0.4	21.32	1.8	14.27	3.2	10.14	4.6	7.24	6.0	4.65
0.6	20.18	2.0	13.51	3.4	9.70	4.8	6.84	6.2	4.34
0.8	19.08	2.2	12.82	3.6	9.27	5.0	6.45	6.4	4.06
1.0	18.01	2.4	12.19	3.8	8.85	5.2	6.07	6.6	3.79
1.2	16.98	2.6	11.62	4.0	8.44	5.4	5.69	6.8	3.55

续表

pH	lg $\alpha_{Y(H)}$	pH	lg $\alpha_{Y(H)}$	pH	lg $\alpha_{Y(H)}$	pH	lg $\alpha_{Y(H)}$	pH	lg $\alpha_{Y(H)}$
7.0	3.32	8.2	2.07	9.4	0.92	10.6	0.16	11.8	0.01
7.2	3.10	8.4	1.87	9.6	0.75	10.8	0.11	12.0	0.01
7.4	2.88	8.6	1.67	9.8	0.59	11.0	0.07	12.1	0.01
7.6	2.68	8.8	1.48	10.0	0.45	11.2	0.05	12.2	0.005
7.8	2.47	9.0	1.28	10.2	0.33	11.4	0.03	13.0	0.0008
8.0	2.27	9.2	1.10	10.4	0.24	11.6	0.02	13.9	0.0001

由表可见，只有 pH 大于 12 时，酸效应系数约等于 1，此时可认为 EDTA 的分析浓度与有效浓度相等。

b. 共存离子效应。溶液中除了被测的金属离子 M 外，若同时存在其他金属离子 N，那么 $N+Y \longrightarrow NY$ 使[Y]降低，影响主反应，其影响程度可用共存离子副反应系数 $\alpha_{Y(N)}$ 表示。

$$\alpha_{Y(N)}=\frac{[Y']}{[Y]}=\frac{[Y]+[NY]}{[Y]}=1+\frac{[NY]}{[Y]}=1+K_{NY}[N] \quad （不考虑酸效应） \quad (5-4)$$

式中，[Y′]为 NY 的平衡浓度与游离 Y 的平衡浓度之和；K_{NY} 为 NY 的稳定常数；[N]为游离 N 的平衡浓度。

若酸效应与共存离子效应同时存在，EDTA 的总副反应系数 α_Y 为

$$\alpha_Y=\alpha_{Y(H)}+\alpha_{Y(N)}-1$$

此式表明：当 EDTA 滴定金属离子时，由于 EDTA 既是质子论的碱，又是较强的配位剂，由此产生两个问题：第一，存在酸效应，除非 pH 大于 12；第二，广泛配位，滴定选择性差。

② 金属离子的配位效应及配位效应系数。当 M 和 Y 反应时，如有另一种能与 M 形成配合物的配位剂 L 存在，则 M 就会与 L 发生副反应，使与 Y 配位的[M]降低，这种由于其他配位剂存在使金属离子参加主反应能力降低的现象，称为金属离子的配位效应，其影响程度大小用配位效应系数 $\alpha_{M(L)}$ 表示。

$$\alpha_{M(L)}=\frac{[M']}{[M]}=\frac{[M]+[ML]+\cdots+[ML_n]}{[M]}=\frac{[M]+\beta_1[L][M]+\cdots+\beta_n[M][L]^n}{[M]}$$
$$=1+\beta_1[L]+\cdots+\beta_n[L]^n \quad (5-5)$$

式中，[M′]为未与 Y 配位的金属离子总浓度；[M]为游离的金属离子浓度。

当 $\alpha_{M(L)}=1$ 时，[M′]=[M]，表示金属离子没有发生副反应。$\alpha_{M(L)}$ 越大，则副反应越严重。

③ MY 配合物的副反应系数。在酸度较高的情况下，MY 会与 H^+ 发生副反应，形成酸式配合物 MHY；碱度较高时，会有碱式配合物 M(OH)Y 形成。

一般来说，酸式配合物和碱式配合物均不太稳定，通常计算时可忽略不计。

(2) MY 配合物的条件稳定常数　在配位反应中，如果有副反应存在，则主反应生成的配合物的实际稳定性会有所下降，这时不能用 K_{MY} 来衡量配合物的实际稳定性，而应采用配合物的实际稳定常数。考虑副反应的影响而得出的实际稳定常数称条件稳定常数，以 K'_{MY} 表示，表达式为

$$K'_{MY}=\frac{[MY']}{[M'][Y']}$$

为什么要引入条件稳定常数?

由于许多情况下，生成的 MHY 和 M(OH)Y 可以忽略不计，所以$[MY']\approx[MY]$，故可得

$$K'_{MY}=\frac{[MY]}{[M'][Y']}$$

根据副反应系数的定义可得

$$[Y']=[Y]\alpha_Y$$
$$[M']=[M]\alpha_{M(L)}$$

所以

$$K'_{MY}=\frac{[MY]}{[M]\alpha_{M(L)}[Y]\alpha_Y}=\frac{K_{MY}}{\alpha_{M(L)}\alpha_Y}$$

将上式取对数得

$$\lg K'_{MY}=\lg K_{MY}-\lg\alpha_{M(L)}-\lg\alpha_Y \tag{5-6}$$

当溶液中无配位效应时，$\alpha_{M(L)}=1$，即 $\lg\alpha_{M(L)}=0$ 时，此时

$$\lg K'_{MY}=\lg K_{MY}-\lg\alpha_Y \tag{5-7}$$

条件稳定常数可以说明配合物在一定条件下的实际稳定程度，K'_{MY}愈大，配合物 MY 的稳定性愈高。

例 5-1 设无其他配位副反应，试计算在 pH=3.0 和 pH=8.0 时，NiY(略去电荷)的条件稳定常数。

解: 查表可知 $\lg K_{NiY}=18.62$；pH=3.0 时，$\lg\alpha_{Y(H)}=10.60$；pH=8.0 时，$\lg\alpha_{Y(H)}=2.27$，则

pH=3.0 时，$\lg K'_{NiY}=18.62-10.60=8.02$

$K'_{NiY}=10^{8.02}$

pH=8.0 时，$\lg K'_{NiY}=18.62-2.27=16.35$

$K'_{NiY}=10^{16.35}$

从计算结果可知，NiY 在 pH=8.0 时比 pH=3.0 时要稳定得多。

例 5-2 计算在 pH=10.0 的缓冲溶液中，若溶液中游离 NH_3 的浓度为 0.10 mol/L 时 ZnY 的 K'。

解: 此时除了酸效应外还有配位效应。查表得 $\lg K_{ZnY}=16.50$；pH=10.0 时，$\lg\alpha_{Y(H)}=0.45$。

查附录得 Zn(Ⅱ)-NH_3 配合物积累稳定常数分别为 $\beta_1=10^{2.37}$；$\beta_2=10^{4.81}$；$\beta_3=10^{7.31}$；$\beta_4=10^{9.46}$。所以

$$\begin{aligned}\alpha_{Zn(NH_3)}&=1+\beta_1[NH_3]+\beta_2[NH_3]^2+\beta_3[NH_3]^3+\beta_4[NH_3]^4\\&=1+10^{2.37}\times(0.10)+10^{4.81}\times(0.10)^2+10^{7.31}\times(0.10)^3+10^{9.46}\times(0.10)^4\\&=10^{5.52}\end{aligned}$$

$$\begin{aligned}\lg K'_{ZnY}&=\lg K_{ZnY}-\lg\alpha_{Zn(NH_3)}-\lg\alpha_{Y(H)}\\&=16.50-5.52-0.45=10.53\end{aligned}$$

$$K'_{ZnY}=10^{10.53}$$

2. 理论变色点

金属指示剂在溶液中存在下列平衡：

$$MIn \rightleftharpoons M + In$$

由于金属指示剂(In)多是有机弱酸碱，所以存在酸效应，故

$$K'_{MIn} = \frac{[MIn]}{[M][In']} = \frac{K_{MIn}}{\alpha_{In(H)}}$$

$$\lg K'_{MIn} = pM + \lg \frac{[MIn]}{[In']} \quad (5-8)$$

当$[MIn]=[In']$时，溶液呈现 MIn 与 In 的混合色，称指示剂的变色点 pM_t，则有

$$\lg K'_{MIn} = pM$$

> **想一想**
>
> 在配位滴定中，应怎样选择金属指示剂，才能使滴定误差尽可能小？

可见指示剂变色点时的 pM(即 pM_{ep})等于金属指示剂与金属离子形成的有色配合物的 $\lg K'_{MIn}$。需要注意的是：金属指示剂不像酸碱指示剂那样有一个确定的变色点。这是因为金属指示剂既是配位剂，又具有酸碱性质。所以，指示剂与金属离子 M 的有色配合物(MIn)的条件稳定常数 K'将随溶液 pH 的变化而变化，指示剂的变色点 pM_{ep}当然也就随溶液 pH 的不同而异了。因此，在选择金属指示剂时，必须考虑体系的酸度，使指示剂的变色点 pM_{ep}与化学计量点 pM_{sp}尽量一致，至少变色点应在化学计量点附近的 pM 突跃范围内，以减少终点误差。

二、金属指示剂应具备的条件

(1) 在滴定的 pH 范围内，指示剂(In)与其金属离子配合物(MIn)应有显著的颜色差异，这样才能使终点的颜色变化明显。

(2) MIn 的稳定性应略低于 M－EDTA 的稳定性。否则，EDTA 不能夺取 MIn 中的 M，在终点时看不到溶液颜色的改变，这种现象称为指示剂的封闭现象。另一方面，MIn 的稳定性又不能比 MY 的低得太多，否则会导致终点过早出现，而且变色不敏锐。

(3) 金属指示剂与金属离子的反应必须迅速，同时要有良好的变色可逆性、灵敏性和选择性。

(4) 指示剂本身以及指示剂与金属离子的配合物(MIn)都应易溶于水，如果生成胶体或沉淀，则会影响显色反应的可逆性，从而使变色不明显。

(5) 金属指示剂应比较稳定，以利于贮存和使用。大多数金属指示剂为含双键的有机化合物，易被空气、日光、氧化剂等分解，在水溶液中不稳定，易变质，因此，可配制成固体混合物，便于保存。

三、几种常用的金属指示剂

1. 常用金属指示剂

目前，已知的金属离子指示剂已达 300 多种。一些常用金属指示剂的主要应用列于表 5－3。

表 5-3　常用金属指示剂

指示剂	使用的 pH 范围	直接滴定的离子	颜色变化		备注
			In	MIn	
铬黑 T（简称 EBT）	9.0～10	Ca^{2+}，Mg^{2+}，Zn^{2+}，Cd^{2+}，Pb^{2+}，Hg^{2+}	蓝色	红色	Al^{3+}，Fe^{3+}，Co^{2+}，Ni^{2+}，Cu^{2+}，Ti^{4+} 等封闭铬黑 T
二甲酚橙（简称 XO）	<6.3	pH<1，ZrO^{2+} pH=1～2，Bi^{3+} pH=2～3.5，Th^{4+} pH = 5.0 ～ 6.0，Pb^{2+}，Zn^{2+}，Cd^{2+}，Hg^{2+}，La^{3+}，Y^{3+}	黄色	紫红色	Al^{3+}，Fe^{3+}，Ni^{2+}，Ti^{4+} 等封闭二甲酚橙
钙指示剂（简称 NN 或钙红）	12～13	Ca^{2+}	蓝色	红色	Al^{3+}，Fe^{3+}，Co^{2+}，Ni^{2+}，Cu^{2+}，Ti^{4+}，Mn^{2+} 等封闭钙指示剂
酸性铬蓝 K	8～13	pH=10，Ca^{2+} Mg^{2+}，Zn^{2+} pH=13，Ca^{2+}	蓝色	红色	
磺基水杨酸	2～4	Fe^{3+}	无色	紫红色	FeY^{-} 呈黄色
溴酚红	7.0～8.0	Cd^{2+}，Co^{2+}，Mg^{2+}，Mn^{2+}，Ni^{3+}	蓝紫	红色	
	2.0～3.0	Bi^{3+}	红色	橙黄色	
	4.0	Pb^{2+}	蓝色	红色	
	4.0～6.0	Re^{3+}	浅蓝	红色	
偶氮胂Ⅲ	10.0	Ca^{2+}，Mg^{2+}	蓝色	红色	

（1）铬黑 T　铬黑 T 的化学名称是 1-(1-羟基-2-萘偶氮基)-6-硝基-2-萘酚-4-磺酸钠，是偶氮染料，可用 NaH_2In 表示，是一种有机弱酸盐，在水溶液种存在下列平衡：

$$\underset{\substack{\text{红}\\ pH<6}}{H_2In^-} \rightleftharpoons \underset{\substack{\text{蓝}\\ 7\sim11}}{HIn^{2-}} \rightleftharpoons \underset{\substack{\text{橙}\\ >12}}{In^{3-}}$$

铬黑 T 能与许多金属离子（如 Ca^{2+}，Mg^{2+}，Zn^{2+}，Cd^{2+}，Pb^{2+}，Hg^{2+} 等）形成红色配合物。在 pH<6.3 和 pH>11.6 的溶液中，由于指示剂本身接近红色，故不能使用。根据酸碱指示剂的变色原理（$pH=pK_a^{\ominus}\pm1$），pH=7.3～10.6 时，铬黑 T 溶液呈蓝色，所以，从理论上讲，在这个 pH 范围内，都可以作为金属离子指示剂使用。但实验结果表明，使用铬黑 T 的最适宜酸度是 pH=9.0～10.5。Al^{3+}，Fe^{3+}，Ti^{4+} 等离子的封闭可用三乙醇胺消除，Co^{2+}，Ni^{2+}，Cu^{2+} 等离子的封闭可用 KCN 消除。

另外，在碱性溶液中，空气中的 O_2 以及 Mn(Ⅳ)，Ce^{4+} 等能将铬黑 T 氧化并使其褪色。加入盐酸羟胺或抗坏血酸等还原剂可防止其氧化。

在实际应用中，通常把铬黑 T 与纯净的中性盐(如 NaCl，KNO_3 等)按 1∶100 的比例混合，直接使用。也可以用 1%乳化剂 OP(聚乙二醇辛基苯基醚)和 0.001%EBT 配成水溶液，可使用两个月。

(2) 二甲酚橙(XO)　二甲酚橙为多元酸，属三苯甲烷类显色剂。其化学名称为 3,3′-双[N,N-二(羧甲基)-氨甲基]-邻甲酚磺酞，二甲酚橙为易溶于水的紫色结晶。它有 6 级酸式解离。其中 H_6In 至 H_2In^{4-} 都是黄色，HIn^{5-} 至 In^{6-} 为红色。在 pH＝5～6 时，二甲酚橙主要以 H_2In^{4-} 形式存在。H_2In^{4-} 的解离平衡如下：

$$\underset{\text{黄}}{H_2In^{4-}} \xrightleftharpoons{pK_{a_5}^{\ominus}=6.3} H^+ + \underset{\text{红}}{HIn^{5-}}$$

由此可见，pH＞6.3 时，它呈红色；pH＜6.3 时，呈黄色。二甲酚橙与金属离子形成的配合物都是紫红色，因此，它只适合在 pH＜6.3 的酸性溶液中使用。许多金属离子可用二甲酚橙作指示剂直接滴定。例如，ZrO^{2+}(pH＜1)，Bi^{3+}(pH＝1～2)，Th^{4+}(pH＝2.3～3.5)，Pb^{2+}，Zn^{2+}，Cd^{2+}，Hg^{2+}，La^{3+}，Y^{3+}(pH＝5.0～6.0)等，终点由红紫色转变为亮黄色，变色敏锐。

Al^{3+}，Fe^{3+}，Ni^{2+}，Ti^{4+} 等离子对二甲酚橙有封闭作用。其中 Al^{3+}，Ti^{4+} 可用氟化物掩蔽，Ni^{2+} 可用邻二氮菲掩蔽，Fe^{3+} 可用抗坏血酸还原。

二甲酚橙通常配成 0.5%的水溶液，大约可稳定 2～3 周。

(3) 钙指示剂　钙指示剂简称 NN 或钙红，也属偶氮染料。其化学名称为 2-羟基-1-(2-羟基-4-磺酸基-1-萘偶氮基)-3-萘甲酸。纯的钙指示剂(可用符号 Na_2H_2In 表示)为紫黑色粉末。在水溶液中有下列酸碱解离平衡：

$$\underset{\substack{\text{酒红色}\\ pH<8}}{H_2In^{2-}} \rightleftharpoons \underset{\substack{\text{蓝色}\\ 8\sim13}}{HIn} \rightleftharpoons \underset{\substack{\text{淡粉红色}\\ >13}}{In^{4-}}$$

钙指示剂在 pH＝8～13 的溶液中呈蓝色。它与 Ca^{2+} 等离子形成红色配合物，通常在 pH＝12～13 时，用钙指示剂指示终点(蓝色)测定钙。在此条件下测定 Ca^{2+}，不仅终点颜色变化明显，而且试液中即使有 Mg^{2+} 共存也不会干扰 Ca^{2+} 的测定，因为此时 Mg^{2+} 已生成$Mg(OH)_2$沉淀而析出。

钙指示剂受封闭情况与铬黑 T 相似，但可用 KCN 和三乙醇胺联合掩蔽而消除。

纯的固态钙指示剂性质稳定，但它的水溶液和乙醇溶液都不稳定，故一般用固体试剂与 NaCl 按 1∶100 的比例混合后使用。

2. 使用金属指示剂注意事项

(1) 封闭现象　金属指示剂应在化学计量点附近变色敏锐。但在实际应用中，有时当配位滴定进行到化学计量点时，稍过量的滴定剂并不能夺取 MIn 中的金属离子，因而使指示剂在化学计量点附近不发生颜色变化，这种现象称为指示剂的封闭现象。若封闭现象是由溶液中存在的某种金属离子而不是被测金属离子本身造成的，可加入适当的掩蔽剂，消除其干扰；若封闭现象是由被测离子本身引起的，可先加入过量的 EDTA，然后用返滴定法滴定。

(2) 僵化现象　有些指示剂本身或其金属离子配合物的水溶性比较差，因而使得在终点时溶液变色缓慢而使终点拖长，这种现象称为指示剂的僵化现象。一般采取加入适当的有机溶剂或加热，增大其溶解度，使指示剂变色敏锐。

想一想

金属指示剂为什么会有封闭和僵化现象？应怎样避免？

(3) 氧化变质现象 多数金属离子指示剂含有不同数量的双键，所以很容易被日光、氧化剂、空气等作用而变质，特别是在水溶液中，金属指示剂的稳定性更差。分解变质的速率与试剂的纯度有关。一般是纯度较高时，保存的时间也较长。另外，有些金属离子对指示剂的氧化分解有催化作用。例如，铬黑 T 在 Mn(Ⅳ)，Ce^{4+} 存在下，仅数秒钟就分解褪色。

因此，金属指示剂在使用时，通常直接使用由中性盐(如 NaCl，KNO_3 等)按一定比例(一般是质量比为 1∶100)混合后的固体试剂，也可在指示剂溶液中加入还原剂(如盐酸羟胺、抗坏血酸等)进行保护。此外，指示剂溶液配制后，不要放置的时间太长，最好是现用现配。

思考与练习 5-2

一、要点回顾

1. 金属指示剂的作用原理

金属指示剂是一类具有酸碱指示剂性质的有机配位剂，一定的 pH 条件下能与被测金属离子形成与其本身颜色显著不同的配合物。在化学计量点附近发生颜色变化，用来指示滴定终点的到达。

2. 金属指示剂应具备的条件

(1) 指示剂与其金属离子配合物应有显著的颜色差异。

(2) 指示剂与金属配合物的稳定性应略低于 M－EDTA 的稳定性。

(3) 指示剂与金属离子的反应要迅速，有良好的变色可逆性、灵敏性和选择性。

(4) 指示剂及其金属配合物应易溶于水。

(5) 金属指示剂应比较稳定，便于贮存和使用。

二、学习思考

1. 金属指示剂是否为金属离子？为何如此称之？

2. 金属指示剂的作用原理如何？它应该具备哪些条件？

3. 什么是金属指示剂的僵化、封闭现象？

三、练习题

1. 为什么使用金属指示剂时要限定适宜的 pH？为什么同一种指示剂用于不同金属离子滴定时，适宜的 pH 条件不一定相同？

2. 铬蓝黑 R(EBR)指示剂的 H_2In^- 是红色，HIn^{2-} 是蓝色，In^{3-} 是橙色。它的 $pK_{a_2}=7.3$，$pK_{a_3}=13.5$。它与金属离子形成的配合物 MIn 是红色。试问指示剂在不同的 pH 的范围各呈什么颜色？变化点的 pH 是多少？它在什么 pH 范围内能用作金属离子指示剂？

3. 配位滴定终点所呈现的颜色是(　　)。

(A) 游离金属指示剂的颜色

(B) EDTA 与待测金属离子形成配合物的颜色

(C) 金属指示剂与待测金属离子形成配合物的颜色

(D) 上述(A)和(B)项的混合色

4. 使用铬黑 T 指示剂的最适宜酸度是(　　)。

(A) pH＝9.0～10.5　　(B) pH＝7.3～10.6

(C) pH＝6.0～10.0　　(D) pH＝7.0～12.0

5. 配位滴定中使用的指示剂是(　)。

(A) 吸附指示剂　(B) 酸碱指示剂　(C) 金属指示剂　(D) 自身指示剂

第三节　配位滴定条件的选择

【学习指导】 单一离子和混合离子被准确滴定的酸度范围,混合离子被分别滴定的条件选择是本节的主要内容。学习时要理解最高酸度和最低酸度的含义,在掌握单一离子被准确滴定条件的基础上,通过比较掌握混合离子被准确滴定的条件。

一、配位滴定曲线

1. 滴定曲线绘制

在配位滴定中,随着滴定剂(EDTA)的加入,溶液中被滴定的金属离子浓度不断减小,在化学计量点附近,pM 急剧变化,以 EDTA 加入的体积为横坐标,pM 为纵坐标作图,可得到 pM－EDTA 滴定曲线。

现以 pH＝12 时,用 0.010 00 mol/L EDTA 标准溶液滴定 20.00 mL 0.010 00 mol/L 的 Ca^{2+} 溶液为例,说明滴定过程中滴定剂的加入量与待测金属离子浓度之间的变化关系(表 5－4)。$K'_{CaY}=K_{CaY}=10^{10.69}$。

表 5－4　pH＝12.0 时用 0.010 00 mol/L EDTA 溶液滴定 20.00 mL 0.010 00 mol/L Ca^{2+} 溶液过程的 pCa

加入 EDTA 溶液		剩余 Ca^{2+} 溶液	过量 EDTA 的溶液	pCa
V/mL	滴定分数/%	V/mL	V/mL	
0.00	0.0	20.0		2.0
18.00	90.0	2.00		3.3
49.80	99.0	0.20		4.3
19.98	99.9	0.02		5.3
20.00	100.0	0.00	0.00	6.5
20.02	100.1		0.02	7.7
20.20	101.0		0.20	8.7

(1) 滴定前　溶液的组成只有 Ca^{2+}。

$$[Ca^{2+}]=0.010\,00\ \text{mol/L}\qquad pCa=2.00(\text{不考虑其他配位剂存在})$$

(2) 化学计量点前　溶液的组成为剩余的 Ca^{2+} 和生成的产物 CaY^{2-}。

由于 K'_{CaY} 较大,剩余的 Ca^{2+} 对 CaY^{2-} 的解离有一定的抑制作用,可忽略 CaY^{2-} 的解离。当加入 EDTA 的体积为 19.98 mL 时,还剩 0.02 mL 的 Ca^{2+},则

$$[Ca^{2+}]=\frac{0.01000\ mol/L\times0.02\ mL}{(20.00+19.98)\ mL}=5\times10^{-6}\ mol/L$$

$$pCa=-\lg[Ca^{2+}]=5.3$$

(3) 化学计量点时 Ca^{2+} 与 EDTA 完全反应,溶液的组成为 CaY^{2-}。

$$[CaY^{2-}]=0.01000\ mol/L\times\frac{20.00\ mL}{(20.00+20.00)\ mL}=5\times10^{-3}\ mol/L$$

设化学计量点时,$[Ca^{2+}]=[Y^{4-}]=x$ mol/L。

由 $$\frac{[MY]}{[M][Y]}=K'_{MY}=K_{MY}(pH=12,副反应系数为1)$$

故有 $$\frac{5\times10^{-3}}{x^2}=10^{10.69}$$

$$[Ca^{2+}]=x\ mol/L=3.2\times10^{-7}\ mol/L$$

$$pCa=6.5$$

(4) 化学计量点后 溶液的组成为过量的 EDTA。

当加入 EDTA 的体积为 20.02 mL 时,EDTA 过量 0.02 mL。

$$[Y]_{总}=\frac{0.01000\ mol/L\times0.02\ mL}{(20.00+20.02)\ mL}=5\times10^{-6}\ mol/L$$

$$\frac{5\times10^{-3}}{[Ca^{2+}]\times5\times10^{-6}}=10^{10.69}$$

$$[Ca^{2+}]=10^{-7.7}$$

即 $$pCa=7.7$$

用同样方法计算 pH=10,9,7,6 时滴定过程中的 pCa,将结果绘成图 5-2。

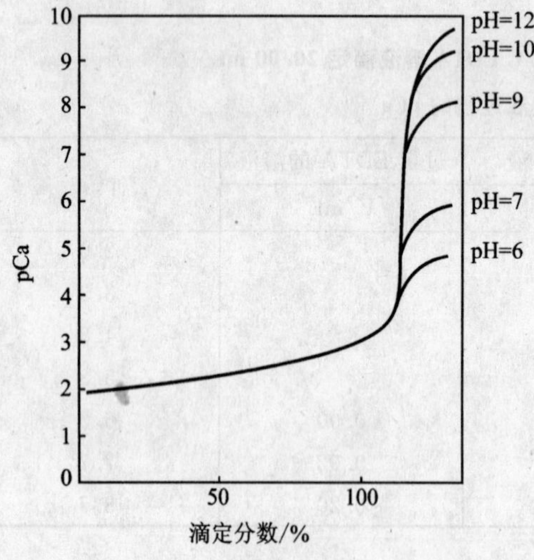

图 5-2 不同 pH 时用 0.01000 mol/L EDTA 滴定 0.01000 mol/L Ca^{2+} 的滴定曲线

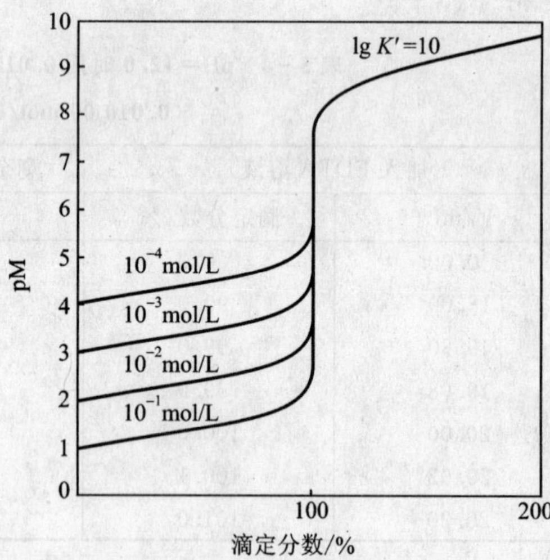

图 5-3 EDTA 滴定不同浓度溶液的滴定曲线

2. 滴定突跃范围

(1) 配合物的条件稳定常数对滴定突跃的影响

$$\lg K'_{MY}=\lg K_{MY}-\lg\alpha_{Y(H)}-\lg\alpha_{M(L)}$$

① 稳定常数 K_{MY}。被测金属离子种类不同，K_{MY}不同，K_{MY}越大，K'_{MY}就越大，滴定突跃也越大。

② 溶液的酸度。在一定酸度范围内，酸度越高，$\lg \alpha_{Y(H)}$越大，$\lg K'_{MY}$就越小，使得滴定突跃减小；反之，酸度越低突跃范围越大。由此可见，在配位滴定中，选择并控制溶液的酸度具有很重要的作用。在滴定的适宜酸度范围内，酸度适当低一点，突跃适当大一些，将有利于提高滴定的准确性。

③ 其他配位剂的配位作用。滴定突跃范围大小还与辅助配位剂的存在有关，配位剂的配位作用使 $\lg \alpha_{M(L)}$增大，$\lg K_{MY}$减小，从而使滴定突跃减小。

(2) 金属离子的浓度对滴定突跃的影响　由图 5-3 可见，突跃范围大小还与金属离子浓度有关。在条件稳定常数 K_{MY}值一定时，金属离子浓度越大，突跃范围也越大。金属离子的浓度越低，滴定曲线的起点就越高，使得滴定突跃就越小。

二、单一离子的滴定

1. 单一离子准确滴定的判别式

配位滴定所需要的条件取决于所要求的允许误差和检测终点的准确度。若允许误差为±0.1%，而配位滴定目测终点的 ΔpM 一般有±0.2 的误差，则

$$\lg c_M K'_{MY} \geqslant 6.0 \tag{5-9}$$

式(5-9)为判断单一金属离子能否用配位滴定法准确测定的条件。

2. 单一离子滴定的酸度范围

不同金属离子的 EDTA 配合物的 $\lg K_{MY}$不同，而代表 MY 的实际稳定性的 K'_{MY}与溶液酸度有关。为了防止一些金属离子在酸度较低的条件下发生羟基化反应或生成氢氧化物，滴定时必须控制适宜的酸度范围。假设：仅存在酸效应，若 $c_M = 0.01$ mol/L，$\lg c_M K'_{MY} \geqslant 6$，才能直接准确滴定。如何求最高酸度？

$\lg c_M K'_{MY} \geqslant 6$，当 $c_M = 0.01$ mol/L 时，$\lg K'_{MY} \geqslant 8$，则

$$\lg K'_{MY} = \lg K_{MY} - \lg \alpha_{Y(H)} \geqslant 8$$

$$\lg \alpha_{Y(H)} \leqslant \lg K_{MY} - 8 \tag{5-10}$$

由式(5-10)计算出 $\lg \alpha_{Y(H)}$，再由 pH-$\lg \alpha_{Y(H)}$表，查得的 pH 即为滴定该 M 离子的最高允许酸度或最低 pH。

不同金属离子的 $\lg K_{MY}$不同，直接准确滴定所要求的最高酸度也不相同。

滴定中控制适当的酸度有什么意义？应怎样控制？

当溶液的酸度过低，金属离子将发生水解生成沉淀，影响反应速率和反应的计量关系，使终点难以确定。因此，还要考虑滴定时金属离子不发生水解的最低酸度。把金属离子开始生成氢氧化物沉淀时的酸度的称为最低酸度，由该金属离子氢氧化物沉淀的溶度积求得。

在配位滴定的最高酸度和最低酸度之间的酸度范围，即为配位滴定的“适宜酸度”范围。

例 5-3　求 0.020 mol/L EDTA 标准溶液滴定 0.020 mol/L Cu^{2+}溶液的适合酸度范围。（已知 $\lg K_{CuY} = 18.8$。）

解：(1) 求滴定 Cu^{2+}的最高允许酸度。

化学计量点时，由于溶液体积增加一倍，则 $c(Cu^{2+}) = 0.010$ mol/L。

金属离子被准确滴定条件是 $\lg c_M K'_{MY} \geqslant 6$，$c(Cu^{2+}) = 0.010$ mol/L，则 $\lg K'_{MY} \geqslant 8$，所以

$$\lg K'_{MY} = \lg K_{MY} - \lg \alpha_{Y(H)} \geqslant 8$$

$$\lg \alpha_{Y(H)} \leqslant \lg K_{MY} - 8 = 18.80 - 8.0 = 10.80$$

根据表 5-2，$\lg \alpha_{Y(H)} = 10.80$ 时，pH=2.9，即为滴定 Cu^{2+} 的最高酸度或最低 pH。

(2) 求滴定 Cu^{2+} 的最低允许酸度。

最低允许酸度即为 Cu^{2+} 不发生水解时的 pH，根据金属离子开始生成氢氧化物沉淀时的 pH 求得。

$$[Cu^{2+}][OH^-]^2 = K_{sp}[Cu(OH)_2] = 2.2\times10^{-20}$$

$$[OH^-] = \sqrt{\frac{2.2\times10^{-20}}{0.02}}\ \text{mol/L} = 1.0\times10^{-9}\ \text{mol/L}$$

$$pH = 5.0$$

即用 0.020 mol/L EDTA 标准溶液滴定 0.020 mol/L Cu^{2+} 溶液的适合酸度范围 pH 为 2.9～5.0。

3. 用指示剂确定滴定终点时的酸度范围

实际工作中，EDTA 滴定时最佳酸度的选择还必须考虑使用的指示剂，不同的指示剂有各自的酸度要求。指示剂变色点与化学计量点接近时的酸度就是指示剂确定滴定终点时酸度。但其最佳酸度还要由实验进一步确认。

三、混合离子的滴定

1. 控制酸度实现分别滴定

(1) 实现分别滴定的条件　因为酸度变化，EDTA 的主要存在形式就会变化，从而改变 EDTA 与金属离子生成配合物的稳定性，而被测离子被准确滴定则要求被测离子与 EDTA 形成的配合物的稳定性，比干扰离子与 EDTA 形成的配合物的稳定性要大得多。

设溶液中含有 M，N 两种金属离子，$c_M = c_N$，$K_{MY} > K_{NY}$，由于各种离子的 K_{MY} 不同，滴定时所允许的最高酸度也不同，$\lg \alpha_{Y(H)} = \lg K_{MY} - \lg K'_{MY}$ 利用这点，控制酸度，可选择性的滴定待测离子 M，而共存离子 N 在此酸度下不被滴定。控制酸度实现分别滴定，这是消除干扰最简便的一种方法。

下面讨论：K_{MY} 与 K_{NY} 相差多大才能准确地滴定 M，而不受 N 的干扰？

M+Y══MY 为主反应，可将 N+Y══NY 视为副反应，因此在 N 存在下选择滴定 M 的条件仍旧归结为是否满足 $\lg c_M K'_{MY} \geqslant 6$，考虑到混合离子中选择滴定允许误差较大，常以 $\lg c_M K'_{MY} \geqslant 5$ 作为能否准确滴定的判别式。条件稳定常数如何求？

$$K'_{MY} = \frac{K_{MY}}{\alpha_{Y(N)}} = \frac{K_{MY}}{c_N K_{NY}}$$

$$\alpha_{Y(N)} = 1 + K_{NY}[N] \approx c_N K_{NY}$$

$$\lg(K'_{MY} c_M) = \lg\left(\frac{K_{MY}}{c_N K_{NY}} c_M\right)$$

$$= \lg K_{MY} - \lg K_{NY} + \lg \frac{c_M}{c_N}$$

$$= \Delta \lg K$$

$$(c_M = c_N)$$

即
$$\Delta \lg K \geqslant 5 \qquad (c_M = c_N) \tag{5-11}$$

式 (5-11) 为选择滴定 M 而 N 不干扰测定的条件。

(2) 实现分别滴定的酸度范围　在滴定单一金属离子 M 时，若除 EDTA 的酸效应外，没有其他副反应，则 K'_{MY} 将随溶液酸度的降低而增大，直到金属离子发生水解，达最低酸度为止。但是，在有共存离子存在时，情况则不同。当$\alpha_{Y(H)} \gg \alpha_{Y(N)}$时，与单独滴定M一样，$K'_{MY}$将随溶液酸度的降低而增大。但当$\alpha_{Y(N)} \gg \alpha_{Y(H)}$时，$K'_{MY}$将只与$K_{NY}$，$K_{MY}$及[Y]有关，不受溶液酸度的影响。很明显，在这种情况下，K'_{MY}达到了最大值，直至金属离子发生水解，达最低酸度止。由此可见，在此情况下滴定，K'_{MY}有最大值，滴定突跃明显一些，利于滴定进行。为方便计算，粗略地以$\alpha_Y \approx \alpha_{Y(N)}$时对应的酸度作为最高酸度。最低酸度与单一离子滴定相同，是M离子的水解酸度。若金属指示剂不与N离子配位显色，则选择滴定的酸度控制范围就是M离子的适宜酸度范围。

例 5-4　能否用EDTA标准溶液准确滴定浓度均为0.01 mol/L的Bi^{3+}，Pb^{2+}混合液中的Bi^{3+}？应如何控制酸度范围？

解：已知$\lg K_{BiY}=27.95$，$\lg K_{PbY}=18.04$，则

$$\Delta\lg K=27.95-18.04=9.91>5$$

故可利用控制酸度的方法选择滴定Bi^{3+}，而Pb^{2+}不干扰。

根据式(5-10)可求得滴定Bi^{3+}的最高允许酸度。

$$\lg \alpha_{Y(H)}=\lg K_{MY}-8=27.95-8=19.95$$

查表：pH>0.8。

滴定时pH不能太高，在pH=2时，Bi^{3+}开始水解析出沉淀，因此滴定Bi^{3+}控制pH的适宜范围为0.8～2。实际工作中，确定pH=1时，用EDTA滴定Bi^{3+}，此时Pb^{2+}不干扰。当Bi^{3+}滴定完成后，加入六亚甲基四胺缓冲液，调节pH=5～6，可继续用EDTA来测定Pb^{2+}的含量。

2. 使用掩蔽剂实现选择性滴定

如果被测离子、干扰离子与EDTA形成的配合物稳定性相差不大，可加入掩蔽剂掩蔽干扰离子，达到滴定的目的。常用掩蔽的方法如下。

(1) 配位掩蔽法　利用干扰离子与掩蔽剂形成稳定配合物，降低干扰离子浓度以消除干扰的方法，称为配位掩蔽法(表5-5)。掩蔽剂本身是配位剂。例如，EDTA滴定Zn^{2+}(共存Al^{3+})，因$\lg K_{AlY}=16.3$，$\lg K_{ZnY}=16.5$，两者相差不大，要测定Zn^{2+}，Al^{3+}产生干扰，可加入NH_4F作为掩蔽剂，Al^{3+}与F^-形成稳定的[AlF_6]配合物，调节溶液pH=5～6，即可用EDTA滴定Zn^{2+}。

表5-5　一些常用的配位掩蔽剂

名　称	pH范围	被掩蔽离子	备　注
KCN	>8	Ag^+，Zn^{2+}，Cd^{2+}，Hg^{2+}，Tl^+，Ni^{2+}，Cu^{2+}，Co^{2+}及铂族元素	有剧毒
	6	Ni^{2+}，Cu^{2+}，Co^{2+}	
三乙醇胺(TEA)	10	Al^{3+}，Ti^{4+}，Sn^{4+}，Fe^{3+}	与KCN并用，可提高掩蔽效果
	11～12	Fe^{3+}，Al^{3+}及少量Mn^{2+}	
NH_4F	4～6	Al^{3+}，Ti^{4+}，Sn^{4+}，Zr^{2+}，W^{6+}等	
	10	Al^{3+}，Mg^{2+}，Ca^{2+}，Sr^{2+}，Ba^{2+}及稀土元素	除铝外均生成难溶氟化物沉淀
铜试剂(DDTC)	10	能与Cu^{2+}，Bi^{3+}，Cd^{2+}，Pb^{2+}，Hg^{2+}生成沉淀，其中Cu-DDTC为褐色，Bi-DDTC为黄色，故其存在量分别小于2 mg和10 mg	
二巯基丙醇(BAL)	10	Bi^{3+}，Zn^{2+}，Cd^{2+}，Pb^{2+}，Hg^{2+}，Sn^{4+}，Ag^+，As^{3+}及少量Fe^{3+}，Ni^{2+}，Cu^{2+}，Co^{2+}	

续表

名 称	pH 范围	被掩蔽离子	备 注
酒石酸	1.2	Sb^{3+},Sn^{4+},Fe^{3+}及 5 mg 以下的Cu^{2+}	在抗坏血酸存在下
	2	Sn^{4+},Mn^{2+}	
	5.5	Fe^{3+},Al^{3+},Sn^{4+},Ca^{2+}	
	6~7.5	Fe^{3+},Al^{3+},Mg^{2+},Cu^{2+},Mo^{2+},Sb^{3+}	
	10	Fe^{3+},Sn^{4+}	

(2) 沉淀掩蔽法 利用干扰离子与掩蔽剂形成沉淀,使干扰离子的浓度降低,在不经分离沉淀的情况下直接滴定,这种消除干扰离子的方法称为沉淀掩蔽法(表 5-6)。例如,Ca^{2+},Mg^{2+}共存的溶液中,加入 NaOH 使溶液 pH≥12,由于 Mg^{2+} 生成 $Mg(OH)_2$ 沉淀,而不干扰 Ca^{2+} 的滴定。

表 5-6 一些常用的沉淀掩蔽剂

掩 蔽 剂	pH	被掩蔽离子	被滴定离子	指 示 剂
NH_4F	10	Ba^{2+},Ca^{2+},Sr^{2+},Mg^{2+},Ti^{4+},稀土	Zn^{2+},Cd^{2+},Mn^{2+}	铬黑 T
NH_4F	10	Ba^{2+},Ca^{2+},Sr^{2+},Mg^{2+},Ti^{4+},稀土	Cu^{2+},Co^{2+},Ni^{2+}	紫脲酸铵
K_2CrO_4	10	Ba^{2+}	Sr^{2+}	MgY+铬黑 T
Na_2S 或铜试剂	10	Hg^{2+},Pb^{2+},Bi^{3+},Cu^{2+},Cd^{2+}	Ca^{2+},Mg^{2+}	铬黑 T
H_2SO_4	1	Pb^{2+}	Bi^{3+}	二甲酚橙

沉淀掩蔽法在实际应用中有一定的局限性,因为要求用于沉淀掩蔽的沉淀反应必须具备下列条件:

① 沉淀的溶解度要小,反应才完全,否则掩蔽效果不好;

② 生成的沉淀是无色或浅色致密,最好是晶型沉淀,否则由于颜色深,体积大,吸附被测离子或指示剂而影响终点的判断。

(3) 氧化还原掩蔽法 当某种价态的离子干扰测定时,可利用氧化还原反应改变干扰离子价态,以消除干扰,这种方法称为氧化还原掩蔽法。

例如,在用 EDTA 滴定 Bi^{3+} 时,当有 Fe^{3+} 存在,由于 $\lg K_{FeY^-}=25.1$,$\lg K_{BiY^-}=27.9$,两者的稳定性相差较小,滴定 Bi^{3+} 时,存在 Fe^{3+} 干扰,若加入盐酸羟胺或抗坏血酸,使 Fe^{3+} 还原为 Fe^{2+},$\lg K_{FeY^{2-}}=14.3$,此时 Fe^{2+} 和 Bi^{3+} 与 EDTA 配位化合物的稳定常数相差很大,因此在 pH=1时滴定 Bi^{3+},Fe^{2+} 不发生干扰。

有些干扰离子的高价态与 EDTA 形成的配合物稳定性较差,不干扰 EDTA 的滴定,可先将其氧化为高价态离子(如将 Cr^{3+} 氧化为 $Cr_2O_7^{2-}$),就可消除干扰。

思考与练习 5-3

一、要点回顾

1. 单一离子滴定

（1）单一离子准确滴定的判别式　若允许误差为±0.1%，$\Delta pM=\pm0.2$，当 $\lg c_M K'_{MY}\geqslant 6.0$，可准确滴定被测离子。

（2）单一离子滴定的酸度范围　当误差为±0.1%，$\Delta pM=\pm0.2$，$\lg c_M K'_{MY}\geqslant 6.0$，$c_M=0.01$ mol/L，M没副反应时：

最高酸度　$\lg \alpha_{Y(H)}\leqslant \lg K_{MY}-8$，$\lg \alpha_{Y(H)}$ 对应的pH。

最低酸度　金属离子开始生成氢氧化物沉淀时的酸度的称为最低酸度，由该金属离子氢氧化物沉淀的溶度积求得。

适宜酸度范围　最高酸度和最低酸度之间的范围。

2. 混合离子的滴定

（1）控制酸度实现分别滴定　若允许误差为±0.3%，$\Delta pM=\pm0.2$，$c_M=c_N$，当 $\Delta\lg K\geqslant5$ 时，可通过控制酸度准确地对两种金属离子进行滴定。

（2）使用掩蔽剂实现选择性滴定　若溶液中的金属离子与EDTA形成的配合物稳定性相差不大，可通过加入掩蔽剂掩蔽干扰离子，达到滴定的目的，常用掩蔽的方法有配位掩蔽法、沉淀掩蔽法和氧化还原掩蔽法。

二、学习思考

1. 两种金属离子M和N共存时，什么条件下才可用控制酸度的方法进行分别滴定？

2. 提高配位滴定选择性有哪些方法？

3. 怎样判断某金属离子能否用EDTA滴定？怎样判断共存金属离子是否干扰滴定？

三、练习题

1. 计算用0.020 00 mol/L EDTA标准溶液滴定同浓度的 Cu^{2+} 溶液时的适宜酸度范围。

2. 试求以EDTA标准溶液滴定浓度各为0.01 mol/L的 Fe^{3+} 和 Fe^{2+} 溶液时所允许的最小pH。

3. 浓度为 2.0×10^{-2} mol/L的 Th^{4+}，La^{3+} 混合溶液，欲用0.020 00 mol/L EDTA分别滴定，试问：

（1）有无可能分步滴定？

（2）若在pH=3.0时滴定 Th^{4+}，能否直接准确滴定？

（3）滴定 Th^{4+} 后，是否可能滴定 La^{3+}？讨论滴定 La^{3+} 适宜的酸度范围，已知 $La(OH)_3$ 的 $K_{sp}=10^{-18.8}$。

（4）滴定 La^{3+} 时选择何种指示剂较为适宜？为什么？已知 $pH\leqslant2.5$ 时，La^{3+} 不与二甲酚橙显色。

4. 在含 Fe^{3+}，Al^{3+}，Ca^{2+}，Mg^{2+} 的混合溶液中，用EDTA法测定 Fe^{3+} 和 Al^{3+}，要消除 Ca^{2+} 和 Mg^{2+} 的干扰，最简单的方法是（　　）。

（A）沉淀分离　（B）配位掩蔽　（C）氧化还原掩蔽　（D）控制酸度

第四节　EDTA标准溶液的制备

【学习指导】　EDTA标准溶液的配制与标定是本节的主要内容。学习时要结合实验重点掌握 EDTA 标准溶液的配制与标定方法。能标定 EDTA 的基准试剂很多，应用时应尽可能采用被测元素的纯金属或化合物作为基准物质，以消除系统误差。

一、EDTA 标准溶液的配制

1. 配制方法

EDTA 标准溶液可以采用直接法和标定法来配制。由于分析纯 EDTA 二钠盐中常有 0.3%的湿存水，若直接配制应将试剂在 80℃干燥过夜或在 120℃下烘至恒重。又因为水或其他试剂中常含有少量金属离子，故 EDTA 标准溶液常用标定法配制，方法是先配成接近所需浓度的 EDTA 溶液，然后再进行标定。

配制 EDTA 一般常用二次蒸馏水或去离子水，因为水中微量的 Cu^{2+}，Al^{3+} 等会封闭指示剂，使终点难以判断；而水中的 Ca^{2+}，Mg^{2+}，Sn^{2+}，Pb^{2+} 等则会与 EDTA 反应，对测定结果产生影响。

2. 贮存方法

EDTA 标准溶液应当贮存在聚乙烯塑料瓶中。若贮存在软质玻璃瓶中，会因溶入某些金属离子（如 Ca^{2+}），而使浓度不断降低。因此，存放了较长时间的 EDTA 标准溶液在使用前应重新标定。

二、EDTA 标准溶液的标定

1. 基准试剂

标定 EDTA 溶液的基准物质较多，如 Zn，Cu，Bi，ZnO，$CaCO_3$ 和 $MgSO_4 \cdot 7H_2O$ 等。实际操作中，根据实验的要求采用不同的基准物质进行标定。

2. 标定条件

标定 EDTA 标准溶液的基准试剂有哪些？标定条件是什么？

为了提高测定的准确度，标定条件与测定条件应尽可能一致。因此，标定 EDTA 溶液时，应尽可能采用被测元素的纯金属或化合物作为基准物质，以消除系统误差。例如，在测定水中钙、镁的实验中所用 EDTA，就常用由 $CaCO_3$ 配制的钙标准溶液，或由 $MgSO_4 \cdot 7H_2O$ 配制的镁标准溶液，在 pH 为 9.0～10.5 的氨性缓冲溶液中，以铬黑 T 为指示剂进行标定。

实验室中，标定 EDTA 溶液的基准物质常采用纯锌或纯氧化锌（使用时，应将其用盐酸溶解，再用氯化铵调节 pH=10），先配成较大量的标准溶液，再准确移取一定量进行标定，指示剂可选用铬黑 T，终点时溶液由红色变为蓝色。其反应式为

$$Zn + EDTA \xlongequal{} Zn\text{-}EDTA$$

$$Zn\text{-}EBT + EDTA \xlongequal{} Zn\text{-}EDTA + EBT$$

$$K_{Zn\text{-}EDTA} > K_{Zn\text{-}EBT}$$

实验方法：准确称取一定质量的 Zn，溶解后于 500 mL 容量瓶中定容，移取 25.00 mL 该标准溶液，用待测 EDTA 溶液进行滴定。（注意 EBT 加入之前，溶液的 pH 必须调节到 9.0～10.5。）

计算公式：

$$c(EDTA) = \frac{m(Zn) \times \dfrac{25.00\ mL}{500\ mL}}{V(EDTA) \cdot M(Zn)}$$

思考与练习　5-4

一、要点回顾

1. EDTA 标准溶液的配制

间接配制法：用二次蒸馏水或去离子水先配成接近所需浓度的 EDTA（分析纯试剂）溶液，然后再进行标定。

2. EDTA 标准溶液的标定

标定 EDTA 溶液的基准物质较多，如 Zn，Cu，Bi，ZnO，$CaCO_3$ 和 $MgSO_4 \cdot 7H_2O$ 等。为提高测定的准确度，标定 EDTA 溶液时，应尽可能采用被测元素的纯金属或化合物作为基准物质，以消除系统误差。

二、学习思考

1. 配制和标定 EDTA 标准溶液时，对所用试剂和水有何要求？

2. 能用于标定 EDTA 的基准试剂很多，具体实验中应怎样加以选择？

三、练习题

1. 若配制 EDTA 溶液的水中含 Ca^{2+}，判断下列情况对测定结果的影响。

(1) 以 $CaCO_3$ 为基准物质标定 EDTA，并用 EDTA 标准溶液滴定试液中的 Zn^{2+}，二甲酚橙为指示剂；

(2) 以金属锌为基准物质，二甲酚橙为指示剂标定 EDTA，用 EDTA 标准溶液测定试液中的 Ca^{2+}，Mg^{2+} 含量；

(3) 以 $CaCO_3$ 为基准物质，铬黑 T 为指示剂标定 EDTA，用 EDTA 标准溶液测定试液中 Ca^{2+}，Mg^{2+} 含量。

并以此例说明配位滴定中为什么标定和测定的条件要尽可能一致。

2. 若配制试样溶液的蒸馏水中含有少量 Ca^{2+}，在 pH=5.5 或在 pH=10（氨性缓冲溶液）滴定 Zn^{2+}，所消耗 EDTA 的体积是否相同？哪种情况产生的误差大？

3. 分析室常用的 EDTA 水溶液呈（　　）性。

(A) 强碱　　(B) 弱碱　　(C) 弱酸　　(D) 强酸

4. 用含有少量 Ca^{2+}，Mg^{2+} 的纯水配制 EDTA 溶液，然后于 pH=5.5 时，以二甲酚橙为指示剂，用标准锌溶液标定 EDTA 溶液的浓度，最后在 pH=10 时，用上述 EDTA 溶液滴定试样中 Ni^{2+} 的含量，问对测定结果的影响是（　　）。

(A) 偏高　　(B) 偏低　　(C) 没影响　　(D) 不能确定

5. 直接配制标准溶液时，必须使用（　　）。

(A) 分析纯试剂　　(B) 基准试剂　　(C) 优级纯试剂　　(D) 化学纯试剂

第五节　配位滴定法的应用

【学习指导】　四种配位滴定方式是本节的主要内容。学习时应注意掌握几种滴定方法的应用范围和条件。能在具体工作中加以选择应用，并对滴定结果进行正确计算。

配位滴定中，采用不同的滴定方式，可以扩大配位滴定的应用范围，同时可提高配位滴定的选择性。

一、直接滴定法

直接滴定法是将试样处理成溶液后，调节 pH，加入必要的试剂和指示剂，用 EDTA 标准溶液直接滴定。

1. 直接滴定的条件

用标准 EDTA 溶液直接滴定金属，要求待测组分与 EDTA 的配位速率快，并且形成配合物的 $\lg K'_{MY}>8$；在选用的滴定条件下，有变色敏锐的指示剂，且待测金属离子不发生其他反应，无封闭现象。

2. 测定示例

(1) 水的硬度及表示方法　水的硬度是指水中除碱金属以外的全部金属离子的浓度。由于水中 Ca^{2+}，Mg^{2+} 含量高于其他金属离子，故通常以水中 Ca^{2+}，Mg^{2+} 总量表示水的硬度。

根据所消耗 EDTA 标准溶液的体积，计算水的总硬度，有以下两种表示方法。

① 用 $CaCO_3$ mg/L 表示；

② 用度表示（1°＝10 mg CaO）。

(2) 总硬度的测定　用碱性缓冲溶液 NH_3-NH_4Cl 调水样的 pH＝10，EBT 为指示剂，用 EDTA 标准溶液滴定，终点时溶液由红色变为蓝色，消耗 EDTA 标准溶液的体积为 V_1。（其他常用缓冲溶液：中性缓冲溶液 $Na_2HPO_4-NaH_2PO_4$，酸性缓冲溶液邻苯二甲酸或 HAc－NaAc。）

$$\text{总硬度}/(\text{mg}\cdot\text{L}^{-1})=\frac{c(\text{EDTA})\cdot V_1\cdot M(\text{CaCO}_3)}{V}\times 1\,000$$

或

$$\text{总硬度}/(^\circ)=\frac{c(\text{EDTA})\cdot V_1\cdot M(\text{CaO})}{V\times 10}\times 1\,000$$

(3) 钙硬度的测定　用 NaOH 调节水样的 pH＝12.5，使 Mg^{2+} 形成 $Mg(OH)_2$ 沉淀，选钙指示剂指示终点，用 EDTA 标准溶液滴定，终点时溶液由红色变为蓝色，消耗 EDTA 标准溶液的体积为 V_2。

$$\text{Ca}^{2+}\text{硬度}/(\text{mg}\cdot\text{L}^{-1})=\frac{c(\text{EDTA})\cdot V_2\cdot M(\text{CaCO}_3)}{V}\times 1\,000$$

$$\text{Mg}^{2+}\text{硬度}/(\text{mg}\cdot\text{L}^{-1})=\text{总硬度}-\text{钙硬度}$$

式中，V 为水样的体积。

二、返滴定法

返滴定法是在试液中先加入已知过量的 EDTA 标准溶液，再用另一种金属离子的标准溶液滴定剩余的 EDTA，根据两种标准溶液的浓度和用量，可计算出被测物质的含量。

1. 适用范围

当某些被测金属离子与 EDTA 反应速率慢；被测离子在滴定的 pH 条件下发生水解；直接滴定时无合适的指示剂或待测离子对指示剂有封闭作用等时，采用返滴定法。

2. 测定示例

铝盐混凝剂中 Al^{3+} 含量测定。Al^{3+} 与 EDTA 生成配合物的反应速率缓慢，对指示剂有封闭作用，又易水解，因此，一般用返滴定法进行测定。往试液中加入过量的 EDTA 标准溶液，调节 pH=3.5(避免 Al^{3+} 在高 pH 时，发生水解)，加热煮沸使 Al^{3+} 与 EDTA 配位完全，冷却后调 pH=5～6，加入指示剂二甲酚橙，用 Zn^{2+} 标准溶液返滴定剩余的 EDTA，终点时溶液由黄色变为红色。

根据情况有下列几种表示结果的方法：

$$\rho(\mathrm{Al})=\frac{[c(\mathrm{EDTA})\cdot V(\mathrm{EDTA})-c(\mathrm{Zn^{2+}})\cdot V(\mathrm{Zn^{2+}})]M(\mathrm{Al})}{V_s}$$

$$w(\mathrm{Al})=\frac{m(\mathrm{Al})}{m_{样}}\times 100\%$$

$$w(\mathrm{Al_2O_3})=\frac{m(\mathrm{Al_2O_3})}{m_{样}}\times 100\%$$

例 5-5 测定某试样含铝量，称取试样 0.2000 g，溶解后加入 $c(\mathrm{EDTA})=0.046\ 20$ mol/L 的 EDTA 标准溶液 30.00 mL，加热煮沸，冷却后调节溶液 pH 为 5.0，以二甲酚橙为指示剂，用 0.047 10 mol/L 的锌标准溶液返滴定过量的 EDTA。消耗 6.80 mL，分别计算以铝、氧化铝的质量分数表示的铝含量。已知 $M(\mathrm{Al})=26.98$ g/mol；$M(\mathrm{Al_2O_3})=101.96$ g/mol。

解：依题意 Al^{3+} 的测定采用返滴定法。

$$\begin{aligned}w(\mathrm{Al})&=\frac{[c(\mathrm{EDTA})\cdot V(\mathrm{EDTA})-c(\mathrm{Zn^{2+}})\cdot V(\mathrm{Zn^{2+}})]M(\mathrm{Al})}{m_s}\times 100\%\\&=\frac{(0.046\ 20\times 30.00-0.047\ 10\times 6.80)\mathrm{mmol}\times 26.98\ \mathrm{g/mol}}{(0.200\ 0\times 1\ 000)\mathrm{mg}}\times 100\%\\&=14.38\%\end{aligned}$$

$$\begin{aligned}w(\mathrm{Al_2O_3})&=\frac{[c(\mathrm{EDTA})\cdot V(\mathrm{EDTA})-c(\mathrm{Zn^{2+}})\cdot V(\mathrm{Zn^{2+}})]M\left(\frac{1}{2}\mathrm{Al_2O_3}\right)}{m_s}\times 100\%\\&=\frac{(0.046\ 20\times 30.00-0.047\ 10\times 6.80)\mathrm{mmol}\times 50.98\ \mathrm{g/mol}}{(0.200\ 0\times 1\ 000)\mathrm{mg}}\times 100\%\\&=27.17\%\end{aligned}$$

答：试样中铝的质量分数为 14.38%，氧化铝的质量分数为 27.17%。

三、置换滴定法

利用置换反应，置换出等物质的量的另一种金属离子或 EDTA，然后用标准溶液进行滴定。

1. 适用范围

溶液中存在干扰离子或待测金属离子与 EDTA 形成的配合物不够稳定时，可采用置换滴定法。将被测离子和干扰离子先与 EDTA 完全反应，然后加入另一配体夺取被测离子而释放出与被测离子相当量的 EDTA；或让被测离子 M 置换出另一配合物 NL 中的 N 离子，再用 EDTA 滴定 N 离子，从而求得 M 离子的含量。

2. 测定示例

银币中 Ag^{+} 的测定　Ag^{+} 与 EDTA 的配合物不稳定，不能用 EDTA 直接滴定，此时可采用置换滴定法进行测定。在含 Ag^+ 的试液中加入过量的已知准确浓度的 $[Ni(CN)_4]^{2-}$ 标准溶液，反应完成后，在 pH＝10.0 的氨性缓冲溶液中，以紫脲酸铵为指示剂，用 EDTA 滴定置换出来的 Ni^{2+}，根据 Ag^+ 和 Ni^{2+} 的换算关系，即可求得 Ag^+ 的含量。反应如下：

$$2Ag^+ + [Ni(CN)_4]^{2-} \rightleftharpoons 2[Ag(CN)_2]^- + Ni^{2+}$$

$$Ni^{2+} + H_2Y^{2-} \rightleftharpoons NiY^{2-} + 2H^+$$

例 5-6　称取工业硫酸铝 0.485 0 g，用少量（1∶1）HCl 溶解后定容至 100 mL。吸取 10.00 mL 于锥形瓶中，调 pH 为 4.0 时，加入 c(EDTA)＝0.02 mol/L 的 EDTA 标准溶液 20 mL，煮沸后加入六亚甲基四胺缓冲溶液，以二甲酚橙为指示剂，用 $c(ZnSO_4)$＝0.020 00 mol/L 硫酸锌标准溶液滴定至紫红色，不计体积。再加氟化铵 1～2 g，煮沸并冷却后，继续用硫酸锌标准溶液滴定至紫红色时，消耗 12.50 mL。计算工业硫酸铝中铝的质量分数。已知 M(Al)＝26.98 g/mol。

解：此题属于置换滴定法中的“置换出 EDTA”的情况。适用于干扰离子较多的情况。

（1）第一次消耗的硫酸锌标准溶液不计体积，因为硫酸锌是用于滴定反应后剩余的 EDTA，与计算无关。

（2）加入氟化铵选择性的与 AlY^- 作用，生成稳定的 $[AlF_6]^{3-}$，置换出 AlY^- 中的 EDTA。

（3）第二次消耗硫酸锌标准溶液的体积，是用于与 AlY^- 中置换出来的 EDTA 反应所消耗的，与计算直接相关。

$$w(\text{Al})=\frac{c(\text{ZnSO}_4)\cdot V(\text{ZnSO}_4)\cdot M(\text{Al})}{m\times\frac{10.00}{100}}\times100\%$$

$$=\frac{0.020\ 00\ \text{mol/L}\times12.50\ \text{mL}\times26.98\ \text{g/mol}}{(0.485\ 0\times\frac{10.00}{100}\times1\ 000)\text{mg}}\times100\%$$

$$=13.91\%$$

答：该工业硫酸铝中铝质量分数为 13.91%。

四、间接滴定法

1. 适用范围

一些金属离子（如 Li^+，K^+，Na^+）与 EDTA 的配合物稳定性差，或者一些非金属离子（如 SO_4^{2-}，PO_4^{3-}）不与 EDTA 反应，不便于直接配位滴定，可采用间接滴定法测定。例如，K^+ 可沉淀为 $K_2NaCo(NO_2)_6\cdot6H_2O$，将沉淀过滤溶解后，用 EDTA 滴定其中的 Co^{2+}，就可间接求出 K^+ 的含量。

2. 测定示例

想一想

配位滴定的几种方式分别在什么情况下使用？

SO_4^{2-} 含量的测定　SO_4^{2-} 不能与 EDTA 配位，常采用间接滴定法进行测定。即在含 SO_4^{2-} 的溶液中加入已知准确浓度的过量的 $BaCl_2$ 标准溶液，使 SO_4^{2-} 与 Ba^{2+} 充分反应生成 $BaSO_4$ 沉淀，剩余的 Ba^{2+} 用 EDTA 标准溶液滴定，用铬黑 T 作指示剂。由于 Ba^{2+} 与铬黑 T 的配合物不够稳定，终点颜色变化不明显，因此，实验时常加入已知量的 Mg^{2+} 标准溶液，以提高测定的准确性。

SO_4^{2-} 的质量分数可用下式求得：

$$w(\text{SO}_4^{2-})=\{[c(\text{Ba}^{2+})\cdot V(\text{Ba}^{2+})+c(\text{Mg}^{2+})\cdot V(\text{Mg}^{2+})-c(\text{EDTA})\cdot V(\text{EDTA})]M(\text{SO}_4^{2-})/m_s\}\times100\%$$

思考与练习　5-5

一、要点回顾

1. 直接滴定

将试样处理成溶液后，调节 pH，加入必要的试剂和指示剂，用 EDTA 标准溶液直接进行滴定。若 $\lg c_{M}K'_{MY}-\lg c_{M}K'_{NY}>5$，且 $\lg c_{M}K'_{NY}\geqslant 6$，则可分别滴定 M、N，即利用控制酸度连续滴定 M 和 N。

2. 返滴定

在试液中先加入已知过量的 EDTA 标准溶液，再用另一种金属离子的标准溶液滴定剩余的 EDTA，据两种标准溶液的浓度和用量，即可计算出被测物质的含量。

3. 置换滴定

利用置换反应，置换出等物质的量的另一种金属离子或 EDTA，然后进行滴定。

4. 间接滴定

一些金属离子(如 Li^{+}，K^{+}，Na^{+})与 EDTA 的配合物稳定性差，或者一些非金属离子(如 SO_4^{2-}，PO_4^{3-})不与 EDTA 反应，不便于配位滴定，可采用间接滴定法测定。

二、学习思考

1. 满足什么条件才能用直接滴定法进行滴定?

2. 用返滴定法测定 Al^{3+} 含量时，首先在 pH＝3 左右加入过量 EDTA 溶液并加热，使 Al^{3+} 完全配位。试说明选择此 pH 的理由。

三、练习题

1. 在水硬度的测定中，pH＝10 时采用铬黑 T 作指示剂，滴定终点时溶液由红色变为蓝色，其蓝色是下列物质中的(　　)。

(A) H_2In^{-}　　(B) HIn^{2-}　　(C) MIn^{-}　　(D) MY

2. 以置换滴定法测定铝盐中铝含量时，如用量筒量取加入的 EDTA 溶液体积，则其对分析结果的影响是(　　)。

(A) 偏高　　(B) 无影响　　(C) 偏低　　(D) 无法判断

3. 用 EDTA 标准溶液测定水中钙硬度时，选用的指示剂是(　　)。

(A) 铬黑 T　　(B) PAN　　(C) 钙指示剂　　(D) 二甲酚橙

4. Al^{3+} 能对铬黑 T 指示剂产生封闭作用，可加入(　　)以消除干扰。

(A) KCN　　(B) NH_4F　　(C) NH_4CNS　　(D) 三乙醇胺

5. 称取 0.500 0 g 煤试样，熔融并使其中硫完全氧化成 SO_4^{2-}。溶解并除去重金属离子后。加入 0.050 00 mol/L $BaCl_2$ 20.00 mL，使生成 $BaSO_4$ 沉淀。过量的 Ba^{2+} 用 0.025 00 mol/L EDTA 滴定，用去 20.00 mL。计算试样中硫的质量分数。

6. 称取 0.500 0 g 铜、锌、镁合金，溶解后配成 100.0 mL 试液。移取 25.00 mL 试液调至 pH＝6.0，用 PAN 作指示剂，用 37.30 mL 0.050 00 mol/L EDTA 滴定 Cu^{2+} 和 Zn^{2+}。另取 25.00 mL 试液调至 pH＝10.0，加 KCN 掩蔽 Cu^{2+} 和 Zn^{2+} 后，用 4.10 mL 等浓度的 EDTA 溶

液滴定 Mg^{2+}。然后再滴加甲醛解蔽 Zn^{2+}，又用上述 EDTA 13.40 mL 滴定至终点。计算试样中铜、锌、镁的质量分数。

7. 称取含 Fe_2O_3 和 Al_2O_3 的试样 0.200 0 g，将其溶解，在 pH＝2.0 的热溶液中(50℃左右)，以磺基水杨酸为指示剂，用 0.020 00 mol/L EDTA 标准溶液滴定试样中的 Fe^{3+}，用去 18.16 mL。然后将试样调至 pH＝3.5，加入上述 EDTA 标准溶液 25.00 mL，并加热煮沸。再调试液 pH＝4.5，以 PAN 为指示剂，趁热用 $CuSO_4$ 标准溶液(每毫升含 $CuSO_4 \cdot 5H_2O$ 0.005 000 g)返滴定，用去 8.12 mL。计算试样中 Fe_2O_3 和 Al_2O_3 的质量分数。

阅读材料　水的硬度

水中钙、镁离子浓度的总量称为硬度，硬度的最合理单位是 mmol/L，各国常采用不同的表示方法。如德国硬度是每度相当于 1L 水中含有 10 mg CaO；法国硬度是每度相当于 1 L 水中含有 10 mg $CaCO_3$；英国硬度是每度相当于 0.7 L 水中含有 10 mg $CaCO_3$；美国硬度是每度等于法国硬度的 1/10。我国采用德国硬度单位制。通常根据硬度的大小把水分成硬水与软水：8°以下为软水，8°～16°为中水，16°以上为硬水，30°以上为极硬水。水硬度又分为暂时性硬度和永久性硬度。由于水中含有碳酸氢钙与碳酸氢镁而形成的硬度，经煮沸后可把硬度去掉，这种硬度称为暂时性硬度，又叫碳酸盐硬度；水中含硫酸钙和硫酸镁等盐类物质而形成的硬度，经煮沸后也不能去除，称为永久性硬度。以上暂时性和永久性两种硬度合称为总硬度。我国《生活用水卫生标准》中规定，水的总硬度不得超过 25°。如果硬度过大，饮用后对人体健康与日常生活有一定的影响，一般饮用水的适宜硬度以 10°～20°为宜。

第六章　沉淀滴定法

学习目标

- 掌握莫尔法的基本原理、测定方法及应用；
- 掌握佛尔哈德法的基本原理、滴定条件及应用；
- 了解吸附指示剂的使用条件及法扬司法的应用范围；
- 能掌握三种滴定法的应用，通过技能训练准确地确定滴定终点，在实际应用中根据测定对象选择不同的滴定方法。

沉淀滴定法是基于沉淀反应的滴定分析方法。虽然许多化学反应能生成沉淀，但适用于沉淀滴定的反应并不多。这是由于许多沉淀的组成不恒定，或者其溶解度较大，或者形成过饱和溶液，或者反应速率较慢，或者生成共沉淀等。现在，具有实际意义的沉淀滴定法是银量法，本章将对其进行详细介绍。

第一节　概　述

【学习指导】 沉淀滴定反应具备的条件是本节的主要内容。学习时注意理解用于滴定分析的沉淀反应具备条件的意义，沉淀滴定法分类的主要依据。

一、沉淀滴定反应具备的条件

沉淀滴定法是以沉淀反应为基础的滴定分析方法。沉淀反应很多，但能用于滴定分析的反应必须具备下列条件。

(1) 沉淀反应必须迅速。

(2) 反应按一定的化学计量关系定量进行。

(3) 有适当的方法指示滴定终点。

(4) 生成的沉淀溶解度要小，且沉淀的吸附现象不妨碍终点的确定。

比较有实用意义的是生成难溶银盐的沉淀，基于此类反应的沉淀滴定法称为银量法。银量法是利用生成难溶性银盐的反应，进行滴定的方法。例如，水溶液中 Cl^- 和 SCN^- 的分析，常用 $AgNO_3$ 标准溶液来滴定，测得其含量。反应如下：

$$Ag^+ + Cl^- \Longrightarrow AgCl\downarrow$$

$$Ag^+ + SCN^- \Longrightarrow AgSCN\downarrow$$

二、银量法的分类

按选用指示剂的不同，银量法可分三种方法，即莫尔法、佛尔哈德法和法扬司法。莫尔法采用的指示剂为 K_2CrO_4；佛尔哈德法采用的指示剂为铁铵矾[$NH_4Fe(SO_4)_2 \cdot 12H_2O$]；法扬司法采用的指示剂为吸附指示剂。

银量法可以测定 Cl^-，Br^-，I^-，Ag^+，CN^-，SCN^- 等离子及含卤素的有机化合物。常用于化工、冶金、农业、环境监测以及"三废"处理等部门。除银量法以外，沉淀滴定法中还有利用其他沉淀反应的方法。

思考与练习 6-1

一、要点回顾

用于沉淀滴定反应具备的条件：

(1) 沉淀反应必须迅速；

(2) 反应按一定的计量关系定量进行；

(3) 必须有适当的方法指示终点；

(4) 生成的沉淀溶解度要小。

二、学习思考

1. 什么叫沉淀滴定法？

2. 沉淀滴定分析对化学反应的要求是什么？

第二节 莫 尔 法

【学习指导】 莫尔法的测定原理和滴定条件是本节的主要内容。学习时重点掌握滴定中对指示剂用量及酸度的要求，并能在具体的测定中进行控制。

一、测定原理

用铬酸钾作指示剂的银量法称为莫尔法。以测定 Cl^- 为例，说明其测定原理。

莫尔法测定 Cl^- 的理论依据是分步沉淀原理。在中性或弱碱性溶液中，加入适量的 K_2CrO_4 作指示剂，以 $AgNO_3$ 标准溶液滴定 Cl^-（或 Br^-），由于 AgCl 的溶解度比 Ag_2CrO_4 小，因此，在用 $AgNO_3$ 溶液滴定过程中，AgCl 首先析出沉淀，当 AgCl 定量沉淀后，稍过量的滴定剂 $AgNO_3$ 与指示剂 K_2CrO_4 反应，生成砖红色的 Ag_2CrO_4 沉淀，以此指示滴定终点。反应为

$$Ag^+ + Cl^- \longrightarrow \underset{\text{(白色)}}{AgCl\downarrow} \qquad K_{sp} = 1.8\times10^{-10}$$

$$2Ag^+ + CrO_4^{2-} \longrightarrow \underset{\text{(砖红色)}}{Ag_2CrO_4\downarrow} \qquad K_{sp} = 2.0\times10^{-12}$$

二、滴定条件

1. 指示剂用量

K_2CrO_4 浓度要合适。浓度过高，终点出现过早，且溶液颜色较深，影响终点观察；浓度过低，终点出现过迟，都会产生一定的终点误差。K_2CrO_4 指示剂浓度多少为合适呢？

据溶度积原理，滴定至化学计量点时：

$$[Ag^+]=[Cl^-]=\sqrt{K_{sp}(AgCl)}=\sqrt{1.8\times10^{-10}}\ mol/L=1.3\times10^{-5}\ mol/L$$

此时要求正好析出铬酸银沉淀以指示终点，溶液中$[CrO_4^{2-}]$为

$$[CrO_4^{2-}]=\frac{K_{sp}(Ag_2CrO_4)}{[Ag^+]^2}=\frac{2.0\times10^{-12}}{(1.3\times10^{-5})^2}mol/L=1.2\times10^{-2}\ mol/L$$

想一想

为什么实际滴定中铬酸钾的用量比理论量要低？

由计算可知，在化学计量点时，刚好析出 Ag_2CrO_4 沉淀所需$[CrO_4^{2-}]=1.2\times10^{-2}$ mol/L，但实际工作中，这么大浓度的铬酸钾溶液颜色很深，会妨碍微量的 Ag_2CrO_4 沉淀颜色的观察，影响终点的判断。因此一般在滴定中加入 K_2CrO_4 溶液的浓度约为 5×10^{-3} mol/L，由于实际加入的 K_2CrO_4 溶液的浓度比上面计算所需的小，要能生成 Ag_2CrO_4 沉淀，所需的 Ag^+ 的浓度就较高。当滴定物浓度均为 0.1 mol/L 时，终点误差为＋0.06％，不影响分析结果的准确度。

如果浓度降至 0.01 mol/L，则误差可达＋0.6％，超出滴定分析所允许的误差范围。这种情况下，则需要校正指示剂的空白值，以减小误差。

2. 溶液的酸度

莫尔法滴定应当在中性或弱碱性介质中进行。

在酸性溶液中，CrO_4^{2-} 将转化为 $Cr_2O_7^{2-}$，使 CrO_4^{2-} 的浓度降低，致使 Ag_2CrO_4 沉淀析出滞后，甚至不产生沉淀，引起正误差，故滴定不能在酸性溶液中进行。反应如下：

$$2CrO_4^{2-}+2H^+\rightleftharpoons 2HCrO_4^-\rightleftharpoons Cr_2O_7^{2-}+H_2O$$

在强碱性溶液中，则有棕黑色 Ag_2O 析出。反应如下：

$$2Ag^++2OH^-\rightleftharpoons Ag_2O\downarrow+H_2O$$

因此，莫尔法要求溶液的酸度范围为 pH＝6.5～10.5。若溶液碱性太强，可用稀硝酸中和；酸性太强，可用 $NaHCO_3$，$Na_2B_4O_7\cdot10H_2O$ 中和。溶液中若有铵盐存在，要求溶液的酸度范围更窄，pH＝6.5～7.2，因 pH 更高时，有较多的 NH_3 释出，能形成银氨配离子而使 AgCl 及 Ag_2CrO_4 的溶解度增大，影响滴定。

3. 干扰离子

想一想

莫尔法测定自来水中的 Cl^- 含量，是否需要调节溶液的 pH？

凡是能与 Ag^+ 生成沉淀或配合物的阴离子（如 PO_4^{3-}，AsO_4^{3-}，SO_3^{2-}，S^{2-}，CO_3^{2-}，$C_2O_4^{2-}$）或能与 CrO_4^{2-} 生成沉淀的阳离子（如 Pb^{2+}，Ba^{2+} 等）都干扰测定。有色离子，如 Cu^{2+}，Ni^{2+}，Co^{2+} 等的存在会影响终点的观察，在中性或碱性溶液中发生水解的离子，如 Fe^{3+}，Al^{3+}，Bi^{3+}，Sn^{4+} 也干扰测定，应对它们进行预先分离。由此看出，莫尔法的选择性比较差。

三、莫尔法的应用

1. 直接滴定法（测定 Cl^-，Br^-）

直接测定 Cl^-，Br^-，当 Cl^- 或 Br^- 单独存在时，测的是各自的含量；当两者共存时，滴定的是

总量。直接滴定法不能用于I^-和SCN^-的测定，因为AgI，AgSCN沉淀具有强烈的吸附作用，使终点变色不明显，误差较大。

例 6-1 测定氯化钠含量时，准确称取试样4.123 0 g，加水溶解后置于250 mL容量瓶中，用水稀释至刻度，摇匀。准确吸取10 mL于250 mL锥形瓶中，加40 mL水，15滴铬酸钾指示剂，在充分摇动下，用0.100 0 mol/L硝酸银滴定剂滴定到浑浊溶液突变为微红色，消耗26.10 mL。求试样中NaCl的质量分数。已知$M(NaCl)=58.44$ g/mol。

解：由题可知，测定氯化钠含量采用莫尔法直接滴定。

$$w(\text{NaCl})=\frac{c(\text{AgNO}_3)\cdot V(\text{AgNO}_3)\cdot M(\text{NaCl})}{m\times\frac{10.00\ \text{mL}}{250\ \text{mL}}}\times 100\%$$

$$=\frac{0.100\ 0\ \text{mol/L}\times 26.10\times 10^{-3}\ \text{L}\times 58.44\ \text{g/mol}}{4.123\ 0\ \text{g}\times\frac{10.00\ \text{mL}}{250\ \text{mL}}}\times 100\%$$

$$=92.49\%$$

答：试样中NaCl的质量分数为92.49%。

2. 返滴定法（测定Ag^+）

测定Ag^+时，在溶液中加入一定量过量的NaCl标准溶液，然后用$AgNO_3$标准溶液滴定过量的Cl^-。若以NaCl标准溶液滴定直接滴定Ag^+时，试液中加入指示剂后，先形成的Ag_2CrO_4沉淀转化为AgCl的速率缓慢，而滴定过程中Cl^-要从Ag_2CrO_4中夺取Ag^+比较慢，而使滴定误差较大。

思考与练习 6-2

一、要点回顾

1. 莫尔法的测定原理

在中性或弱碱性溶液中，以K_2CrO_4作指示剂，以$AgNO_3$标准溶液滴定Cl^-（或Br^-），到达滴定终点时生成砖红色的Ag_2CrO_4沉淀。

2. 莫尔法的滴定条件

（1）在pH=6.5~10.5下进行。

（2）加入K_2CrO_4的浓度约为5×10^{-3} mol/L。

（3）在室温下进行滴定，终点时剧烈摇动锥形瓶，以释放被吸附的离子。

（4）凡能与Ag^+生成沉淀或配合物的阴离子，能与CrO_4^{2-}生成沉淀的阳离子，在中性或碱性溶液中发生水解的离子及有色金属离子应进行预先分离。

3. 滴定方式

根据滴定方式不同，莫尔法分为直接滴定法和返滴定法。直接滴定法可测定Cl^-，Br^-，返滴定法可测定Ag^+。

二、学习思考

1. 写出莫尔法测定Cl^-的主要反应，并指出选用的指示剂和酸度条件。

2. 为什么莫尔法不适合用NaCl标准溶液直接滴定Ag^+？

三、练习题

1. 称取NaCl试液20.00 mL，加入K_2CrO_4指示剂，用0.102 3 mol/L $AgNO_3$标准溶液滴定，用去27.00 mL，求每升溶液中含NaCl多少克？

2. 用移液管从食盐槽中吸取试液 25.00 mL，采用莫尔法进行测定，滴定用去 0.101 3 mol/L $AgNO_3$ 标准溶液 25.36 mL。往液槽中加入食盐（含 NaCl 96.61%）4.500 0 kg，溶解后混合均匀，再吸取 25.00 mL 试液，滴定用去 $AgNO_3$ 标准溶液 28.42 mL。如吸取试液对液槽中溶液体积的影响可以忽略不计，计算液槽中食盐溶液的体积为多少升？

3. 莫尔法采用 $AgNO_3$ 标准溶液测定 Cl^-，其滴定条件是（　　）。

(A) pH=3　(B) pH=4　(C) pH=6.5～10.5　(D) pH=10

4. 在银量法中，使用莫尔法确定滴定终点的指示剂是（　　）。

(A) K_2CrO_4　(B) $K_2Cr_2O_7$　(C) NH_4SCN 溶液　(D) 荧光黄

5. 用莫尔法测定 Cl^-，溶液酸度 pH=4 时，其测定结果为（　　）。

(A) 偏高　(B) 偏低　(C) 无影响

6. 莫尔法测定 Cl^- 时，如试样的碱性强时，可用下列哪种酸进行中和（　　）。

(A) HNO_3　(B) HCl　(C) H_2SO_4　(D) H_3PO_4

7. 莫尔法测定 Cl^- 时，K_2CrO_4 指示剂的用量大，对分析结果的影响为（　　）。

(A) 偏高　(B) 偏低　(C) 无影响

第三节　佛尔哈德法

【学习指导】 佛尔哈德法的原理、滴定条件和应用是本节的主要内容。学习时要注意与莫尔法应用的区别，重点掌握其滴定条件，在实际的滴定中加以选择应用。

一、测定原理

在酸性（HNO_3）介质中，以铁铵矾[$NH_4Fe(SO_4)_2 \cdot 12H_2O$]作指示剂，确定滴定终点的银量法称为佛尔哈德法。以测定 Ag^+ 为例，在酸性溶液中，以[$NH_4Fe(SO_4)_2 \cdot 12H_2O$]作指示剂，用 NH_4SCN（或 KSCN）标准溶液直接滴定。化学计量点时，稍过量的 SCN^- 便与 Fe^{3+} 生成红色的配离子 $FeSCN^{2+}$，以此指示终点的到达，其反应为

$$Ag^+ + SCN^- = AgSCN\downarrow \quad K_{sp}=1.1\times10^{-12}$$
（白色）

终点时：

$$Fe^{3+} + SCN^- = FeSCN^{2+} \quad K_1=200$$
（红色）

二、滴定条件

想一想

用佛尔哈德法测定时，为什么必须在酸性介质中进行？

1. 溶液的酸度

佛尔哈德法通常在 0.1～1 mol/L 的 HNO_3 介质中进行测定。[$NH_4Fe(SO_4)_2 \cdot 12H_2O$]指示剂中 Fe^{3+} 主要以 $Fe(H_2O)_6^{3+}$ 存在，此时 Fe^{3+} 颜色较浅，如果酸度较低，Fe^{3+} 发生水解，形成颜色较深的 $Fe(H_2O)_5(OH)^{2+}$，$Fe(H_2O)_4(OH)_2^+$ 等，影响终点观察，如果酸度更低，甚至产生$Fe(OH)_3$沉淀；若酸度过高，会使 SCN^- 浓度减小。在

酸性溶液中进行滴定是佛尔哈德法的最大优点，因一些在中性或弱碱性介质中能与 Ag^+ 产生沉淀的阴离子都不干扰滴定，此法的选择性较高。

2. 指示剂用量

当滴定至化学计量点时，$[SCN^-]=[Ag^+]=\sqrt{K_{sp}(AgSCN)}=1.0\times10^{-6}$ mol/L，要求此时正好生成 $FeSCN^{2+}$ 以确定终点，故此时 $[Fe^{3+}]=\frac{[FeSCN^{2+}]}{138[SCN^-]}$。一般说来，要能观察到 $FeSCN^{2+}$ 的颜色，$[FeSCN^{2+}]$ 要达到 6×10^{-6} mol/L，此时 $[Fe^{3+}]=0.04$ mol/L，这样高浓度的 Fe^{3+} 使溶液呈较深的橙黄色，影响终点的观察，故通常保持在 0.015 mol/L，由此引起的误差很小，小于 0.1%，符合滴定分析要求。

想一想

佛尔哈德法与莫尔法相比，有什么优点？

3. 充分摇动，减少吸附

在滴定过程中，生成的 AgSCN 沉淀具有强烈的吸附作用，所以会有部分 Ag^+ 被吸附，这样就使指示剂过早显色，使测定结果偏低。因此，滴定时必须充分摇动溶液，使被吸附的 Ag^+ 及时释放出来。

4. 干扰离子

一些强氧化剂，氮的低价氧化物及铜盐、汞盐等能与 SCN^- 反应，干扰测定，应预先分离。

三、佛尔哈德法的应用

1. 直接滴定法（测定 Ag^+）

在含有 Ag^+ 的硝酸溶液中加入铁铵矾指示剂，用 NH_4SCN 标准溶液滴定，先析出白色的 AgSCN 沉淀，到达化学计量点时，稍过量的 SCN^- 便与 Fe^{3+} 生成红色的配离子 $FeSCN^{2+}$ 指示终点。

2. 返滴定法（测定卤素离子和 SCN^-）

在含 Cl^- 的 HNO_3 溶液中，先加入一定量过量的 $AgNO_3$ 标准溶液，以铁铵矾为指示剂，然后用 NH_4SCN 标准溶液返滴定过量的 Ag^+，当出现 $FeSCN^{2+}$ 红色时为终点。反应如下：

$$\underset{(过量)}{Ag^+}+Cl^- = \underset{(白色)}{AgCl\downarrow} \qquad K_{sp}=1.8\times10^{-10}$$

$$\underset{(剩余量)}{Ag^+}+SCN^- = \underset{(白色)}{AgSCN\downarrow} \qquad K_{sp}=1.1\times10^{-12}$$

$$Fe^{3+}+SCN^- = \underset{(红色)}{FeSCN^{2+}} \qquad K_1=200$$

实际上终点的出现会碰到困难，这是因为 $K_{sp}(AgSCN)$ 小于 $K_{sp}(AgCl)$，使得在终点时，加入的 NH_4SCN 将与 AgCl 发生沉淀转化：

$$AgCl+SCN^- = AgSCN\downarrow+Cl^-$$

滴加的 NH_4SCN 与 Fe^{3+} 形成的红色随着溶液的摇动而消失，只有继续滴入 NH_4SCN 标准溶液，直至出现持久的红色才达到终点，无疑此时滴定已多消耗了 NH_4SCN 标准溶液，而得不到正确的终点，造成较大的误差。要避免这个误差，就要阻止 AgCl 转化为 AgSCN，通常有两种方法可避免转化反应的发生。

(1) 加入过量 $AgNO_3$ 后，煮沸溶液，使 AgCl 沉淀凝聚，以减少 AgCl 沉淀对 Ag^+ 的吸附。滤去 AgCl 沉淀，用稀 HNO_3 洗涤沉淀，将洗涤液与滤液合并，然后用 NH_4SCN 标准溶液滴定溶液中过量的 Ag^+。

(2) 在用 NH_4SCN 标准溶液滴定溶液之前，加入某些有机试剂，如邻苯二甲酸二丁酯或硝基苯(有毒)、1,2-二氯乙烷、甘油等，并用力摇动，使 AgCl 沉淀表面覆盖上一层有机溶剂，将沉淀与溶液隔开，而且有机溶剂因相对密度大而下沉，这样沉淀转化反应就不能进行了。实际操作中主要采用第一种方法。

测 Br^- 或 I^- 时，由于 AgBr 和 AgI 的溶解度均小于 AgSCN 的溶解度，不发生沉淀的转化。但在测 I^- 时，由于指示剂中的 Fe^{3+} 将 I^- 氧化为 I_2，影响测定结果，因此应在加入过量 $AgNO_3$ 溶液后再加入铁铵矾指示剂。

例 6-2 称取烧碱试样 2.425 0 g，溶解后酸化转移至 250 mL 容量瓶中稀释至刻度。移取 25.00 mL 于锥形瓶中，加入 $c(AgNO_3)=0.050\ 40$ mol/L 的 $AgNO_3$ 标准溶液 25.00 mL，用 $c(NH_4SCN)=0.049\ 52$ mol/L 的 NH_4SCN 标准溶液返滴定过量的 $AgNO_3$ 标准溶液，消耗了 20.30 mL，计算烧碱中氯化钠的质量分数。已知 $M(NaCl)=58.44$ g/mol。

解：依题意该烧碱试样的测定采用佛尔哈德法返滴定。

$$\underset{(过量)}{Ag^+} + Cl^- = \underset{(白色)}{AgCl\downarrow}$$

$$\underset{(剩余量)}{Ag^+} + SCN^- = \underset{(白色)}{AgSCN\downarrow}$$

终点时：

$$Fe^{3+} + SCN^- = \underset{(红色)}{FeSCN^{2+}}$$

$$w(NaCl)=\frac{[c(AgNO_3)\cdot V(AgNO_3)-c(NH_4SCN)\cdot V(NH_4SCN)]M(NaCl)}{m\times\frac{25.00\ mL}{250\ mL}}\times 100\%$$

$$=\frac{(0.050\ 40\times 0.025\ 00-0.049\ 52\times 0.020\ 30)mol\times 58.44\ g/mol}{2.425\ 0\ g\times\frac{25.00\ mL}{250\ mL}}\times 100\%$$

$$=6.14\%$$

答：该烧碱中氯化钠的质量分数为 6.14%。

思考与练习 6-3

一、要点回顾

1. 佛尔哈德法的测定原理

佛尔哈德法是以 $NH_4Fe(SO_4)_2$ 作指示剂，用 NH_4SCN(或 NaSCN，KSCN)的标准溶液为滴定剂，终点时形成红色的 $FeSCN^{2+}$ 溶液，以此指示终点的到达。

2. 佛尔哈德法的滴定条件

(1) 滴定通常在 0.1～1mol/L 的 HNO_3 介质中进行。

(2) 滴定时应充分摇动溶液，以免因为吸附产生较大误差。

(3) 强氧化剂，氮的低价氧化物及铜盐、汞盐等能与 SCN^- 反应的物质应预先分离。

二、学习思考

1. 佛尔哈德法测定时为什么必须在酸性介质中进行?

2. 用佛尔哈德法测定 Br^- 和 I^- 时,是否需加邻苯二甲酸二丁酯?为什么?

3. 佛尔哈德法测 I^- 时,应在加入过量 $AgNO_3$ 溶液后再加入铁铵矾指示剂,为什么?写出有关的化学反应式。

三、练习题

1. 称取银合金试样 0.300 0 g,溶解后加入铁铵矾指示剂,用 0.100 0 mol/L NH_4SCN 标准溶液滴定,用去 23.80 mL,计算试样中银的质量分数。

2. 称取可溶性氯化物试样 0.226 6 g 用水溶解后,加入 0.112 1 mol/L $AgNO_3$ 标准溶液 30.00 mL。过量的 Ag^+ 用 0.118 5 mol/L NH_4SCN 标准溶液滴定,用去 6.50 mL,计算试样中氯的质量分数。

3. 以铁铵矾为指示剂,用 NH_4SCN 作标准溶液测定 Ag^+ 含量时,其滴定的条件是(　　)。

(A) 酸性　(B) 弱酸性　(C) 中性　(D) 碱性

4. 佛尔哈德法测定 Cl^- 时,未加硝基苯或邻苯二甲酸二丁酯,对分析结果的影响为(　　)。

(A) 偏高　(B) 偏低　(C) 无影响

5. 用佛尔哈德法测定 I^- 时,如先加入铁铵矾为指示剂,后加入 $AgNO_3$ 溶液,其测定结果(　　)。

(A) 偏高　(B) 偏低　(C) 无影响

*第四节　法 扬 司 法

【学习指导】 吸附指示剂及其作用原理是本节的主要内容。学习时要理解其概念的含义和作用原理。明确吸附指示剂在运用过程中出现的问题,能在应用时加以避免。

一、吸附指示剂的作用原理

用吸附指示剂指示滴定终点的银量法,称为法扬司法。吸附指示剂是一类有机染料,多数为有机弱酸,在溶液中可解离为具有一定颜色的阴离子,此阴离子容易被带正电荷的胶体沉淀所吸附,吸附后分子结构改变,从而引起颜色的改变,以此指示滴定终点。

想一想

吸附指示剂与其他指示剂的作用原理有何不同?

例如,用 $AgNO_3$ 标准溶液滴定 Cl^-,说明荧光黄的作用原理。荧光黄是一种有机弱酸(用 HFI 表示),在溶液中解离为黄绿色的阴离子 FI^-,而呈黄绿色。

$$HFI \rightleftharpoons FI^- + H^+$$

化学计量点前,生成的 AgCl 沉淀优先吸附溶液中剩余 Cl^- 而带负电荷,荧光黄阴离子 FI^- 受排斥而不被吸附,溶液呈黄绿色。化学计量点后,AgCl 沉淀胶粒因吸附过量构晶离子 Ag^+ 而带正电荷,从而吸附荧光黄阴离子 FI^-,使溶液颜色变为粉红色,指示终点到达。

$$AgCl \cdot Ag^+ + \underset{(黄绿色)}{FI^-} \rightleftharpoons \underset{(粉红色)}{AgCl \cdot Ag^+ FI^-}$$

也可用下式表示这一变化过程：

$$Cl^- \xrightarrow{AgNO_3} AgCl(s) \xrightarrow{吸附\ Cl^-} AgCl \cdot Cl^- \xrightarrow{AgNO_3} AgCl \xrightarrow{AgNO_3\ 微过量}$$

$$AgCl \cdot Ag^+ \xrightarrow{吸附\ FI^-} AgCl \cdot Ag^+ FI^-（粉红色终点）$$

二、使用吸附指示剂的注意事项

为使终点颜色变化明显，使用吸附指示剂应注意以下几点。

(1) 保持沉淀呈胶体状态　吸附指示剂颜色的变化是由于沉淀的表面吸附引起的，为使终点变色明显，就要求沉淀的比表面要大一些，即沉淀的颗粒要小一些。所以，滴定中要防止胶状沉淀的凝聚。通常加入糊精、淀粉以保护胶体，使沉淀微粒处于高度分散状态，使更多的沉淀表面暴露在外面，有利于对指示剂的吸附，使终点变色敏锐。另外，在滴定前适当稀释溶液，也有利于使沉淀保持胶体状态。

(2) 溶液浓度不宜太稀　若溶液浓度太稀时，沉淀量很少，使终点不明显。例如，用 $AgNO_3$ 测 Cl^- 时，其浓度要求在 0.005 mol/L 以上，测 Br^-，I^-，SCN^- 时灵敏度稍高，浓度为 0.001 mol/L 时，仍可被准确滴定。

想一想

使用吸附指示剂时应注意什么问题?

(3) 酸度应适当　吸附指示剂大多是有机弱酸，用于指示终点颜色变化的是其解离出的阴离子，为使指示剂以阴离子形式存在，必须控制适当的酸度。如荧光黄的 $pK_a = 7$，只能在中性或弱碱性（pH＝7～10）溶液中使用，此时，荧光黄可解离出较多的 FI^- 离子，若 pH 小于 7，则主要以 HFI 存在，而 HFI 不能被沉淀吸附，故无法指示终点。溶液的最高酸度由指示剂的解离常数决定，解离常数大，酸度可大些。

(4) 吸附指示剂的吸附性能要适当　滴定选用的指示剂，其阴离子被沉淀吸附的能力要略小于被测离子被沉淀吸附的能力，否则，指示剂将在化学计量点前变色。如果沉淀对其吸附能力太小，指示剂变色不敏锐，使终点拖后。卤化银对卤素离子及几种常用吸附指示剂的吸附能力的次序为

$$I^- > SCN^- > Br^- > 曙红 > Cl^- > 荧光黄$$

(5) 避免光照　卤化银遇光易分解为金属银，使沉淀转变为灰黑色，影响终点观察，故滴定过程中应避免强光照射。

三、法扬司法的应用

法扬司法可用 $AgNO_3$ 标准溶液直接测定 Cl^-，Br^-，I^-，Ag^+，SCN^-，一般在弱酸性或弱碱性条件下进行，方法简便，终点亦明显，较为准确，但糊精和淀粉均易变质，须使用新鲜的溶液。吸附指示剂价格昂贵，且需要根据溶液的 pH 选择使用。同时，反应条件较为严格，要注意溶液的酸度、浓度及胶体的保护等问题。

思考与练习 6-4

一、要点回顾

1. 法扬司法的作用原理

法扬司法是以指示剂吸附在沉淀离子上发生颜色变化来指示终点，一般以 $AgNO_3$ 作标准溶液。

2. 使用吸附指示剂的注意事项

(1) 保持沉淀呈胶体状态，通常加入糊精、淀粉以保护胶体。

(2) 滴定需在中性、弱碱性或很弱的酸性溶液中进行。

(3) 滴定选用的指示剂，其阴离子被沉淀吸附的能力要略小于被测离子被沉淀吸附的能力。

(4) 卤化银遇光易分解为金属银，影响终点观察，故滴定过程中应避免强光照射。

3. 银量法分为三种方法，比较如下。

方法	指示剂	标准溶液	测定酸度或 pH 范围	滴定方式	测定对象
莫尔法	铬酸钾	$AgNO_3$	6.5～10.5 6.5～7.2(NH_3 存在)	直接滴定法 返滴定法	Cl^-，Br^- Ag^+
佛尔哈德法	铁铵矾	KSCN $AgNO_3$	稀 HNO_3 0.1～1mol/L	直接滴定法 返滴定法	Ag^+ Cl^-，Br^-，I^-，SCN^-
法扬司法	荧光黄 曙红	$AgNO_3$	7～10 2～10	直接滴定法	Cl^-，Br^-，I^-，SCN^-

二、学习思考

在下列情况下，测定结果是偏高、偏低，还是无影响？并说明原因。

(1) 用法扬司法测定 Cl^-，曙红作指示剂；

(2) 用法扬司法测定 I^-，曙红作指示剂。

三、练习题

1. 称取纯 KIO_x 试样 0.500 0 g，将碘还原成碘化物后，用 0.100 0 mol/L $AgNO_3$ 标准溶液滴定，用去 23.36 mL。计算分子式中的 x。

2. 称取 NaCl 基准试剂 0.117 3 g，溶解后加入 30.00 mL $AgNO_3$ 标准溶液，过量的 Ag^+ 需要 3.20 mL NH_4SCN 标准溶液滴定至终点。已知 20.00 mL $AgNO_3$ 标准溶液与 21.00 mL NH_4SCN 标准溶液能完全作用，计算 $AgNO_3$ 和 NH_4SCN 溶液的浓度各为多少？

第七章　氧化还原滴定法

学习目标

- 掌握能斯特方程的应用；
- 了解条件电极电位的意义与应用；
- 掌握影响氧化还原反应速率的因素，明确应采取的措施；
- 理解氧化还原滴定前的预处理方法及必要性；
- 掌握高锰酸钾法、重铬酸钾法和碘量法的原理及应用，能对分析结果进行正确运算。

氧化还原滴定法是以氧化还原反应为基础的滴定分析方法，它的应用范围非常广泛，可以直接或间接地测定许多无机物和有机物。但是氧化还原反应的机理比较复杂，反应速率较慢，且常伴有各种副反应。因此，在氧化还原滴定分析中，必须控制适当的反应条件，使其符合滴定分析的基本要求。

第一节　概　述

【学习指导】 标准电极电位、条件电极电位、氧化还原反应进行的程度及影响氧化还原反应速率的因素是本节的主要内容。学习时要明确引入条件电极电位的意义，明确标准电极电位、条件电极电位的区别与联系。并能够分析在实际反应中影响其速率的因素。

一、氧化还原反应的特点

氧化还原反应是基于电子转移的反应，机理比较复杂，反应往往是分步进行的。有些氧化还原反应除主反应外，还常伴有各种副反应发生，使反应物之间没有确定的计量关系；有些氧化还原反应因介质不同而生成的产物不同；有些氧化还原反应虽可进行完全，但反应速率却很慢。因此，在讨论氧化还原滴定法时，除了从氧化还原反应的平衡常数来判断反应的可行性之外，还应考虑反应速率、反应程度和反应条件等问题。在滴定中注意控制反应条件，加快反应速率，防止副反应的发生，以满足滴定分析的要求。

二、条件电极电位

1. 标准电极电位

对一个可逆的氧化还原反应来说，若以 Ox 表示某一电对的氧化态，Red 表示其还原态，n 为电子转移数，该电对的氧化还原半反应为

$$\mathrm{Ox} + n\mathrm{e}^- \rightleftharpoons \mathrm{Red}$$

其能斯特方程为

$$\varphi_{Ox/Red}=\varphi^{\ominus}_{Ox/Red}+\frac{RT}{nF}\ln\frac{a_{Ox}}{a_{Red}} \tag{7-1}$$

式中，$\varphi_{Ox/Red}$ 为电对的电极电位；$\varphi^{\ominus}_{Ox/Red}$ 为电对的标准电极电位；a_{Ox} 和 a_{Red} 分别表示氧化态和还原态的活度；R 为摩尔气体常数[等于 8.314J/(K·mol)]；T 为热力学温度；F 为法拉第常数(等于 96 485 C/mol)；n 为电极反应中得失电子数。

在 298 K 时上式可写成：

$$\varphi_{Ox/Red}=\varphi^{\ominus}_{Ox/Red}+\frac{0.059\,2\ \text{V}}{n}\lg\frac{a_{Ox}}{a_{Red}} \tag{7-2}$$

若 $a_{Ox}=a_{Red}=1$ mol/L 时，则

$$\varphi_{Ox/Red}=\varphi^{\ominus}_{Ox/Red}$$

标准电极电位 $\varphi^{\ominus}_{Ox/Red}$ 是在一定温度下(通常为 298 K)，有关离子活度为 1 mol/L 或气体压力为 1.000×10^5 Pa 时所测得的电极电位，它仅随温度而改变。

电对的电位值越高，其氧化态的氧化能力越强；电对的电位值越低，其还原态的还原能力越强。常见电对的标准电极电位值见附录五。

2. 条件电极电位

在实际工作中，通常知道的是氧化剂或还原剂的浓度，计算氧化还原电对的电位时常用浓度代替活度进行计算，这实际上忽略了溶液中离子强度和其他副反应的影响。而在定量分析工作中，这种影响往往是不可忽略的，即使是可逆氧化还原电对，结果计算的电位值与实际电位也有较大的误差。因此，必须考虑溶液中离子强度的影响，从而引出条件电位 $\varphi^{\ominus}_{Ox/Red}$ 的概念。

例如，计算 HCl 溶液中 Fe^{3+}/Fe^{2+} 体系的电对电位时，如不考虑溶剂的影响，由能斯特方程得到

$$\begin{aligned}\varphi(Fe^{3+}/Fe^{2+})&=\varphi^{\ominus}(Fe^{3+}/Fe^{2+})+0.059\,2\ \text{V}\lg\frac{a(Fe^{3+})}{a(Fe^{2+})}\\&=\varphi^{\ominus}(Fe^{3+}/Fe^{2+})+0.059\,2\ \text{V}\lg\frac{\gamma(Fe^{3+})\cdot[Fe^{3+}]}{\gamma(Fe^{2+})\cdot[Fe^{2+}]}\end{aligned}$$

但是，在 HCl 溶液中，除了 Fe^{3+} 和 Fe^{2+} 外，还存在有 $Fe(OH)^{2+}$，$Fe(OH)_2^+$，$Fe(OH)^+$，$Fe(OH)_2$，$FeCl^{2+}$，$FeCl_2^+$，$FeCl^+$，$FeCl_2$，…。若用 $c(Fe^{3+})$，$c(Fe^{2+})$ 表示溶液中 Fe^{3+} 及 Fe^{2+} 的分析浓度，利用副反应系数校正它们的平衡浓度，则

$$[Fe^{3+}]=\frac{c(Fe^{3+})}{\alpha(Fe^{3+})}$$

$$[Fe^{2+}]=\frac{c(Fe^{2+})}{\alpha(Fe^{2+})}$$

式中，$\alpha(Fe^{3+})$，$\alpha(Fe^{2+})$ 分别表示 Fe^{3+} 和 Fe^{2+} 的副反应系数。

将上述表示式代入能斯特方程得

$$\varphi(Fe^{3+}/Fe^{2+})=\varphi^{\ominus}(Fe^{3+}/Fe^{2+})+0.059\,2\ \text{V}\lg\frac{\gamma(Fe^{3+})\cdot\alpha(Fe^{2+})\cdot c(Fe^{3+})}{\gamma(Fe^{2+})\cdot\alpha(Fe^{3+})\cdot c(Fe^{2+})}$$

此式是考虑了上述两个因素后的能斯特方程的表达式。可是当溶液的离子强度很大时，γ 值不

易求得；当副反应较多时，求α值也很麻烦，但α和γ在一定条件下为一固定值，可以将其合并入常数项中，这样计算就简化了，因此将上式改为

$$\varphi(Fe^{3+}/Fe^{2+})=\varphi^{\ominus}(Fe^{3+}/Fe^{2+})+0.059\ 2\ V\lg\frac{\gamma(Fe^{3+})\cdot\alpha(Fe^{2+})}{\gamma(Fe^{2+})\cdot\alpha(Fe^{3+})}+0.059\ 2\ V\lg\frac{c(Fe^{3+})}{c(Fe^{2+})}$$

当$c(Fe^{3+})=c(Fe^{2+})=1$ mol/L 时，可得到

$$\varphi(Fe^{3+}/Fe^{2+})=\varphi^{\ominus}(Fe^{3+}/Fe^{2+})+0.059\ 2\ V\lg\frac{\gamma(Fe^{3+})\cdot\alpha(Fe^{2+})}{\gamma(Fe^{2+})\cdot\alpha(Fe^{3+})}=\varphi^{\ominus'}(Fe^{3+}/Fe^{2+})$$

$\varphi^{\ominus'}(Fe^{3+}/Fe^{2+})$称为条件电位。它是在特定条件下，氧化态与还原态的分析浓度均为 1 mol/L 时，校正了各种外界因素影响后的实际电极电位，条件一定时为一常数。

$$\varphi(Fe^{3+}/Fe^{2+})=\varphi^{\ominus'}(Fe^{3+}/Fe^{2+})+0.059\ 2\ V\lg\frac{c(Fe^{3+})}{c(Fe^{2+})}$$

推广到一般情况，如果该电对是可逆的，其电位可通过下式求得：

$$\varphi_{Ox/Red}=\varphi^{\ominus'}_{Ox/Red}+\frac{0.059\ 2\ V}{n}\lg\frac{c_{Ox}}{c_{Red}} \tag{7-3}$$

$$\varphi^{\ominus'}_{Ox/Red}=\varphi^{\ominus}_{Ox/Red}+\frac{0.059\ 2\ V}{n}\lg\frac{\gamma_{Ox}\,\alpha_{Red}}{\gamma_{Red}\,\alpha_{Ox}} \tag{7-4}$$

从条件电位的定义式可以看出，条件电位的大小不仅与标准电位有关，还与活度系数和副反应系数有关，因而条件电位除受温度的影响外，还要受到溶液中离子强度、酸度和配位剂浓度等其他因素的影响，只有在条件一定时才是常数，条件电位也因此得名。显然，在引入条件电位后，处理实际问题就比较简单，也比较符合实际情况。但由于条件电位的数据目前还较少，如果在计算中查不到相应的条件电位，可以采用条件相近的$\varphi^{\ominus'}$值来代替。如仍没有，则可用标准电位$\varphi^{\ominus}$来代替条件电位进行近似计算。

例如，Fe^{3+}/Fe^{2+}，在 1 mol/L HCl 溶液中，$\varphi^{\ominus'}(Fe^{3+}/Fe^{2+})=0.789$ V，如不考虑溶剂的影响，则$\varphi^{\ominus}(Fe^{3+}/Fe^{2+})=+0.771$ V。

例 7-1 已知$\varphi^{\ominus}(Zn^{2+}/Zn)=-0.763$ V，当$[Zn^{2+}]=0.1$ mol/L 时，计算Zn^{2+}/Zn电对的电极电位。

解：根据能斯特方程得

$$\varphi(Zn^{2+}/Zn)=\varphi^{\ominus}(Zn^{2+}/Zn)+\frac{0.059\ 2}{2}V\lg[Zn^{2+}]$$

$$=-0.763\ V+\frac{0.059\ 2}{2}V\lg 0.1=-0.793\ V$$

例 7-2 已知$[MnO_4^-]=0.1$ mol/L，$[Mn^{2+}]=0.001$ mol/L，$[H^+]=1$ mol/L，求$\varphi(MnO_4^-/Mn^{2+})$。

解：在酸性溶液中的半反应

$$MnO_4^-+8H^++5e^-\rightleftharpoons Mn^{2+}+4H_2O \qquad \varphi^{\ominus}(MnO_4^-/Mn^{2+})=+1.51\ V$$

$$\varphi(MnO_4^-/Mn^{2+})=\varphi^{\ominus}(MnO_4^-/Mn^{2+})+\frac{0.059\ 2}{n}V\lg\frac{[MnO_4^-][H^+]}{[Mn^{2+}]}$$

$$=1.51\ V+\frac{0.059\ 2}{5}V\lg\frac{0.1\times 1}{0.001}=1.53\ V$$

三、氧化还原反应进行的程度

滴定分析要求化学反应定量进行，且进行得越完全越好。氧化还原反应进行的完全程度可以通过计算一个反应达到平衡时的平衡常数$K^{\ominus}$或条件平衡常数$K^{\ominus'}$的大小来衡量，而氧化

还原反应的平衡常数可以根据能斯特方程由两个电对的标准电极电位($\varphi^{\ominus}$)或条件电位($\varphi^{\ominus'}$)来求得。

例如,下列氧化还原反应:

$$n_2\mathrm{Ox}_1+n_1\mathrm{Red}_2 \rightleftharpoons n_2\mathrm{Red}_1+n_1\mathrm{Ox}_2$$

平衡时的平衡常数为

$$K^{\ominus}=\frac{c_{\mathrm{Red}_1}^{n_2}\,c_{\mathrm{Ox}_2}^{n_1}}{c_{\mathrm{Ox}_1}^{n_2}\,c_{\mathrm{Red}_2}^{n_1}}$$

两电对的电极电位为

$$\mathrm{Ox}_1+n_1\mathrm{e}^- \rightleftharpoons \mathrm{Red}_1 \qquad \varphi_1=\varphi_1^{\ominus}+\frac{0.059\ 2\ \mathrm{V}}{n_1}\lg\frac{c_{\mathrm{Ox}_1}}{c_{\mathrm{Red}_1}}$$

$$\mathrm{Ox}_2+n_2\mathrm{e}^- \rightleftharpoons \mathrm{Red}_2 \qquad \varphi_2=\varphi_2^{\ominus}+\frac{0.059\ 2\ \mathrm{V}}{n_2}\lg\frac{c_{\mathrm{Ox}_2}}{c_{\mathrm{Red}_2}}$$

反应达到平衡时,两电对的电极电位相等($\varphi_1=\varphi_2$),即

$$\varphi_1^{\ominus}+\frac{0.059\ 2\ \mathrm{V}}{n_1}\lg\frac{c_{\mathrm{Ox}_1}}{c_{\mathrm{Red}_1}}=\varphi_2^{\ominus}+\frac{0.059\ 2\ \mathrm{V}}{n_2}\lg\frac{c_{\mathrm{Ox}_2}}{c_{\mathrm{Red}_2}}$$

整理,得

$$\lg\frac{c_{\mathrm{Red}_1}^{n_2}\,c_{\mathrm{Ox}_2}^{n_1}}{c_{\mathrm{Ox}_1}^{n_2}\,c_{\mathrm{Red}_2}^{n_1}}=\frac{n(\varphi_1^{\ominus}-\varphi_2^{\ominus})}{0.059\ 2\ \mathrm{V}}=\lg K^{\ominus}$$

式中,n 为氧化剂和还原剂得失电子数的最小公倍数。若用条件电位 $\varphi^{\ominus'}$ 代替式中的标准电极电位 $\varphi^{\ominus}$,可得相应的条件平衡常数 $K^{\ominus'}$,即

$$\lg K^{\ominus'}=\frac{n(\varphi_1^{\ominus'}-\varphi_2^{\ominus'})}{0.059\ 2\ \mathrm{V}} \qquad (7-5)$$

由此式可看出,氧化还原反应的平衡常数 $K^{\ominus}$(或 $K^{\ominus'}$)值的大小,与氧化剂和还原剂两个电对的标准电极电位 $\varphi^{\ominus}$(或条件电位 $\varphi^{\ominus'}$)之差有关。两电对的标准电极电位相差越大,氧化还原反应的平衡常数越大,反应进行得越完全。在滴定分析中,根据误差要求,一般认为($\varphi_1^{\ominus}-\varphi_2^{\ominus}$)≥0.4 V[或($\varphi_1^{\ominus'}-\varphi_2^{\ominus'}$)≥0.4 V]的氧化还原反应才可用于滴定分析。但这仅说明该氧化还原反应有完全进行的可能,不一定能定量反应,也不一定能迅速完成。

四、影响氧化还原反应速率的因素

根据氧化还原反应两电对的标准电极电位(或条件电位),可以判断氧化还原反应进行的方向和完全程度,但这只能说明反应进行的可能性,并不能说明反应的速率。实际上,不同的氧化还原反应,其反应速率的差别是很大的,有的反应较快,有的则较慢。这是由于氧化还原反应机理复杂,许多反应不是一步完成,而反应速率是由最慢的一步决定的。所以对氧化还原反应,不能单从平衡的观点来考虑反应的可能性,还应从它们的反应速率考虑反应的现实性。氧化还原反应的速率,除了与参加反应的氧化还原电对本身的性质有关外,还与反应物浓度、温度、催化剂等因素有关,下面分别予以介绍。

1. 反应物浓度

由于氧化还原反应的机理比较复杂,所以不能简单地从总的反应式来判断反应物的浓度对反应速率的影响程度。但一般来说,反应物的浓度越大,反应的速率越快。例如,在酸性溶液中,

用 $K_2Cr_2O_7$ 标定 $Na_2S_2O_3$ 溶液时，一定量的 $K_2Cr_2O_7$ 和 KI 反应：

$$Cr_2O_7^{2-}+6I^-+14H^+ \longrightarrow 2Cr^{3+}+3I_2+7H_2O$$

此反应的速率不是很快，而增大 I^- 的浓度或提高溶液的酸度，都可使反应速率加快。

2. 温度

温度对反应速率的影响也比较复杂，但对大多数反应来说，升高温度可以加快反应速率。通常温度每升高 10℃，反应速率大约增大 2～3 倍。例如，在酸性溶液中，用 $KMnO_4$ 滴定 $H_2C_2O_4$ 的反应：

$$2MnO_4^-+5C_2O_4^{2-}+16H^+ \longrightarrow 2Mn^{2+}+10CO_2+8H_2O$$

在室温下，该反应速率较慢，如果将溶液加热到 75～85℃，反应速率明显加快。

但并不是所有的情况下都可以用升高温度的办法加快反应速率。有的物质(如 I_2)，有较大的挥发性，若将溶液加热，会引起挥发损失；有的物质(如 Fe^{2+}，Sn^{2+} 等)，易被空气中的氧所氧化，若将溶液加热，将促进它们的氧化，从而引起分析误差。在这些情况下，要加快反应速率，只能采取其他的办法。

3. 催化剂

想一想

对于速率较慢的氧化还原滴定反应，是否都可以采取提高温度的办法加快反应速率？还有什么措施？

催化剂对反应速率的影响很大，且催化反应的机理比较复杂。反应过程中由于催化剂的存在，可能产生一些不稳定的中间价态的离子、游离基或活泼的中间配合物，从而改变原来的反应历程，使反应速率发生变化。例如，Mn^{2+} 对 MnO_4^- 与 $C_2O_4^{2-}$ 的反应有催化作用，加入适量的 Mn^{2+} 能使反应的速率加快。即使不加入 Mn^{2+}，利用 MnO_4^- 与 $C_2O_4^{2-}$ 反应后生成的微量 Mn^{2+} 作催化剂，也可以加快反应的速率。这种生成物本身起催化作用的反应称为自催化反应。自催化反应在开始时速率较慢，随着生成物逐渐增多，反应速率越来越快，经过一最高点后，随生成物浓度的降低，反应速率也逐渐降低。而有些催化剂则能减慢某些反应的速率，例如，加入多元醇可以减慢 $SnCl_2$ 与空气中氧的作用。

4. 诱导反应

在实际工作中，有些氧化还原反应进行得很慢或根本不发生反应，但当有另一个反应进行时，会促使这一反应的加速进行，这一现象称为诱导效应。例如，$KMnO_4$ 氧化 Cl^- 的速率很慢，但是，当溶液中存在 Fe^{2+} 时，$KMnO_4$ 与 Fe^{2+} 的反应可以加速 $KMnO_4$ 与 Cl^- 的反应。

$$MnO_4^-+5Fe^{2+}+8H^+ \longrightarrow Mn^{2+}+5Fe^{3+}+4H_2O \qquad \text{(诱导反应)}$$

$$2MnO_4^-+10Cl^-+16H^+ \longrightarrow 2Mn^{2+}+5Cl_2\uparrow+8H_2O \qquad \text{(受诱反应)}$$

其中 MnO_4^- 称为作用体，Fe^{2+} 称为诱导体，Cl^- 称为受诱体。

诱导反应和催化反应是不同的。在催化反应中，催化剂参加反应后，又回到原来的组成；而诱导反应中，诱导体参加反应后，变为其他物质。诱导反应与副反应也不相同，副反应的反应速率不受主反应的影响，而诱导反应则能促使主反应的加速进行。

诱导反应在滴定分析中往往是有害的，因为它增加了作用体的消耗量，从而引进了误差。例如，在含 Cl^- 的介质中用 $KMnO_4$ 滴定 Fe^{2+} 时，由于诱导反应，增加了 $KMnO_4$ 的用量，使测定结果偏高。因此，在定量分析中尽可能地避免诱导反应的发生。但是，可以化消极因素为积极因素，利用一些诱导反应来进行选择性的分离和鉴定。例如，Pb^{2+} 被 Na_2SnO_2 还原为金属 Pb

的反应速率很慢，但只要有很少量的 Bi^{3+} 存在，Pb^{2+} 将迅速地被还原，可立即观察到明显的黑色沉淀。利用这一诱导反应来鉴定 Bi^{3+}，比直接用 Na_2SnO_2 还原法鉴定 Bi^{3+} 要灵敏 250 倍左右。

思考与练习 7-1

一、要点回顾

1. 标准电极电位

标准电极电位 $\varphi^{\ominus}_{Ox/Red}$ 是在一定温度下（通常为 298 K），有关离子活度为 1 mol/L 或气体压力为 1.000×10^5 Pa 时所测得的电极电位，它仅随温度而改变。

2. 条件电位

条件电位是在特定条件下，氧化态与还原态的分析浓度均为 1 mol/L，校正了各种外界因素影响后的实际电极电位，由于它受温度、溶液中离子强度、酸度和配位剂浓度等其他因素的影响，只有在条件一定时才是常数。

3. 氧化还原反应进行的程度

氧化还原反应进行的完全程度可以通过计算一个反应达到平衡时的平衡常数 $K^{\ominus}$ 或条件平衡常数 $K^{\ominus'}$ 的大小来衡量。

$$\lg K^{\ominus}=\frac{n(\varphi_1^{\ominus}-\varphi_2^{\ominus})}{0.059\ 2\ \text{V}}$$

或

$$\lg K^{\ominus'}=\frac{n(\varphi_1^{\ominus'}-\varphi_2^{\ominus'})}{0.059\ 2\ \text{V}}$$

氧化还原反应的平衡常数 $K^{\ominus}$（或 $K^{\ominus'}$）值的大小，与氧化剂和还原剂两个电对的标准电极电位 $\varphi^{\ominus}$（或条件电位 $\varphi^{\ominus'}$）之差有关。两电对的标准电极电位相差越大，氧化还原反应的平衡常数越大，反应进行得越完全。在滴定分析中，根据误差要求，一般认为，$(\varphi_1^{\ominus}-\varphi_2^{\ominus})\geqslant 0.4$ V [或 $(\varphi_1^{\ominus'}-\varphi_2^{\ominus'})\geqslant 0.4$ V] 的氧化还原反应才可用于滴定分析。

4. 影响氧化还原反应速率的因素

氧化还原反应的速率，除了与参加反应的氧化还原电对本身的性质有关外，还与反应物浓度、温度、催化剂等因素有关。

(1) 反应物的浓度　一般来说，反应物的浓度越大，反应的速率越快。

(2) 温度　对大多数反应来说，升高温度可以加快反应速率。通常温度每升高 10℃，反应速率大约增大 2～3 倍。

(3) 催化剂　由于催化剂的存在，产生一些不稳定的中间价态的离子、游离基或活泼的中间配合物，从而改变原来的反应历程，使反应速率发生变化。

(4) 诱导反应　诱导反应能促使主反应加速进行。但诱导反应在滴定分析中往往是有害的，因为它增加了作用体的消耗量，从而引起了误差。

二、学习思考

1. 氧化还原滴定法有何特点？如何分类？

2. 为什么要引入条件电位的概念，有何意义？

3. 影响条件电位的因素有哪些?

三、练习题

1. 在 100 mL 的下列溶液中,

(1) 含有 $KMnO_4$ 1.158g;(2) 含有 $K_2Cr_2O_7$ 0.490g。

问在酸性条件下作氧化剂时,溶液中 $KMnO_4$ 和 $K_2Cr_2O_7$ 的浓度分别是多少?

2. 计算 1 mol/L HCl 溶液中 $\varphi^{\ominus'}(Cr_2O_7^{2-}/Cr^{3+})=1.00$ V,用固体亚铁盐将 0.100 mol/L $K_2Cr_2O_7$ 溶液还原一半时的电位。

3. 计算 1 mol/L HCl 溶液中 $c(Ce^{4+})=1.00\times10^{-2}$ mol/L,$c(Ce^{3+})=1.00\times10^{-3}$ mol/L 时,Ce^{4+}/Ce^{3+} 电对的电极电位。

第二节　氧化还原滴定前的预处理

【学习指导】 预处理剂所具备的条件及常用的预处理剂是本节的主要内容。学习时要明确氧化还原滴定进行预处理的目的,要掌握常用的预处理剂的适用范围及过量预处理剂的除去方法。

一、预处理的目的

在氧化还原滴定中,有时还需要在滴定之前,将被测组分氧化为高价状态,再用还原剂滴定;或者将被测组分还原为低价状态,再用氧化剂滴定。即在进行氧化还原滴定之前,必须使欲测组分处于唯一的价态,这一步骤称为预先氧化或还原处理。通过滴定前的预处理,使被测物的价态适于滴定。例如,用 $K_2Cr_2O_7$ 法测定铁矿中的铁含量,Fe^{2+} 在空气中不稳定,易被氧化成 Fe^{3+},而 $K_2Cr_2O_7$ 溶液不能与 Fe^{3+} 反应,必须预先将溶液中的 Fe^{3+} 还原为 Fe^{2+},才能用 $K_2Cr_2O_7$ 溶液直接滴定。

二、预处理剂的选用条件

进行预处理时所用的氧化剂或还原剂应满足下列条件。

(1) 必须将欲测组分定量地氧化或还原;

(2) 预氧化或预还原反应要迅速;

(3) 过量的预氧化剂或预还原剂应易于除去;

(4) 预氧化或还原反应具有好的选择性,避免其他组分的干扰。

几种常用于预处理的氧化剂和还原剂列于表 7-1 和表 7-2。

表 7-1　常用的氧化剂

氧化剂	应用	使用条件	过量试剂除去方法
$(NH_4)_2S_2O_8$	$Ce^{3+}\rightarrow Ce^{4+}$ $VO^{2+}\rightarrow VO_3^-$ $Mn^{2+}\rightarrow MnO_4^-$ $Cr^{3+}\rightarrow Cr_2O_7^{2-}$	酸性介质 H_2SO_4 或 H_3PO_4 介质中,有催化剂 Ag^+ 存在时	加热煮沸

续表

氧化剂	应用	使用条件	过量试剂除去方法
$KMnO_4$	$VO^{2+} \rightarrow VO_3^-$ $Cr^{3+} \rightarrow CrO_4^{2-}$ $Ce^{3+} \rightarrow Ce^{4+}$	冷的酸性溶液（Cr^{3+} 存在下） 碱性介质 酸性溶液	加入 NO_2^- 除去过量的 MnO_4^-，为防止还原被测组分（如 VO_3^-，$Cr_2O_7^{2-}$ 等），先加入尿素，再滴加 $NaNO_2$ 溶液至 MnO_4^- 的红色刚好褪去
$NaBiO_3$	$Mn^{2+} \rightarrow MnO_4^-$ $Cr^{3+} \rightarrow Cr_2O_7^{2-}$ $Ce^{3+} \rightarrow Ce^{4+}$	HNO_3 溶液中	过滤
H_2O_2	$Cr^{3+} \rightarrow CrO_4^{2-}$ $Co^{2+} \rightarrow Co^{3+}$	2 mol/L NaOH 溶液 $NaHCO_3$ 溶液中	加热煮沸
$HClO_4$	$Cr^{3+} \rightarrow Cr_2O_7^{2-}$ $VO^{2+} \rightarrow VO_3^-$ $I^- \rightarrow IO_3^-$ $Mn^{2+} \rightarrow Mn(\text{III})$	浓热的 $HClO_4$ 有 H_3PO_4 存在	放冷冲稀，煮沸除去生成的 Cl_2。浓热的 $HClO_4$ 遇有机物时，会发生爆炸。所以，对含有机物的试样，用 $HClO_4$ 处理前，必须先用 HNO_3 将有机物破坏
KIO_4	$Mn^{2+} \rightarrow MnO_4^-$		加入 Hg^{2+}，与过量的 KIO_4 生成 $Hg(IO_4)_2$ 沉淀，然后过滤除去
$Cl_2(Br_2)$	$I^- \rightarrow IO_4^-$	酸性或中性	煮沸

表 7-2 常用的还原剂

还原剂	应用	使用条件	过量试剂除去方法
$SnCl_2$	$Fe^{3+} \rightarrow Fe^{2+}$ $As(\text{V}) \rightarrow As(\text{III})$ $Mo(\text{VI}) \rightarrow Mo(\text{V})$ $U(\text{VI}) \rightarrow U(\text{IV})$	HCl 溶液中 存在 Fe^{3+} 催化剂	加入 $HgCl_2$ 溶液使生成 Hg_2Cl_2 沉淀除去或用 $K_2Cr_2O_7$ 氧化除去
$TiCl_3$	$Fe^{3+} \rightarrow Fe^{2+}$	酸性溶液	用水稀释后，过量的 $TiCl_3$ 即被水中溶解的氧氧化
SO_2	$Fe^{3+} \rightarrow Fe^{2+}$ $As(\text{V}) \rightarrow As(\text{III})$ $Sb(\text{V}) \rightarrow Sb(\text{III})$ $V(\text{V}) \rightarrow V(\text{IV})$	H_2SO_4 溶液中 SCN^- 作催化剂	煮沸或通入 CO_2 赶去
联胺	$As(\text{V}) \rightarrow As(\text{III})$		浓 H_2SO_4 溶液中煮沸
锌汞齐还原剂	$Fe^{3+} \rightarrow Fe^{2+}$ $Cr^{3+} \rightarrow Cr^{2+}$ $Ti(\text{IV}) \rightarrow Ti(\text{III})$ $V(\text{V}) \rightarrow V(\text{II})$	酸性溶液	过滤或加酸溶解

思考与练习　7-2

一、要点回顾

1. 预处理的目的

通过预处理，使被测物的价态适于滴定的要求。

2. 预处理剂的选用条件

必须将被测组分定量地氧化或还原；反应要迅速；过量的预处理剂易于除去；预氧化或还原反应要有良好的选择性。

二、学习思考

1. 在进行氧化还原滴定之前，为什么要进行预处理？

2. 预处理时对所用的预氧化剂或还原剂有哪些要求？

三、练习题

1. 用 $KMnO_4$ 为预氧化剂，Fe^{2+} 为滴定剂，试简述测定 Cr^{3+}，VO^{2+} 混合液中 Cr^{3+}，VO^{2+} 的方法原理。

2. 怎样分别滴定混合液中的 Cr^{3+} 及 Fe^{3+}？

第三节　高锰酸钾法

【学习指导】 $KMnO_4$ 溶液的配制、标定及高锰酸钾法的应用是本节的主要内容。要掌握配制 $KMnO_4$ 标准溶液的方法，尤其是对标定条件的理解。

一、高锰酸钾法的特点

高锰酸钾法是以高锰酸钾标准溶液为滴定剂的氧化还原滴定法。

$KMnO_4$ 是一种强氧化剂，其氧化能力和还原产物与溶液的酸度有关。在强酸性溶液中与还原剂作用，MnO_4^- 被还原为 Mn^{2+}。

$$MnO_4^-(\text{紫红色})+8H^++5e^- \rightleftharpoons Mn^{2+}(\text{无色})+4H_2O \qquad \varphi^{\ominus}(MnO_4^-/Mn^{2+})=1.51\ V$$

在微酸性、中性或弱碱性溶液中，MnO_4^- 被还原为 MnO_2。

$$MnO_4^-+2H_2O+3e^- \rightleftharpoons MnO_2\downarrow(\text{褐色})+4OH^- \qquad \varphi^{\ominus}(MnO_4^-/MnO_2)=0.59\ V$$

在强碱性溶液中，MnO_4^- 能被还原为 MnO_4^{2-}。

$$MnO_4^-+e^- \rightleftharpoons MnO_4^{2-}(\text{绿色}) \qquad \varphi^{\ominus}(MnO_4^-/MnO_4^{2-})=0.57\ V$$

根据 $KMnO_4$ 在溶液中的电位可知，在强酸性溶液中，它具有更强的氧化能力，本身被还原为无色的 Mn^{2+}，利于终点的观察，因此高锰酸钾作为氧化剂一般都在强酸性条件下使用。滴定中，常用 H_2SO_4 来控制溶液的酸度，而不用 HNO_3 或 HCl 来控制酸度，这是因为 HNO_3 具有氧化性，它可能氧化某些被滴定的还原性物质，HCl 具有还原性，能与 MnO_4^- 作用或发生诱导反应而干扰滴定。HAc 酸性太弱也不宜用来控制溶液的酸度。

高锰酸钾法的应用非常广泛，它可以直接滴定 Fe^{2+}，As^{3+}，Sb^{3+}，H_2O_2，$C_2O_4^{2-}$，NO_2^- 以及

其他具有还原性的物质(包括许多有机化合物);也可以利用间接法测定能与 $C_2O_4^{2-}$ 定量沉淀为草酸盐的金属离子(如 Ca^{2+},Ba^{2+},Pb^{2+} 以及稀土离子等);还可以利用返滴定法测定一些不能直接滴定的氧化性和还原性物质(如 MnO_2,PbO_2,SO_3^{2-} 和 HCHO 等)。

想一想

为什么高锰酸钾法的应用非常广泛?此法的特点是什么?

高锰酸钾法的优点是氧化能力强,同时 $KMnO_4$ 本身有颜色,10^{-5} mol/L 的高锰酸钾溶液就可显示出粉红色,因此用此法滴定无色或浅色溶液时,无需另加指示剂,这种利用物质本身的颜色变化指示滴定终点的指示剂叫自身指示剂。

它的主要缺点是试剂常含有少量杂质,使溶液不够稳定,溶液需标定后才可使用,而且反应历程复杂,并常伴有副反应发生。滴定时要严格控制条件,使用后的 $KMnO_4$ 标准溶液放置一段时间后应重新标定。另外能与高锰酸钾反应的物质很多,所以此法的选择性不高。

二、高锰酸钾标准溶液的制备

1. 配制方法

市售 $KMnO_4$ 试剂的纯度约为 99%~99.5%,其中含有少量的 MnO_2 及其他杂质,同时蒸馏水中也含有微量的还原性物质,它们可与 $KMnO_4$ 作用,生成 $MnO(OH)_2$ 沉淀,而 MnO_2 和 $MnO(OH)_2$ 又能进一步促进 $KMnO_4$ 溶液的分解。因此 $KMnO_4$ 标准溶液不能采取直接配制法,常采用标定法配制(执行 GB 601—2002)。

配制方法为:称取稍多于理论量的 $KMnO_4$ 固体,用少量蒸馏水溶解后稀释至一定体积,并加热煮沸,保持微沸约 1 h,于暗处放置 1 周后,用微孔玻璃漏斗过滤,滤去沉淀,将过滤后的 $KMnO_4$ 溶液贮藏于棕色瓶中,放置暗处,以待标定。

2. 标定

用于标定 $KMnO_4$ 的基准物质很多,如 $H_2C_2O_4 \cdot 2H_2O$,$Na_2C_2O_4$,$(NH_4)_2Fe(SO_4)_2 \cdot 6H_2O$,$As_2O_3$,纯铁丝等。其中最常用的是 $Na_2C_2O_4$,因为它易提纯,性质稳定,不含结晶水,在 105~110℃烘干 2 h,放入干燥器中冷却后,即可使用。在 H_2SO_4 溶液中,MnO_4^- 与 $C_2O_4^{2-}$ 的反应为

$$2MnO_4^- + 5C_2O_4^{2-} + 16H^+ \longrightarrow 2Mn^{2+} + 10CO_2\uparrow + 8H_2O$$

为使反应定量进行,需注意以下滴定条件。

(1) 温度 此反应在室温下反应速率缓慢,常将溶液加热至 75~85℃,但温度不宜过高,高于 90℃时 $H_2C_2O_4$ 发生分解,使标定的结果偏高。

$$H_2C_2O_4 \longrightarrow CO_2 + CO + H_2O$$

(2) 酸度 反应需保持足够的酸度。酸度过低,MnO_4^- 被部分还原为 MnO_2;酸度过高,会促使 $H_2C_2O_4$ 分解。一般滴定开始的适宜酸度为 0.5~1 mol/L。

(3) 滴定速度 开始滴定的速度不宜太快,否则滴入的 $KMnO_4$ 来不及与 $C_2O_4^{2-}$ 反应就发生分解。

$$4MnO_4^- + 12H^+ \longrightarrow 4Mn^{2+} + 5O_2 + 6H_2O$$

滴定过程中,随着 MnO_4^- 红紫色的消失而不断地加快滴定速度,近终点时,慢慢滴加,以防过量。有时加入少量 Mn^{2+} 作催化剂以加速反应进行。

（4）滴定终点　用 $KMnO_4$ 标准溶液滴定至溶液呈浅粉色 30 s 不褪色为终点。如放置时间过长，空气中还原性物质能使 $KMnO_4$ 还原而褪色。

标定结果按下式计算：

$$c\left(\frac{1}{5}KMnO_4\right)=\frac{m(Na_2C_2O_4)}{(V-V_0)\cdot M\left(\frac{1}{2}Na_2C_2O_4\right)}$$

式中，$m(Na_2C_2O_4)$ 为称取 $Na_2C_2O_4$ 的质量(g)；V 为滴定时消耗 $KMnO_4$ 标准溶液的体积(mL)；V_0 为空白试验时消耗 $KMnO_4$ 标准溶液的体积(mL)；$M\left(\frac{1}{2}Na_2C_2O_4\right)$ 为以 $\frac{1}{2}Na_2C_2O_4$ 为基本单元的 $Na_2C_2O_4$ 的摩尔质量(67.00 g/mol)。

例 7-3　配制 1.0 L $c\left(\frac{1}{5}KMnO_4\right)=0.2$ mol/L 的 $KMnO_4$ 溶液，应称取 $KMnO_4$ 多少克？配制 1.0 L $T_{Fe^{2+}/KMnO_4}=0.005\ 100$ g/mL 的溶液，应称取 $KMnO_4$ 多少克？

解：已知 $M(KMnO_4)=158$ g/mol，$M(Fe)=55.85$ g/mol。

（1）

$$m=c\left(\frac{1}{5}KMnO_4\right)\cdot V(KMnO_4)\cdot M\left(\frac{1}{5}KMnO_4\right)$$

$$=\left(0.2\times1.0\times\frac{1}{5}\times158\right)g=6.3\ g$$

答：配制 1.0 L $c\left(\frac{1}{5}KMnO_4\right)=0.2$ mol/L 的 $KMnO_4$ 溶液，应称取 $KMnO_4$ 6.3 g。

（2）$KMnO_4$ 与 Fe^{2+} 的反应式为

$$MnO_4^-+5Fe^{2+}+8H^+\longrightarrow Mn^{2+}+5Fe^{3+}+4H_2O$$

$$T_{Fe^{2+}/KMnO_4}=\frac{c\left(\frac{1}{5}KMnO_4\right)\cdot M(Fe)}{1\ 000}$$

$$c\left(\frac{1}{5}KMnO_4\right)=\frac{0.005\ 100\times1\ 000}{55.85\times1}mol/L=0.091\ 32\ mol/L$$

$$m=c\left(\frac{1}{5}KMnO_4\right)\cdot V(KMnO_4)\cdot M\left(\frac{1}{5}KMnO_4\right)$$

$$=\left(0.091\ 32\times1.0\times\frac{1}{5}\times158\right)g=2.9\ g$$

答：配制 1.0 L $T_{Fe^{2+}/KMnO_4}=0.005\ 100$ g/mL 的溶液，应称取 $KMnO_4$ 2.9 g。

三、高锰酸钾法的应用

1. 直接滴定法

直接滴定法测定还原性物质。许多还原性物质，如 Fe^{2+}，As(Ⅲ)，Sb(Ⅲ)，H_2O_2，$C_2O_4^{2-}$，NO_2^- 等，可用 $KMnO_4$ 标准溶液直接进行滴定。

测定示例　双氧水中 H_2O_2 含量的测定。

过氧化氢是一种常用的消毒剂，具有杀菌和漂白作用。在酸性条件下，可用 $KMnO_4$ 标准溶液直接测定 H_2O_2，其反应如下：

$$2MnO_4^-+5H_2O_2+6H^+\longrightarrow2Mn^{2+}+5O_2\uparrow+8H_2O$$

此反应可在室温下于 H_2SO_4 介质中进行。该反应属于自身催化反应，开始时反应速率较慢，随着 Mn^{2+} 的产生，反应速率会逐渐加快，开始滴定时的速度不能太快。因为 H_2O_2 不稳定，受热易分解，故反应不能加热。测定时，移取一定体积 H_2O_2 的稀释液，用 $KMnO_4$ 标准溶液滴定至终点，根据 $KMnO_4$ 溶液的浓度和所消耗的体积，计算 H_2O_2 的含量。计算可按下式进行：

$$\rho(H_2O_2)=\frac{c\left(\frac{1}{5}KMnO_4\right)\cdot V(KMnO_4)\cdot M\left(\frac{1}{2}H_2O_2\right)}{V(H_2O_2)}$$

2. 返滴定法

返滴定法可以测定氧化性物质。有些氧化性物质不能用 $KMnO_4$ 标准溶液直接滴定，可用返滴定法。

测定示例 软锰矿中 MnO_2 含量的测定。

在含 MnO_2 的溶液中，加入一定量过量的 $Na_2C_2O_4$，于 H_2SO_4 介质中加热发生下列反应：

$$MnO_2+C_2O_4^{2-}+4H^+ \longrightarrow Mn^{2+}+2CO_2+2H_2O$$

反应完全后，用 $KMnO_4$ 标准溶液趁热返滴定剩余的 $Na_2C_2O_4$，即可求得 MnO_2 的含量。

$$2MnO_4^-+5C_2O_4^{2-}+16H^+ \longrightarrow 2Mn^{2+}+10CO_2\uparrow+8H_2O$$

例 7-4 称取软锰矿试样 0.500 0 g，用 0.800 0 g $H_2C_2O_4\cdot 2H_2O$ 处理后，过量的草酸用 $c\left(\frac{1}{5}KMnO_4\right)=$ 0.107 0 mol/L 的 $KMnO_4$ 标准溶液滴定，消耗 24.10 mL。计算软锰矿试样中 MnO_2 的质量分数。已知 $M\left(\frac{1}{2}MnO_2\right)=43.47$ g/mol，$M\left(\frac{1}{2}H_2C_2O_4\cdot 2H_2O\right)=63.04$ g/mol。

解：依题意，该测定方法属于返滴定法。

$$w(MnO_2)=\frac{\left(\frac{0.800\ 0}{63.04}-0.107\ 0\times 0.024\ 10\right)\text{mol}\times 43.47\ \text{g/mol}}{0.500\ 0\ \text{g}}\times 100\%$$

$$=87.91\%$$

答：软锰矿试样中 MnO_2 的质量分数为 87.91%。

3. 间接滴定法

间接滴定法可以测定某些金属离子。一些非氧化还原性物质，不能用 $KMnO_4$ 标准溶液直接滴定或返滴定，可用间接滴定法进行测定。

测定示例 钙盐的测定。

测定钙可采用 $KMnO_4$ 间接法，在一定条件下，首先将试样处理成 Ca^{2+} 溶液，再将 Ca^{2+} 与 $C_2O_4^{2-}$ 反应生成 CaC_2O_4 沉淀，并将其过滤洗涤，溶于热的稀 H_2SO_4 中，加热至 75～85℃时，用 $KMnO_4$ 标准溶液滴定至终点。根据滴定终点时所消耗 $KMnO_4$ 的体积，间接求算出试样中的钙含量。测定过程有关反应如下：

$$Ca^{2+}+C_2O_4^{2-} \longrightarrow CaC_2O_4\downarrow(\text{白色})$$

$$CaC_2O_4+2H^+ \longrightarrow H_2C_2O_4+Ca^{2+}$$

$$2MnO_4^-+5H_2C_2O_4+6H^+ \longrightarrow 2Mn^{2+}+10CO_2\uparrow+8H_2O$$

在 CaC_2O_4 沉淀时，为了获得易于过滤、洗涤的粗晶形沉淀，可事先在含 Ca^{2+} 的酸性溶液中加入过量的 $(NH_4)_2C_2O_4$ 沉淀剂，并用稀氨水慢慢中和试液中的 H^+，使酸性下的 $HC_2O_4^-$ 逐渐转变为 $C_2O_4^{2-}$，溶液中的 $C_2O_4^{2-}$ 缓慢地增加，CaC_2O_4 沉淀缓慢形成，最后控制溶液的 pH 在 3.5～4.5(甲基橙指示剂显黄色)，并继续保温约 30 min 使沉淀陈化，即可得到粗晶形沉淀。这样，既能使沉淀完全，又可防止 $Ca(OH)_2$ 或 $Ca_2(OH)_2C_2O_4$ 生成。试样中的 Ca 含量可按下式计算：

$$w(\mathrm{Ca})=\frac{\frac{5}{2}c(\mathrm{KMnO_4})\cdot V(\mathrm{KMnO_4})\cdot M(\mathrm{Ca})}{m_s}\times 100\%$$

或

$$w(\mathrm{Ca})=\frac{c\left(\frac{1}{5}\mathrm{KMnO_4}\right)\cdot V(\mathrm{KMnO_4})\cdot M\left(\frac{1}{2}\mathrm{Ca}\right)}{m_s}\times 100\%$$

例 7-5 称取某钙保健品试样 0.500 0 g，在稀酸溶液中加入过量的草酸铵溶液，使 Ca^{2+} 与 $C_2O_4^{2-}$ 反应生成 CaC_2O_4 沉淀，并将其过滤洗涤，溶于热的稀 H_2SO_4 中，用 $c\left(\frac{1}{5}KMnO_4\right)=0.185\ 0$ mol/L 的 $KMnO_4$ 标准溶液滴定，终点时消耗 28.10 mL $KMnO_4$ 标准溶液。计算试样中 Ca 的质量分数。已知 $M\left(\frac{1}{2}Ca\right)=20.04$ g/mol。

解：依题意，该测定方法属于间接滴定法。

$$w(\mathrm{CaO})=\frac{0.185\ 0\ \mathrm{mol/L}\times 28.10\ \mathrm{mL}\times 20.04\ \mathrm{g/mol}}{(0.500\ 0\times 1\ 000)\mathrm{mg}}\times 100\%$$

$$=20.84\%$$

答：钙保健品试样中 Ca 的质量分数为 20.84%。

高锰酸钾法还可以对有机物质进行测定。在强碱性溶液中，$KMnO_4$ 与有机物质反应后，还原为绿色的 MnO_4^{2-}。利用这一反应，可用高锰酸钾法测定某些有机化合物。

测定示例 甘油含量的测定。

将甘油加入到一定量过量的碱性高锰酸钾标准溶液中：

$$\mathrm{HOCH_2CHOHCH_2OH}+14\mathrm{MnO_4^-}+20\mathrm{OH^-}\longrightarrow 3\mathrm{CO_3^{2-}}+14\mathrm{MnO_4^{2-}}+14\mathrm{H_2O}$$

反应完成后，将溶液酸化，MnO_4^{2-} 歧化为 MnO_4^- 和 MnO_2：

$$3\mathrm{MnO_4^{2-}}+4\mathrm{H^+}\longrightarrow 2\mathrm{MnO_4^-}+\mathrm{MnO_2}+2\mathrm{H_2O}$$

用过量的还原剂标准溶液使溶液中所有的高价锰离子还原为 Mn^{2+}，再用 $KMnO_4$ 标准溶液滴定剩余的还原剂。根据消耗的还原剂的量及两次加入 $KMnO_4$ 的量，通过一系列计算，即可求得甘油的含量。

思考与练习 7-3

一、要点回顾

1. $KMnO_4$ 标准溶液的制备与标定

市售的 $KMnO_4$ 试剂的纯度约为 99%～99.5%，其中含有少量的 MnO_2 及其他杂质，同时蒸馏水中也含有微量的还原性物质，$KMnO_4$ 标准溶液不能采取直接配制法，常采用标定法配制。

标定 $KMnO_4$ 的基准物质最常用的是 $Na_2C_2O_4$，因为它易提纯，性质稳定，不含结晶水，在 105～110℃烘干 2 h，放入干燥器中冷却后，即可使用。

标定 $KMnO_4$ 时，要控制好温度、酸度及滴定速度，否则，将使测定结果产生较大的误差。

2. 高锰酸钾法的应用

高锰酸钾法可以直接滴定 Fe^{2+}，As^{3+}，Sb^{3+}，H_2O_2，$C_2O_4^{2-}$，NO_2^- 以及其他具有还原性的物

质(包括许多有机化合物);也可以利用间接法测定金属离子(如 Ca^{2+},Ba^{2+},Pb^{2+} 以及稀土离子等);还可以利用返滴定法测定一些不能直接滴定的氧化性和还原性物质(如 MnO_2,PbO_2,SO_3^{2-} 和 HCHO 等),高锰酸钾法的应用范围非常广泛。

二、学习思考

1. 为什么不能用直接法配制 $KMnO_4$ 标准溶液?

2. 在标定 $KMnO_4$ 标准溶液时,应注意什么问题?

3. $KMnO_4$ 标准溶液应怎样保存?为什么?

三、练习题

1. 准确称取软锰矿试样 0.526 1 g,在酸性介质中加入 0.704 9 g 纯 $Na_2C_2O_4$。待反应完全后,过量的 $Na_2C_2O_4$ 用 0.021 60 mol/L $KMnO_4$ 标准溶液滴定,用去 30.47 mL。计算软锰矿中 MnO_2 的质量分数?

2. 称取铁矿石试样 0.500 0 g,用酸溶解后加入 $SnCl_2$,使 Fe^{3+} 还原为 Fe^{2+},然后用 24.50 mL $KMnO_4$ 标准溶液滴定。已知 1mL $KMnO_4$ 相当于 0.012 60 g $H_2C_2O_4 \cdot 2H_2O$。试问:

(1) 矿样中 Fe 及 Fe_2O_3 的质量分数各为多少?

(2) 取市售双氧水 3.00 mL 稀释定容至 250.0 mL,从中取出 20.00 mL 试液,需用上述 $KMnO_4$ 标准溶液 21.18 mL 滴定至终点。计算每 100.0 mL 市售双氧水所含 H_2O_2 的质量。

3. 称取含有 PbO 和 PbO_2 混合物的试样 1.234 g,在其酸性溶液中加入 20.00 mL 0.250 0 mol/L $H_2C_2O_4$ 溶液,使 PbO_2 还原为 Pb^{2+}。所得溶液用氨水中和,使溶液中所有的 Pb^{2+} 均沉淀为 PbC_2O_4。过滤,滤液酸化后用 0.040 00 mol/L $KMnO_4$ 标准溶液滴定,用去 10.00 mL,然后将所得 PbC_2O_4 沉淀溶于酸后,用 0.040 00 mol/L $KMnO_4$ 标准溶液滴定,用去 30.00mL。计算试样中 PbO 和 PbO_2 的质量分数。

4. $KMnO_4$ 法一般都是在强酸性溶液中进行测定,所用的强酸通常是(　　)。

(A) HCl　　(B) HNO_3　　(C) H_2SO_4　　(D) HAc

5. 标定 $KMnO_4$ 溶液最常用的基准物质是(　　)。

(A) $Na_2C_2O_4$　　(B) NaOH　　(C) $Na_2S_2O_3 \cdot 5H_2O$　　(D) Na_2SO_3

第四节 重铬酸钾法

【学习指导】 重铬酸钾法的特点及应用是本节的主要内容。学习时要注意此法的应用范围及条件,用比较法与高锰酸钾法进行对比有助于学习。要注意基本单元确定,对分析结果进行正确计算。

一、重铬酸钾法的特点

重铬酸钾法是以重铬酸钾作为滴定剂的氧化还原滴定法。

重铬酸钾($K_2Cr_2O_7$)在酸性溶液中具有较强的氧化性,与还原剂作用时,$K_2Cr_2O_7$ 得到 6 个电子而被还原成 Cr^{3+},其半反应和标准电极电位为

$$Cr_2O_7^{2-} + 14H^+ + 6e^- \longrightarrow 2Cr^{3+} + 7H_2O \qquad \varphi^{\ominus}(Cr_2O_7^{2-}/Cr^{3+}) = 1.33\ V$$

由此可见 $K_2Cr_2O_7$ 的氧化能力比 $KMnO_4$ 稍弱些，但它仍是一种较强的氧化剂，能测定许多具有还原性的无机物和有机物，应用范围不如 $KMnO_4$ 法广泛。$K_2Cr_2O_7$ 法与 $KMnO_4$ 法相比，具有许多优点。

(1) $K_2Cr_2O_7$ 易提纯(99.99%)，在 140～150℃干燥后，可作为基准物质直接准确称量配制标准溶液。

(2) $K_2Cr_2O_7$ 标准溶液非常稳定，在密闭容器中可长期保存，浓度基本不变。

(3) $K_2Cr_2O_7$ 氧化性较 $KMnO_4$ 弱，但选择性比较高。

(4) $K_2Cr_2O_7$ 滴定可以在 HCl 溶液中进行，不受 Cl^- 还原作用的影响。但应注意的是，如果 HCl 的浓度较高或将溶液煮沸时，$K_2Cr_2O_7$ 也能部分地被 Cl^- 还原。

重铬酸钾法与高锰酸钾法相比有哪些优点?

在 $K_2Cr_2O_7$ 滴定法中，橙黄色的 $Cr_2O_7^{2-}$ 还原后转变为绿色的 Cr^{3+}，而 $K_2Cr_2O_7$ 的颜色较浅，所以不能根据它本身的颜色变化来指示终点，需使用氧化还原指示剂来确定滴定终点。常用的指示剂是二苯胺磺酸钠和邻苯氨基苯甲酸。使用时，应注意它们有较大的空白值，且空白值的大小与滴定时的情况有关，应按照一定的方法进行校正。

二、重铬酸钾标准溶液的制备

$K_2Cr_2O_7$ 标准溶液的制备方法有两种，即直接配制法和间接配制法。

1. 直接配制法

$K_2Cr_2O_7$ 非常稳定，容易提纯。通常将重结晶的基准 $K_2Cr_2O_7$ 在 140～150℃下烘干 1～2 h，放入干燥器中冷却后，准确称取一定的质量，加水溶解后定量转入一定体积的容量瓶中，稀释至刻度，摇匀。然后根据称取 $K_2Cr_2O_7$ 的质量和定容的体积，计算 $K_2Cr_2O_7$ 标准溶液的浓度。

$$c\left(\frac{1}{6}K_2Cr_2O_7\right)=\frac{m(K_2Cr_2O_7)}{M\left(\frac{1}{6}K_2Cr_2O_7\right)\cdot V(K_2Cr_2O_7)}$$

2. 间接配制法

称取一定质量的 $K_2Cr_2O_7$ 固体，配制成一定体积且接近所需浓度的溶液。移取一定体积的 $K_2Cr_2O_7$ 溶液，在酸性条件下使之与过量 KI 反应，产生定量 I_2，然后用 $Na_2S_2O_3$ 标准溶液滴定。通过计算，即可得到 $K_2Cr_2O_7$ 溶液的准确浓度。

反应式为

$$Cr_2O_7^{2-}+6I^-+14H^+\longrightarrow 2Cr^{3+}+3I_2+7H_2O$$

$$I_2+2S_2O_3^{2-}\longrightarrow 2I^-+S_4O_6^{2-}$$

$K_2Cr_2O_7$ 标准溶液的浓度计算公式为

$$c\left(\frac{1}{6}K_2Cr_2O_7\right)=\frac{c(Na_2S_2O_3)\cdot V(Na_2S_2O_3)}{V(K_2Cr_2O_7)}$$

式中，$c\left(\frac{1}{6}K_2Cr_2O_7\right)$ 为以 $\frac{1}{6}K_2Cr_2O_7$ 为基本单元的 $K_2Cr_2O_7$ 标准溶液的浓度(mol/L)；$c(Na_2S_2O_3)$ 为 $Na_2S_2O_3$ 标准溶液的浓度(mol/L)；$V(Na_2S_2O_3)$ 为 $Na_2S_2O_3$ 标准溶液的体积(mL)；$V(K_2Cr_2O_7)$ 为 $K_2Cr_2O_7$ 标准溶液的体积(mL)。

三、重铬酸钾法的应用

重铬酸钾滴定法主要用于铁矿石的勘探和采掘以及钢铁冶炼过程的控制中；也用于水和废水的检验，如利用水中还原性物质所消耗的重铬酸钾量可以测定其化学耗氧量；还可用于有机化合物的测定。

测定示例 1　铁矿石中全铁量的测定。

试样用浓盐酸加热溶解，趁热用 $SnCl_2$ 溶液将 Fe^{3+} 全部还原为 Fe^{2+}。过量的 $SnCl_2$ 可用 $HgCl_2$ 氧化，此时溶液中析出 Hg_2Cl_2 白色丝状沉淀，用水稀释并加入 1～2mol/L H_2SO_4 - H_3PO_4 混合酸，以二苯胺磺酸钠作为指示剂，立即用 $K_2Cr_2O_7$ 标准溶液滴定至溶液由浅绿色（Cr^{3+} 的颜色）变为紫红色，即为滴定终点。

其滴定反应为

$$Cr_2O_7^{2-}+6Fe^{2+}+14H^+ \longrightarrow 2Cr^{3+}+6Fe^{3+}+7H_2O$$

由下式计算出试样中铁的含量：

$$w(\mathrm{Fe})=\frac{c\left(\frac{1}{6}K_2Cr_2O_7\right)\cdot V(K_2Cr_2O_7)\cdot M(\mathrm{Fe})}{m_s}\times 100\%$$

此法中加入 H_3PO_4 的目的：一是降低 Fe^{3+}/Fe^{2+} 电对的电位，增大滴定的突跃范围，使二苯胺磺酸钠电位的变色范围落在滴定的电位突跃范围内，可正确指示滴定终点；二是生成无色的 $Fe(HPO_4)^+$，消除了 Fe^{3+} 的黄色干扰，有利于终点的观察。

此方法快速、简便、准确，在生产上广泛使用。但预还原时用的汞有毒，造成环境污染，近年来研究了许多无汞测铁的新方法。

测定示例 2　水中化学需氧量（COD）的测定。

水中化学需氧量是衡量水体被还原性物质污染程度的主要指标。若需要测定污染严重的生活污水和工业污水，则需要用 $K_2Cr_2O_7$ 法。用 $K_2Cr_2O_7$ 法测定的化学耗氧量以 COD_{Cr}（以 mg/L 计）表示。

测定时，水样与过量的重铬酸钾在硫酸介质中及硫酸银催化下，加热回流 2 h，加热煮沸时 $K_2Cr_2O_7$ 标准溶液能完全氧化水中的有机物质和其他还原性物质。冷却后用硫酸亚铁铵标准溶液回滴剩余的重铬酸钾，用邻二氮菲- Fe(Ⅱ)作为指示剂。然后由消耗的 $K_2Cr_2O_7$ 标准溶液和硫酸亚铁铵的量可换算成消耗氧的质量浓度。同时做空白实验。

$$\mathrm{COD}=\frac{c(Fe^{2+})\times(V_0-V_1)\times M\left(\frac{1}{4}O_2\right)}{V}$$

式中，COD 为水中的化学需氧量（mg/L）；$c(Fe^{2+})$ 为硫酸亚铁铵标准溶液的物质的量浓度（mol/L）；V_0 为空白实验时消耗的硫酸亚铁铵标准溶液的体积（mL）；V_1 为滴定水样时消耗的硫酸亚铁铵标准溶液的体积（mL）；$M\left(\frac{1}{4}O_2\right)$ 为 $\frac{1}{4}O_2$ 基本单元的摩尔质量（g/mol）；V 为水样的体积（mL）。

思考与练习　7-4

一、要点回顾

1. 重铬酸钾法的特点

重铬酸钾法是以重铬酸钾作为滴定剂的氧化还原滴定法。与高锰酸钾法相比具有自身的优点：$K_2Cr_2O_7$ 易提纯(99.99%)，在 140～150℃ 干燥后，可作为基准物质直接配制标准溶液；$K_2Cr_2O_7$ 标准溶液非常稳定，在密闭容器中可长期保存，浓度基本不变；$K_2Cr_2O_7$ 氧化性较 $KMnO_4$ 弱，但选择性比较高；$K_2Cr_2O_7$ 滴定可以在 HCl 溶液中进行，不受 Cl^- 还原作用的影响。

2. 重铬酸钾滴定法的应用

重铬酸钾滴定法主要用于铁矿石的勘探和采掘以及钢铁冶炼过程的控制中；也用于水和废水的检验，如利用水中还原性物质所消耗的重铬酸钾量可以测定其化学耗氧量；还可用于有机化合物的测定。应用范围没有高锰酸钾法广泛。

二、学习思考

1. 间接法配制 $K_2Cr_2O_7$ 溶液时，用什么物质作为基准试剂对其进行标定？

2. 比较用 $KMnO_4$，$K_2Cr_2O_7$ 作滴定剂的优缺点。

三、练习题

1. 用 $K_2Cr_2O_7$ 标准溶液测定 1.000 g 试样中的铁。试问 1.000 L $K_2Cr_2O_7$ 标准溶液中应含有多少克 $K_2Cr_2O_7$ 时，才能使滴定管读到的体积(单位 mL)恰好等于试样铁的质量分数(%)？

2. 0.498 7 g 铬铁矿试样经 Na_2O_2 熔融后，使其中的 Cr^{3+} 氧化为 $Cr_2O_7^{2-}$，然后加入 10 mL 3 mol/L H_2SO_4 及 50 mL 0.120 2 mol/L 硫酸亚铁溶液处理。过量的 Fe^{2+} 需用 15.05 mL $K_2Cr_2O_7$ 标准溶液滴定，而 1 mL 标准溶液相当于 0.006 023 g。试求试样中铬的质量分数。若以 Cr_2O_3 表示时又是多少？

第五节　碘　量　法

【学习指导】 I_2，$Na_2S_2O_3$ 标准溶液的配制与标定，直接碘量法与间接碘量法的应用是本节的主要内容。学习时要注意理解碘量法的主要误差来源和采取的措施，掌握碘量法的具体应用。

一、碘量法的特点

碘量法是常用的氧化还原滴定法之一，它是利用 I_2 的氧化性和 I^- 的还原性测定物质含量的滴定分析方法。固体 I_2 水溶性比较差且易挥发，为了增加其溶解度，通常将 I_2 溶解在 KI 溶液中，此时 I_2 以 I_3^- 形式存在(为了简化起见，I_3^- 一般仍简写为 I_2)。其反应式为

$$I_2+2e^- \longrightarrow 2I^- \qquad \varphi^{\ominus}(I_2/I^-)=0.535\ V$$

由 $\varphi^{\ominus}(I_2/I^-)$ 的电位可知，I_2 是一种较弱的氧化剂，能与较强的还原剂作用；而 I^- 则是中等强度的还原剂，能与许多氧化剂作用。因此，碘量法又分为直接碘量法(又称为碘滴定法)和间接碘量法(又称为滴定碘法)两种。

碘量法常用淀粉作指示剂。淀粉与 I_2 作用形成蓝色的吸附化合物，灵敏度很高。在室温和 I^- 存在下，即使在 5×10^{-6} mol/L 的 I_2 溶

想一想

碘量法中用的淀粉指示剂与其他指示剂有什么不同？使用时，应注意什么？

液中变色也很明显。实践证明，直链淀粉遇 I_2 变色必须有 I^- 存在，而且 I^- 的浓度越高，则显色的灵敏度也越高。同时，该显色反应还受温度、酸度、溶剂和电解质等因素的影响，使用时应注意。淀粉指示剂使用时须现配现用，因为放置时间过长的淀粉液会腐败分解，不能正确指示滴定终点。淀粉指示剂应在滴定快到终点时加入，否则，由于 I_2 和淀粉形成大量的蓝色化合物，妨碍 $Na_2S_2O_3$ 对 I_2 的还原作用，使溶液的蓝色很难褪去，从而增加滴定误差。可溶性淀粉虽然本身无氧化还原性，但它可与碘溶液作用生成深蓝色的化合物，根据蓝色的出现或消失即可确定滴定终点。这种本身不具氧化还原性，但能与滴定剂或被滴定物作用产生特殊颜色而指示终点的指示剂，称为专属指示剂。淀粉就是碘量法的专属指示剂。

二、标准溶液的制备

1. $Na_2S_2O_3$ 标准溶液的配制与标定

市售 $Na_2S_2O_3 \cdot 5H_2O$(俗称海波)，一般含有少量的杂质，如 S，S^{2-}，SO_3^{2-}，SO_4^{2-}，CO_3^{2-}，Cl^- 等，且 $Na_2S_2O_3$ 溶液不稳定，易与水中的 H_2CO_3 和空气中的 O_2 作用，并能被细菌所分解，使其浓度发生变化，所以不能用直接法来配制标准溶液，需用标定法配制。

$$S_2O_3^{2-} + CO_2 + H_2O \longrightarrow HSO_3^- + HCO_3^- + S\downarrow$$

$$2S_2O_3^{2-} + O_2 \longrightarrow 2SO_4^{2-} + 2S\downarrow$$

在细菌的作用下：

$$S_2O_3^{2-} \longrightarrow SO_3^{2-} + S\downarrow$$

此外，水中微量的 Cu^{2+} 或 Fe^{3+} 可以促进 $Na_2S_2O_3$ 溶液的分解。

因此，配制 $Na_2S_2O_3$ 溶液时，需要用新煮沸并冷却了的蒸馏水，以除去 CO_2，O_2 和杀死细菌，加入少量的 Na_2CO_3，使溶液呈弱碱性，以抑制细菌的生长，防止 $Na_2S_2O_3$ 分解。光照也会促使 $Na_2S_2O_3$ 分解，因此，配制好的 $Na_2S_2O_3$ 溶液应贮存于棕色试剂瓶中，放置暗处一周后进行标定。标定过的 $Na_2S_2O_3$ 溶液也不宜长期保存，使用一段时间后要重新标定。若溶液变浑浊或有硫析出，应过滤后再标定或弃去重配。

标定 $Na_2S_2O_3$ 溶液的基准物质有 $KBrO_3$，$K_2Cr_2O_7$，KIO_3，I_2，纯铜等。标定操作采用滴定碘法，即在弱酸性溶液中，氧化剂与 I^- 作用析出 I_2。

$$BrO_3^- + 6I^- + 6H^+ \longrightarrow 3I_2 + Br^- + 3H_2O$$

$$Cr_2O_7^{2-} + 6I^- + 14H^+ \longrightarrow 2Cr^{3+} + 3I_2 + 7H_2O$$

$$2Cu^{2+} + 4I^- \longrightarrow 2CuI + I_2$$

析出的 I_2 用 $Na_2S_2O_3$ 溶液滴定：

$$I_2 + 2S_2O_3^{2-} \longrightarrow 2I^- + S_4O_6^{2-}$$

其中用 $K_2Cr_2O_7$ 最方便，结果也比较准确。但在使用 $K_2Cr_2O_7$ 为基准物质标定 $Na_2S_2O_3$ 溶液时，应注意以下几个方面。

(1) $K_2Cr_2O_7$ 与 KI 反应时，酸度控制在 0.2～0.4 mol/L。酸度过低，$Cr_2O_7^{2-}$ 与 I^- 反应速率较慢；酸度过高，I^- 则易被空气中的氧氧化。

(2) 反应中加入过量的 KI。增加 KI 的浓度可加快反应的进行，同时，可使析出的 I_2 溶解为 I_3^-，减少其挥发。

(3) 由于 $K_2Cr_2O_7$ 与 KI 反应的速率较慢，应将溶液放置于暗处 3～5 min，等反应完全后，再用 $Na_2S_2O_3$ 溶液滴定。

(4) 用 $Na_2S_2O_3$ 溶液滴定前，应先用蒸馏水稀释。降低酸度可减少空气中氧对 I^- 的氧化，同时减少 Cr^{3+} 的绿色对终点观察的影响。若滴定到溶液从蓝色变为无色后，又很快出现蓝色，表明 $K_2Cr_2O_7$ 与 KI 的反应不完全，应重新标定；如滴定至终点，几分钟后溶液才出现蓝色，这是由于空气中的氧氧化 I^- 所致，不影响标定结果。

(5) 淀粉应在近终点时加入。因为淀粉吸附 I_2，如果淀粉过早加入会使终点难以确定或提前出现。

(6) 加入淀粉前滴定速度要快，摇动速度要慢，目的是防止 I_2 的挥发，但加入淀粉后滴定速度要慢，摇动速度要快，防止淀粉吸附 I_2，使终点提前。

2. I_2 标准溶液的配制与标定

用升华法制得的纯 I_2，可用直接法配制成 I_2 的标准溶液。但是，由于 I_2 易挥发，且对天平有腐蚀性，不宜在分析天平上称量，所以一般用市售的碘先配制成近似浓度的溶液，然后进行标定。

配制 I_2 溶液时，先在托盘天平上称取一定量的碘和三倍于 I_2 质量的 KI，置于研钵中，加少量水研磨，使 I_2 全部溶解，然后稀释至一定体积，贮存于棕色试剂瓶中，放置暗处保存。I_2 液具有腐蚀性，贮存和使用碘液时，应避免与橡皮塞和橡皮管接触，并防止日光照射、受热等。

I_2 溶液的标准浓度常用 As_2O_3 基准物质标定，也可用已标定好的 $Na_2S_2O_3$ 标准溶液标定。As_2O_3（俗称砒霜，剧毒，操作时需十分小心）难溶于水，易溶于碱性溶液中，生成亚砷酸盐，其反应为

$$As_2O_3 + 6OH^- \longrightarrow 2AsO_3^{3-} + 3H_2O$$

以 $NaHCO_3$ 调节溶液 pH＝8，再用 I_2 溶液滴定 AsO_3^{3-}，滴定反应为

$$AsO_3^{3-} + I_2 + H_2O \longrightarrow AsO_4^{3-} + 2I^- + 2H^+$$

此反应是可逆的，在中性或微碱性溶液中，反应能定量地向右进行；在酸性溶液中，AsO_4^{3-} 氧化 I^- 而析出 I_2。

为什么碘量法要在中性或微碱性溶液中进行？

三、碘量法的应用

1. 直接碘量法

电极电位比 $\varphi^{\ominus}(I_2/I^-)$ 低的还原性物质，可以用 I_2 的标准溶液直接滴定，这种方法叫做直接碘量法。

例如，SO_2 用水吸收后，可用 I_2 标准溶液直接滴定，反应式为

$$I_2 + SO_2 + 2H_2O \longrightarrow 2I^- + SO_4^{2-} + 4H^+$$

用淀粉作指示剂，终点很明显。

但可被 I_2 直接滴定的物质并不多，一般只限于较强的还原剂，如 SO_2，S^{2-}，SO_3^{2-}，$S_2O_3^{2-}$，Sn(Ⅱ)，As_2O_3，Sb(Ⅲ)，抗坏血酸和还原糖等。同时 I_2 在碱性溶液中易生成 I^- 及 IO^-，而 IO^- 不稳定，很快转化为 IO_3^-。其反应为

$$I_2 + 2OH^- \longrightarrow IO^- + I^- + H_2O$$

$$3IO^- \longrightarrow 2I^- + IO_3^-$$

这种情况会给测定带来误差，使直接碘量法的应用范围受到限制。

测定示例　维生素 C 含量的测定。

维生素 C 又称抗坏血酸，分子式 $C_6H_8O_6$，是预防和治疗坏血病及促进身体健康的药品。维生

素C为白色或略带黄色的结晶或粉末，溶于水呈酸性。维生素C中的烯二醇基(HO—C═C—OH)具有还原性，可被I_2定量氧化，因而可用I_2标准溶液直接测定。其滴定反应式为

$$C_6H_8O_6 + I_2 \longrightarrow C_6H_6O_6 + 2HI$$

用直接碘量法可测定药片、注射液、饮料、蔬菜、水果等的维生素C含量。

维生素C含量的测定：准确称取含维生素C试样，溶解在新煮沸且冷却的蒸馏水中，用醋酸酸化，加入淀粉指示剂，迅速用I_2标准溶液滴定到终点(溶液呈稳定的蓝色)。

由于维生素C的还原性很强，较容易被溶液和空气中的氧氧化，在碱性介质中这种氧化作用更强，因此滴定宜在酸性介质中进行，以减少副反应的发生。考虑到I_2在强酸性中也易被氧化，故一般选在pH＝3～4的弱酸性溶液中进行滴定。

2. 间接碘量法

电极电位比$\varphi^{\ominus}(I_2/I^-)$高的氧化性物质，在一定条件下与$I^-$作用，使$I^-$氧化，定量释出$I_2$，再用$Na_2S_2O_3$标准溶液进行滴定，这种方法叫间接碘量法(又称为滴定碘法)。例如，$KMnO_4$在酸性溶液中与过量的KI作用，析出的I_2用$Na_2S_2O_3$标准溶液滴定。其反应如下：

$$2MnO_4^- + 10I^- + 16H^+ \longrightarrow 2Mn^{2+} + 5I_2 + 8H_2O$$

$$2S_2O_3^{2-} + I_2 \longrightarrow 2I^- + S_4O_6^{2-}$$

根据$Na_2S_2O_3$的用量可求算出$KMnO_4$的含量。利用这种方法可以测定许多氧化性的物质，如Cu^{2+}，H_2O_2，$Cr_2O_7^{2-}$，CrO_4^{2-}，ClO_3^-，ClO^-，BrO_3^-，IO_3^-，AsO_4^{3-}，NO_2^-等，还能测定与CrO_4^{2-}生成沉淀的阳离子，如Pb^{2+}，Ba^{2+}等，所以间接碘量法的应用非常广泛。

在应用间接碘量法过程中应注意以下两点。

(1) 控制溶液的酸度　$S_2O_3^{2-}$与I_2的反应必须在中性或微酸性溶液中进行。在碱性溶液中，它们之间将发生副反应：

$$S_2O_3^{2-} + 4I_2 + 10OH^- \longrightarrow 2SO_4^{2-} + 8I^- + 5H_2O$$

I_2在碱性条件下也发生歧化反应，生成I^-和IO_3^-。

在强酸性溶液中，$Na_2S_2O_3$溶液发生分解：

$$S_2O_3^{2-} + 2H^+ \longrightarrow SO_2 + S\downarrow + H_2O$$

(2) 防止I_2的挥发和空气中O_2对I^-的氧化　加入过量的KI可使析出的I_2溶解为I_3^-，滴定时使用碘瓶且不剧烈摇动，以减少I_2的挥发；酸度较高和阳光直射，可促进空气中O_2对I^-的氧化作用：

$$4I^- + O_2 + 4H^+ \longrightarrow 2I_2 + 2H_2O$$

因此，在反应时应置于暗处，滴定前调节好酸度，析出I_2后，立即滴定，操作要迅速。

测定示例　胆矾中$CuSO_4 \cdot 5H_2O$含量的测定。

胆矾的主要成分是$CuSO_4 \cdot 5H_2O$，为蓝色结晶，在空气中易风化。测定时，将试样溶于水后，在H_2SO_4介质中与过量KI反应，析出的I_2以淀粉为指示剂，用$Na_2S_2O_3$标准溶液滴定，相关反应为

$$2Cu^{2+} + 4I^- \longrightarrow 2CuI\downarrow + I_2$$

$$2S_2O_3^{2-} + I_2 \longrightarrow 2I^- + S_4O_6^{2-}$$

由消耗的$Na_2S_2O_3$标准溶液的体积即可计算出$CuSO_4 \cdot 5H_2O$的含量。

$$w(CuSO_4 \cdot 5H_2O)=\frac{c(Na_2S_2O_3)\cdot V(Na_2S_2O_3)\cdot M(CuSO_4\cdot 5H_2O)}{m_s}\times 100\%$$

由于 CuI 沉淀强烈吸附 I_3^-，使测定结果偏低，故在近终点时加入 KSCN，使 CuI 转化为溶解度更小的 CuSCN 沉淀，释放出被吸附的 I_3^-，使反应完全。但 KSCN 只能在近终点时加入，否则有可能直接还原 Cu^{2+} 为 Cu^+，使结果偏低。

Cu^{2+} 与 KI 的反应宜在 pH＝3～4 的酸性溶液中进行。酸度太低，Cu^{2+} 发生水解；酸度太高，I^- 易被空气中的 O_2 氧化为 I_2，使测定结果偏高。

例 7-6 称取铜矿试样 0.421 7 g，经处理后形成 Cu^{2+}，用碘量法测定。用 $c(Na_2S_2O_3)=0.102\,0$ mol/L 的 $Na_2S_2O_3$ 的标准溶液滴定，终点时消耗 23.12 mL。求该铜矿试样中以 CuO 表示铜含量的质量分数。已知 $M(CuO)=79.55$ g/mol。

解：依题意，该测定属间接碘量法。反应式为

$$2Cu^{2+}+4I^- \longrightarrow 2CuI\downarrow +I_2$$

$$2S_2O_3^{2-}+I_2 \longrightarrow 2I^- +S_4O_6^{2-}$$

根据反应式：$2Cu^{2+} \triangleq I_2 \triangleq 2Na_2S_2O_3$，则

$$w(CuO)=\frac{0.102\,0\ \text{mol/L}\times 23.12\ \text{mL}\times 79.55\ \text{g/mol}}{(0.421\,7\times 1\,000)\text{mg}}\times 100\%$$

$$=44.49\%$$

答：铜矿试样中 CuO 的质量分数为 44.49%。

测定示例 水中溶解氧的测定。

利用水中溶解氧氧化 Mn^{2+} 后，用 I^- 还原，然后用 $Na_2S_2O_3$ 标准溶液滴定生成的碘。操作步骤如下。

在水中加入硫酸锰及碱性碘化钾溶液，生成氢氧化锰沉淀。此时氢氧化锰性质极不稳定，迅速与水中溶解氧化合生成锰酸锰。

$$2MnSO_4+4NaOH \longrightarrow 2Mn(OH)_2\downarrow +2Na_2SO_4$$

$$2Mn(OH)_2+O_2 \longrightarrow 2H_2MnO_3$$

$$H_2MnO_3+Mn(OH)_2 \longrightarrow MnMnO_3\downarrow(\text{棕色})+2H_2O$$

加入浓硫酸使棕色沉淀（$MnMnO_3$）与溶液中所加入的碘化钾发生反应，而析出碘，溶解氧越多，析出的碘也越多，溶液的颜色也就越深。

$$2KI+H_2SO_4 \longrightarrow 2HI+K_2SO_4$$

$$MnMnO_3+2H_2SO_4+2HI \longrightarrow 2MnSO_4+I_2+3H_2O$$

$$I_2+2Na_2S_2O_3 \longrightarrow 2NaI+Na_2S_4O_6$$

用移液管取一定量的反应完毕的水样，以淀粉作指示剂，用 $Na_2S_2O_3$ 标准溶液滴定，通过计算即可求出水样中溶解氧的含量。

思考与练习 7-5

一、要点回顾

1. 碘量法的特点

碘量法是常用的氧化还原滴定法之一，它是利用 I_2 的氧化性和 I^- 的还原性测定物质含量

的滴定分析方法，碘量法常用淀粉作指示剂。

2. I_2 和 $Na_2S_2O_3$ 标准溶液的配制与标定

由于 I_2 易挥发，且对天平有腐蚀性，不宜在分析天平上称量，所以一般用市售的碘先配制成近似浓度的溶液，然后进行标定。I_2 液具有腐蚀性，贮存和使用碘液时，应避免与橡皮塞和橡皮管接触，并防止日光照射、受热等。I_2 溶液的标准浓度常用 As_2O_3 基准物质标定，也可用已标定好的 $Na_2S_2O_3$ 标准溶液标定。

市售 $Na_2S_2O_3 \cdot 5H_2O$，一般含有少量的杂质，且 $Na_2S_2O_3$ 溶液不稳定，易与水中的 H_2CO_3 和空气中的 O_2 作用，并能被细菌所分解，使其浓度发生变化，所以不能用直接法来配制标准溶液，配制 $Na_2S_2O_3$ 溶液时，要用新煮沸并冷却了的蒸馏水，配制好的 $Na_2S_2O_3$ 溶液应贮存于棕色试剂瓶中，放置暗处一周后进行标定。标定 $Na_2S_2O_3$ 溶液的基准物质有 $KBrO_3$，$K_2Cr_2O_7$，KIO_3，I_2，纯铜等，标定操作采用滴定碘法，即在弱酸性溶液中，氧化剂与 I^- 作用析出 I_2，析出的 I_2 用 $Na_2S_2O_3$ 溶液滴定。

3. 碘量法的应用

（1） 直接碘量法　电极电位比 $\varphi^{\ominus}(I_2/I^-)$ 低的还原性物质，可以用 I_2 的标准溶液直接滴定。

（2） 间接碘量法　电极电位比 $\varphi^{\ominus}(I_2/I^-)$ 高的氧化性物质，在一定条件下，与 I^- 作用，使 I^- 氧化定量释出 I_2，再用 $Na_2S_2O_3$ 标准溶液进行滴定。

二、学习思考

1. 碘量法的主要误差来源有哪些？

2. 为什么碘量法不适宜在高酸度或高碱度介质中进行？

3. 怎样才能防止 I_2 的挥发和 $Na_2S_2O_3$ 的分解？

4. 碘量法测定胆矾的原理是什么？为什么要加入 KSCN 和 NH_4HF_2？

三、练习题

1. 将 0.196 3 g 分析纯 $K_2Cr_2O_7$ 试剂溶于水，酸化后加入过量 KI，析出的 I_2 需用 33.61 mL $Na_2S_2O_3$ 溶液滴定。计算 $Na_2S_2O_3$ 溶液的浓度。

2. 今有不纯的 KI 试样 0.350 4 g，在 H_2SO_4 溶液中加入纯 K_2CrO_4 0.194 0 g 与之反应，煮沸逐出生成的 I_2。放冷后又加入过量 KI，使之与剩余的 K_2CrO_4 作用，析出的 I_2 用 $c(Na_2S_2O_3)=0.102\ 0$ mol/L $Na_2S_2O_3$ 标准溶液滴定，用去 10.23 mL。问试样中 KI 的质量分数是多少？

3. 氧化还原滴定法和酸碱滴定法基本相同之处是（　　）。

（A） 方法原理　　（B） 分析操作　　（C） 干扰因素　　（D） 反应速率

4. 下列哪种操作方法不适于减小间接碘量法的分析误差（　　）。

（A） 快摇慢滴　　（B） 开始慢摇快滴，终点前快摇慢滴

（C） 反应时放置暗处　　（D） 在碘量瓶中进行反应和滴定

5. 贮存于棕色细口瓶的标准溶液有（　　）。

①$AgNO_3$　②NaOH　③HCl　④$Na_2S_2O_3$　⑤$KMnO_4$　⑥EDTA

（A） ①②③　　（B） ①④⑥　　（C） ①④⑤　　（D） ④⑤⑥

6. 在碘量法中，下列措施与防止碘的挥发无关的是(　　)。

(A) 加入过量 KI　　(B) 滴定时剧烈摇动

(C) 室温下反应　　(D) 降低溶液酸度

7. 在用碘量法测定维生素 C 含量时，需加入一定量的 HAc 溶液，其目的是(　　)。

(A) 加快反应速率　　(B) 防止 I_2 挥发

(C) 防止维生素 C 被氧化　　(D) 使终点现象明显

阅读材料　著名化学家能斯特

能斯特(Nernst,1864—1941)是德国卓越的物理学家、物理化学家和化学史家。1864 年 6 月 25 日生于西普鲁士的布里森，1886 年获维尔茨堡大学博士学位，1887 年任奥斯特瓦尔德(Ostwald)教授的助手，1892 年任格丁根大学副教授，1905 年任柏林大学物理化学主任教授，1932 年当选英国皇家学会会员。

他有很多的研究成果，例如，发现热力学第三定律，建议用铂氢电极为零电极电位，发现能斯特方程、能斯特热定理，开拓低温下固体比热容的测定，提出溶度积等重要概念，建立光化学反应链式理论等。能斯特一生出版的著作共有 14 部，有关热力学、电化学、光化学等方面论文就有 157 篇，其中代表作是《物理化学》，一生获得十多种奖项，还获得了 1920 年诺贝尔化学奖。

由于纳粹的迫害，能斯特于 1933 年离职，1941 年 11 月 18 日在德国逝世，终年 77 岁。能斯特把一生心血倾注在科学研究和培养学生身上。人们纷纷纪念他，1951 年，把他的骨灰移葬到格丁根大学，使这位该校第一任物理化学教授安息在校园内。

第八章　重量分析法

学习目标

- 了解重量分析法的分类和方法特点，明确沉淀法分析步骤的意义；
- 理解沉淀重量法对沉淀形式和称量形式的要求，能根据其要求选择沉淀剂；
- 理解同离子效应、盐效应、酸效应和配位效应等因素对沉淀溶解度的影响；
- 理解晶形沉淀和无定形沉淀的形成条件；
- 掌握影响沉淀纯净的因素和提高沉淀纯度的措施及选择沉淀剂的原则；
- 掌握溶解度和溶度积的相互换算，掌握换算因数和分析结果的计算；
- 能选择适宜的沉淀条件。

第一节　概　述

【学习指导】 本节主要介绍沉淀重量分析法的基本概念和要求。通过把握重量分析法概念，以对比的方法，了解其分类和特点，正确认识沉淀重量法的重要性、基本概念及要求。例如，沉淀形式和称量形式有何区别？无机沉淀剂与有机沉淀剂各具有什么特点？

一、重量分析法的特点和分类

重量分析法是经典的化学分析方法之一。它是通过称量物质的质量来确定被测物组分含量的方法。在重量分析中，一般先采用适当的方法使被测组分从试样中分离出来，转化为一定称量形式，再经过称量，然后由称得物质的质量计算该组分的含量。根据分离方法的不同，重量分析法通常分为三类。

（1）沉淀法　利用沉淀反应使被测组分生成溶解度很小的沉淀，再将沉淀过滤、洗涤、烘干或灼烧，最后称其质量并计算被测组分的含量。

（2）汽化法（又称为挥发法）　利用物质的挥发性质，通过加热或其他方法使试样中被测组分汽化逸出，然后根据气体逸出前后试样质量之差来计算被测组分的含量。例如，试样中湿存水或结晶水的测定。有时，也可以在该组分逸出后，用某种吸收剂来吸收它，这时可以根据吸收剂质量的增加来计算含量。例如，试样中 CO_2 的测定，以碱石灰为吸收剂。

（3）电解法　利用电解的原理，控制适当的电位，使被测金属离子在电极上析出，称量后即可计算出被测金属离子的含量。

重量分析法可以直接通过分析天平称量和有关计算而得到分析结果，不需要标准试样或基准物质进行比较，因此其准确度较高。但是，由于重量分析的手续繁琐费时，且难以测定微量组分，目前已逐渐为其他分析方法所代替。不过，对于某些常量元素如硫、硅、钨以及水分、灰分和挥发分等的精确测定仍在采用重量分析法；在校对其他分析方法的准确度时，也常用重量分析法的测定结果作为标准。因此重量分析法仍然是定量分析的基本内容之一。

想一想

重量分析法适于生产中的控制分析吗？

重量分析法中以沉淀法应用较广，本章将作重点讨论。沉淀法主要是根据称量沉淀的质量来计算试样中被测组分含量的，因此得到的沉淀是否能够反映被测组分的含量，是重量分析中的关键，这就必须掌握沉淀的性质和适当的沉淀条件，使沉淀完全和纯净。下面将着重讨论这些问题。

二、沉淀重量法对沉淀形式和称量形式的要求

利用沉淀重量法进行分析时，首先将试样处理成试液，通过加入适当的沉淀剂，使被测组分以适当的沉淀形式析出，然后过滤、洗涤、烘干或灼烧，将沉淀转化为“称量形式”称重。沉淀形式与称量形式可以相同，也可以不同。例如：

$$\underset{\text{被测组分}}{Ba^{2+}} \xrightarrow{\text{沉淀}} \underset{\text{沉淀形式}}{BaSO_4} \xrightarrow{\text{灼烧}} \underset{\text{称量形式}}{BaSO_4}$$

$$\underset{\text{被测组分}}{Mg^{2+}} \xrightarrow{\text{沉淀}} \underset{\text{沉淀形式}}{MgNH_4PO_4} \xrightarrow{\text{灼烧}} \underset{\text{称量形式}}{Mg_2P_2O_7}$$

1. 对沉淀形式的要求

(1) 沉淀的溶解度要小。要求沉淀的溶解损失不应超过分析天平的称量误差，一般要求溶解损失应小于 0.1 mg。

(2) 沉淀应易于过滤和洗涤。因此，在进行沉淀反应时应注意控制条件，尽量得到粗大的晶形沉淀。如果只能生成无定形沉淀时，也应控制沉淀条件，以便得到易于过滤和洗涤的沉淀。

颗粒较大的晶体沉淀，如 $MgNH_4PO_4 \cdot 6H_2O$，比表面积小，吸附杂质的机会少，因此沉淀较纯净，易于过滤和洗涤。颗粒细小的晶形沉淀，如 $BaSO_4$，CaC_2O_4，比表面积大，吸附杂质多，因此，洗涤次数增多。

想一想

测定 Ca^{2+} 时，有 $(NH_4)_2C_2O_4$ 和 H_2SO_4 两种沉淀剂，选择哪种更好？

(3) 沉淀必须纯净，应避免混有沉淀剂或其他杂质。

(4) 沉淀应易于转化为称量形式。

2. 对称量形式的要求

(1) 称量形式必须具有确定的化学组成，否则无法计算测定结果。例如，测定 PO_4^{3-}，可以形成磷钼酸铵沉淀，但组成不固定，无法利用其作为测定 PO_4^{3-} 的称量形式。若采用磷钼酸喹啉法测定 PO_4^{3-}，则可得到组成确定的称量形式。

(2) 称量形式要有足够的稳定性，不易受空气中的水分、CO_2 和 O_2 等的影响。例如，测定 Ca^{2+} 时，若将 Ca^{2+} 沉淀为 $CaC_2O_4 \cdot H_2O$，灼烧后得到 CaO，易吸收空气中的 H_2O 和 CO_2，因此，CaO 不宜作为称量形式。

(3) 称量形式应具有尽可能大的摩尔质量，待测组分在称量形式中含量要小，以减小称量的相对误差，提高分析结果的准确度。例如，重量分析法测定 Al^{3+} 时，可以用氨水沉淀为 $Al(OH)_3$

后，灼烧成 Al_2O_3 称量，也可以用 8-羟基喹啉沉淀为 8-羟基喹啉铝 $(C_9H_6NO)_3Al$ 烘干后称量。若待测组分 Al 的质量为 0.1000 g，则可分别得到 0.1888 g Al_2O_3 和 1.7040 g $(C_9H_6NO)_3Al$。两种称量形式由称量误差所引起的相对误差分别为 0.1%和 0.01%。显然，以 $(C_9H_6NO)_3Al$ 作为称量形式比用 Al_2O_3 作为称量形式测定铝的准确度高。

三、沉淀剂的特点和选择

1. 沉淀剂的分类和特点

按照物质的组成不同，沉淀剂可分为无机沉淀剂和有机沉淀剂。无机沉淀剂的选择性较差，产生的沉淀溶解度较大，吸附杂质较多。如果生成的是无定形沉淀时，不仅吸附杂质多，而且不易过滤和洗涤。下面主要讨论有机沉淀剂。

(1) 特点 与无机沉淀剂相比较，有机沉淀剂具有下列特点。

① 选择性高。有机沉淀剂在一定条件下，一般只与少数离子起沉淀反应。

② 沉淀的溶解度小。由于有机沉淀的疏水性强，所以溶解度较小，有利于沉淀完全。

③ 沉淀吸附杂质少。因为沉淀的极性小，吸附杂质离子少，易于获得纯净的沉淀。

④ 沉淀称量形式的摩尔质量大。被测组分在称量形式中占的比例小，有利于提高分析结果的准确度；又由于沉淀的组成恒定，经烘干后就可称量，简化了重量分析的操作。

但是，有机沉淀剂一般在水中的溶解度较小，有些沉淀的组成不恒定，因此，还有待于继续研究改进。

(2) 类型和应用 按作用原理不同，有机沉淀剂可以大致分为生成螯合物的沉淀剂和生成离子缔合物的沉淀剂两种类型。

① 生成螯合物的沉淀剂。能形成螯合物沉淀的有机沉淀剂，至少应具有两种基团：一种是酸性基团，如 —OH，—COOH，=NOH，—SH 和 $—SO_3H$ 等，这些基团中 H^+ 可被金属离子置换；另一种是碱性基团，如 $—NH_2$，=NH，=N—，>C=O 及 >C=S 等，这些基团具有未被共用的电子对，可以与金属离子形成配位键。例如，8-羟基喹啉与 Mg^{2+} 配合时，形成微溶性螯合物。

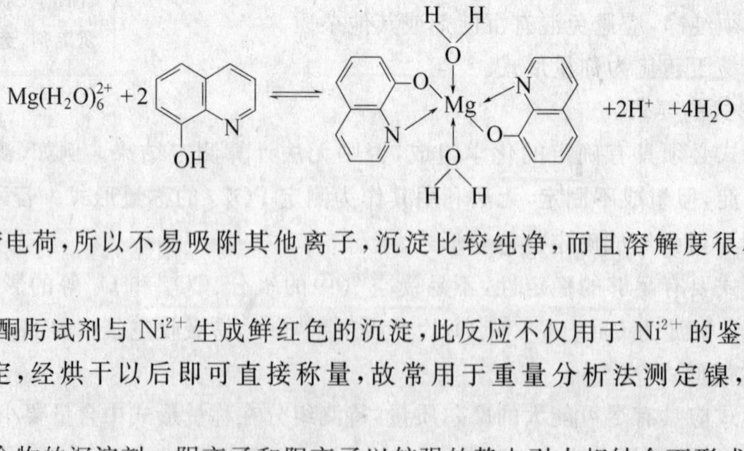

$Mg(H_2O)_6^{2+}$ +2 (8-羟基喹啉, OH, N) ⇌ (螯合物: O, N, Mg, 两个 H_2O 配位) $+2H^+ +4H_2O$

由于它不带电荷，所以不易吸附其他离子，沉淀比较纯净，而且溶解度很小($K_{sp}=1.0\times10^{-29}$)。

又如，丁二酮肟试剂与 Ni^{2+} 生成鲜红色的沉淀，此反应不仅用于 Ni^{2+} 的鉴定，而且由于该沉淀的组成恒定，经烘干以后即可直接称量，故常用于重量分析法测定镍，可获得满意的结果。

② 生成缔合物的沉淀剂。阴离子和阳离子以较强的静电引力相结合而形成的化合物，叫做

离子缔合物。例如,四苯硼酸阴离子与 K^+ 的反应:

$$K^+ + B(C_6H_5)_4^- = KB(C_6H_5)_4$$

$KB(C_6H_5)_4$ 溶解度很小,组成恒定,烘干后即可直接称量,所以 $NaB(C_6H_5)_4$ 是测定 K^+ 的较好沉淀剂。

2. 沉淀剂的选择

根据上述对沉淀形式和称量形式的要求,选择沉淀剂时应考虑以下几点。

(1) 选用具有较好选择性的沉淀剂 所选用的沉淀剂只能和待测组分生成沉淀,而与试液中的其他组分不起作用。例如,丁二酮肟和 H_2S 都可以沉淀 Ni^{2+},但在测定 Ni^{2+} 时常用前者。

(2) 选用能与待测离子生成溶解度最小的沉淀的沉淀剂 所选的沉淀剂应能使待测组分沉淀完全。例如,生成难溶的钡化合物有 $BaCO_3$,$BaCrO_4$,BaC_2O_4 和 $BaSO_4$,根据其溶解度可知 $BaSO_4$ 溶解度最小,因此以 $BaSO_4$ 的形式沉淀 Ba^{2+} 比生成其他难溶化合物所引起的误差小。

(3) 尽可能选用易挥发或经灼烧易除去的沉淀剂 这样沉淀中带有的沉淀剂即便未洗净,也可以经烘干或灼烧除去。

(4) 选用溶解度较大的沉淀剂 用此类沉淀剂可以减少沉淀对沉淀剂的吸附作用。例如,利用生成难溶钡化合物沉淀 SO_4^{2-} 时,应选 $BaCl_2$ 作沉淀剂,而不用 $Ba(NO_3)_2$。这是因为 $Ba(NO_3)_2$ 的溶解度比 $BaCl_2$ 小,$BaSO_4$ 吸附 $Ba(NO_3)_2$ 比吸附 $BaCl_2$ 严重。

在实际分析工作中,当沉淀剂选定之后,如何控制适宜的条件,以达到沉淀尽可能的完全、纯净和具有良好的结构,便成为重量分析中的主要问题,下面将分别进行讨论。

思考与练习 8-1

一、要点回顾

1. 重量分析法

它是通过称量物质的质量来确定被测物组分含量的方法。重量分析法通常分为沉淀法、汽化法和电解法三类,其中以沉淀法应用较广。

2. 沉淀重量法对沉淀形式和称量形式的要求

(1) 对沉淀形式的要求 ①沉淀的溶解度要小;②沉淀应易于过滤和洗涤;③沉淀必须纯净;④沉淀应易于转化为称量形式。

(2) 对称量形式的要求 ①称量形式必须具有确定的化学组成;②称量形式要有足够的稳定性;③称量形式应具有尽可能大的摩尔质量。

3. 沉淀剂具备的条件

(1) 沉淀剂的特点 无机沉淀剂的选择性较差,产生的沉淀溶解度较大,吸附杂质较多。有机沉淀剂具有的特点:①选择性高;②沉淀的溶解度小;③沉淀吸附杂质少;④沉淀称量形式的摩尔质量大。

(2) 沉淀剂的选择 ①选用具有较好选择性的沉淀剂;②选用能与待测离子生成溶解度最小的沉淀的沉淀剂;③尽可能选用易挥发或经灼烧易除去的沉淀剂;④选用溶解度较大的沉淀剂。

二、学习思考

1. 重量分析法中的沉淀法有何特点?

2. 沉淀形式与称量形式有何区别?试举例说明。

3. 重量分析沉淀法测定 Ca^{2+} 时,将 Ca^{2+} 沉淀为 $CaC_2O_4 \cdot H_2O$。下列两种称量形式,应选择哪一种?

(1) 灼烧后得到 CaO;(2) 在500℃时生成 $CaCO_3$。

第二节 沉淀的溶解度及其影响因素

【学习指导】 沉淀溶解度概念、计算及其影响因素是本节的主要内容。用辨证观点看待事物,没有绝对不溶解的物质,因此要正确理解沉淀物质的溶解度和溶度积概念;利用化学平衡基本理论,掌握影响溶解度大小的因素。

利用沉淀反应进行重量分析时,人们总是希望被测组分沉淀得越完全越好。但是,绝对不溶解的物质是没有的,所以在重量分析中要求沉淀的溶解损失不超过分析天平的称量误差(即0.2 mg),即可认为沉淀完全,而一般沉淀却很少能达到这一要求。因此,如何减少沉淀的溶解损失,以保证重量分析结果的准确度是重量分析的一个重要问题。下面将对沉淀的溶解原理以及影响沉淀溶解度的主要因素进行较详细的讨论。

一、沉淀的溶解度

1. 溶解度

微溶化合物 MA 在水中溶解并达到饱和状态后,有下列平衡关系:

$$\text{MA(固)} \rightleftharpoons \text{MA(水)} \rightleftharpoons M^+ + A^-$$

显然,固体 MA 的溶解部分以 M^+,A^- 状态和 MA(水)两种状态存在。其中 MA(水)可以是分子状态,也可以是 M^+A^- 离子对化合状态。例如:

$$\text{AgCl(固)} \rightleftharpoons Ag^+Cl^-\text{(水)} \rightleftharpoons Ag^+ + Cl^-$$

$$CaSO_4\text{(固)} \rightleftharpoons Ca^{2+}SO_4^{2-}\text{(水)} \rightleftharpoons Ca^{2+} + SO_4^{2-}$$

根据 MA(固)和 MA(水)之间的沉淀平衡可得

$$K_1 = \frac{a_{\text{MA(水)}}}{a_{\text{MA(固)}}}$$

因固体活度 $a_{\text{MA(固)}}=1$,溶液中中性分子的活度系数 $\gamma_{\text{MA(水)}}$ 近似为1,则

$$a_{\text{MA(水)}} = [\text{MA(水)}] = K_1 = s^0 \qquad (8-1)$$

式中,s^0 表示 MA(水)的溶解度,即在水溶液中以分子状态或离子对状态存在时的活度,称为分子溶解度。因其在一定温度下是常数,所以 s^0 又称为固有溶解度。由于溶解度是指平衡状态下所溶解的 MA(固)的总浓度,因此,若溶液中不存在其他平衡关系时,则固体 MA(固)的溶解度 s 等于固有溶解度 s^0 和 M^+ 或 A^- 离子浓度之和,即

$$s = s^0 + [M^+] = s^0 + [A^-] \qquad (8-2)$$

由于大多数物质的固有溶解度都比较小，如 AgBr，AgI 的固有溶解度仅占其总溶解度的 0.1%～1%，所以计算溶解度时，一般可以忽略其影响，即近似认为：

$$s=[M^+]=[A^-]$$

2. 活度积与溶度积

当微溶化合物 MA 溶解于水中时，如果除简单的水合离子外其他各种形式的化合物均可忽略，则根据 MA 在水溶液中的平衡关系，得到

$$\frac{a_{M^+}a_{A^-}}{a_{MA(水)}}=K_2$$

由式(8-1)得

$$a_{M^+}a_{A^-}=K_2s^0=K_{sp}^0$$

式中，K_{sp}^0为离子的活度积常数，简称活度积，它仅随温度而变化。又因

$$a_{M^+}a_{A^-}=\gamma_{M^+}[M^+]\gamma_{A^-}[A^-]=\gamma_{M^+}\gamma_{A^-}K_{sp}=K_{sp}^0$$

故

$$K_{sp}=\frac{K_{sp}^0}{\gamma_{M^+}\gamma_{A^-}} \tag{8-3}$$

K_{sp}称为微溶化合物的溶度积常数，简称溶度积。

在分析化学中，由于微溶化合物的溶解度一般都很小，离子的总浓度很低，离子间相距甚远，因此可忽略离子间的相互作用，将其视为理想溶液，即$\gamma\approx1$，$K_{sp}\approx K_{sp}^0$。附录表七中所列微溶化合物的溶度积，均为活度积，应用时一般作为溶度积，不加区别。但在溶液中有强电解质存在，离子间作用力较大时，则应从相应的活度系数计算该条件下的 K_{sp}，这时 K_{sp}和 K_{sp}^0可能相差较大。

对于其他类型的沉淀，如 M_mA_n 型，计算其溶解度的公式可推导如下：

$$M_mA_n \rightleftharpoons mM^{n+}+nA^{m-}$$

$$\text{溶解度}\quad s \qquad ms \qquad ns$$

$$\begin{aligned}K_{sp}&=[M^{n+}]^m[A^{m-}]^n\\&=(ms)^m(ns)^n\\&=m^mn^ns^{m+n}\end{aligned}$$

因此

$$s=\sqrt[m+n]{\frac{K_{sp}}{m^mn^n}}$$

二、影响沉淀溶解度的因素

1. 同离子效应

组成沉淀晶体的离子称为构晶离子。当沉淀反应达到平衡后，如果向溶液中加入适当过量的含有某一构晶离子的试剂或溶液，沉淀的溶解度减小的现象，称为同离子效应。

例如，25℃时，$BaSO_4$ 沉淀在水中的溶解度为

$$s=[Ba^{2+}]=[SO_4^{2-}]=\sqrt{K_{sp}}=\sqrt{1.1\times10^{-10}}\ \text{mol/L}=1.0\times10^{-5}\ \text{mol/L}$$

如果使溶液中的 SO_4^{2-} 增至 0.1 mol/L，此时 $BaSO_4$ 的溶解度为

$$s=[Ba^{2+}]=\frac{K_{sp}}{[SO_4^{2-}]}=\frac{1.1\times10^{-10}}{0.10}\ \text{mol/L}=1.1\times10^{-9}\ \text{mol/L}$$

即 $BaSO_4$ 的溶解度减少至万分之一。

因此，在重量分析法中，通常加入过量沉淀剂，利用同离子效应使被测组分沉淀完全。但加入沉淀剂过量太多，有时会发生其他副反应，反而会使沉淀的溶解度增大。一般情况下，沉淀剂过量 50%～100%即已足够；对于灼烧时不易挥发除去的沉淀剂，则以过量 20%～30%为宜，以免影响沉淀的纯度。

2. 盐效应

沉淀溶解度随着溶液中电解质浓度的增大而增大的现象，称为盐效应。如表 8－1 所示，AgCl 和 $BaSO_4$ 在 KNO_3 溶液中溶解度比在纯水中大，而且溶解度随 KNO_3 浓度增大而增大。

表 8－1 AgCl 和 $BaSO_4$ 在 KNO_3 溶液中的溶解度(25℃)

（s_0 为在纯水中的溶解度，s 为在 KNO_3 中的溶解度）

KNO_3 的浓度 $c/(mol \cdot L^{-1})$	AgCl 溶解度 $s/(10^{-5}\ mol \cdot L^{-1})$	s/s_0	KNO_3 的浓度 $c/(mol \cdot L^{-1})$	$BaSO_4$ 溶解度 $s/(10^{-5}\ mol \cdot L^{-1})$	s/s_0
0.0000	1.278(s_0)	1.00	0.0000	0.96(s_0)	1.00
0.0010	1.325	1.04	0.0010	1.16	1.21
0.0050	1.385	1.08	0.0050	1.42	1.48
0.0100	1.427	1.12	0.0100	1.63	1.70
			0.0360	2.35	2.45

产生盐效应的原因是由于离子活度系数 γ 与溶液中电解质的浓度有关。当强电解质的浓度增大到一定程度时，离子间的作用力增大，从而引起离子活度系数明显减小。由式(8－3)可知，在一定温度下 K_{sp} 是一个常数，当活度 γ 减小时，则必定引起沉淀的溶解度增大。因此，在利用同离子效应降低沉淀溶解度时应考虑盐效应的影响，即沉淀剂不能过量太多。

应该指出，如果沉淀溶解度本身很小，盐效应的影响非常之小，以至可以忽略不计。当沉淀的溶解度较大时，则必须注意盐效应的影响。

3. 酸效应

溶液的酸度给沉淀溶解度带来的影响，称为酸效应。产生酸效应的原因是沉淀的构晶离子与溶液中的 H^+ 或 OH^- 发生了副反应：

$$
\begin{array}{ccccc}
M_mA_n & \rightleftharpoons & mM^{n+} & + & nA^{m-} \\
 & & \Downarrow OH^- & & \Downarrow H^+ \\
 & & M(OH) & & HA \\
 & & \vdots & & \vdots
\end{array}
$$

使平衡向右移动，致使沉淀的溶解度增大。

例如，在 pH＝5 和 pH＝2 时沉淀 CaC_2O_4，比较两种情况下 CaC_2O_4 沉淀的溶解度。

$$
\begin{array}{l}
CaC_2O_4 \rightleftharpoons Ca^{2+} + C_2O_4^{2-} \\
\qquad\qquad\qquad\qquad \Downarrow H^+ \\
\qquad\qquad\qquad HC_2O_4^- \xrightleftharpoons{H^+} H_2C_2O_4
\end{array}
$$

通过有关计算：

pH＝5 时，$s=4.8\times10^{-5}$ mol/L；

pH＝2 时，$s=6.1\times10^{-4}$ mol/L。

由上述可知，CaC_2O_4 在 pH＝2 的溶液中的溶解度约是在 pH＝5 的溶液中的溶解度的 13 倍。酸效应对于不同类型沉淀的影响情况不一样。通常，对于弱酸盐沉淀，如碳酸盐、草酸盐、磷酸盐等，应在较低的酸度下进行沉淀。如果沉淀本身是弱酸，如硅酸($SiO_2 \cdot nH_2O$)、钨酸($WO_3 \cdot nH_2O$)等，易溶于碱，则应在强酸性介质中进行沉淀。如果沉淀是强酸盐，如 AgCl 等，在酸性溶液中进行沉淀时，溶液的酸度对沉淀的溶解度影响不大。对于硫酸盐沉淀，由于 H_2SO_4 的 K_{a_2} 不大，所以溶液的酸度太高时，沉淀的溶解度也随之增大，同时还伴随盐效应的影响。

4. 配位效应

进行沉淀反应时，若溶液中存在能与构晶离子生成可溶性配合物的配位剂，则可使沉淀溶解度增大，这种现象称为配位效应。

配位效应对沉淀溶解度的影响，与配位剂的浓度及配合物的稳定性有关。配位剂的浓度愈大，生成的配合物愈稳定，沉淀的溶解度愈大。

进行沉淀反应时，有时沉淀剂本身就是配位剂，那么，反应中既有同离子效应，降低沉淀的溶解度，又有配位效应，增大沉淀的溶解度。如果沉淀剂适当过量，同离子效应起主导作用，沉淀的溶解度降低；如果沉淀剂过量太多，则配位效应起主导作用，沉淀的溶解度反而增大。表 8－2 列出 AgCl 沉淀在不同浓度的 NaCl 溶液中的溶解度。

表 8－2　AgCl 沉淀在不同浓度的 NaCl 溶液中的溶解度

过量 NaCl 浓度 $c/(mol \cdot L^{-1})$	AgCl 溶解度 $s/(mol \cdot L^{-1})$	过量 NaCl 浓度 $c/(mol \cdot L^{-1})$	AgCl 溶解度 $s/(mol \cdot L^{-1})$
0.00	1.3×10^{-5}	8.8×10^{-2}	3.6×10^{-6}
3.9×10^{-3}	7.2×10^{-7}	3.5×10^{-1}	1.7×10^{-5}
9.2×10^{-3}	9.1×10^{-7}	5.0×10^{-1}	2.8×10^{-5}
3.6×10^{-6}	1.9×10^{-6}		

5. 影响沉淀溶解度的其他因素

(1) 温度的影响　沉淀的溶解反应绝大部分是吸热反应。因此，沉淀的溶解度一般随温度的升高而增大，而且沉淀的性质不同，其影响程度也不同(见图 8－1 所示，温度对于 $BaSO_4$，$CaC_2O_4 \cdot H_2O$ 和 AgCl 的溶解度的影响)。通常对于一些在热溶液中溶解度较大的沉淀，为了避免因沉淀溶解而引起损失，应在热溶液中进行沉淀反应，在室温下进行过滤和洗涤，如 CaC_2O_4，$MgNH_4PO_4$ 等。但对于沉淀如 $Fe(OH)_3$，$Al(OH)_3$ 等，由于它们的溶解度很小，而溶液冷却后又很难过滤和洗涤，所以应在热溶液中沉淀，趁热过

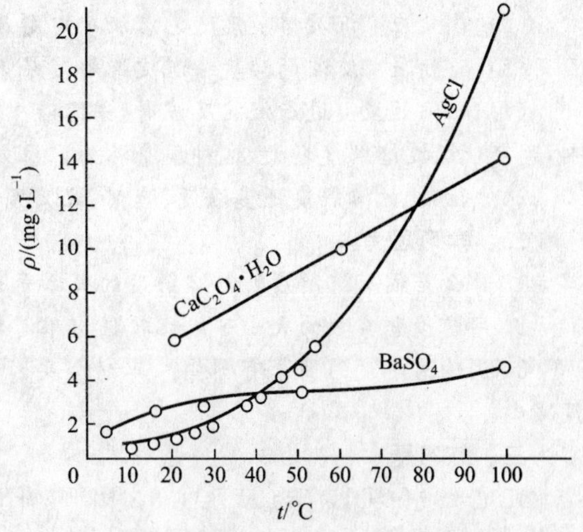

图 8－1　温度对几种沉淀溶解度的影响

滤，并用热洗涤液进行洗涤。

(2) 溶剂的影响 无机物沉淀大部分是离子型晶体，它们在水中的溶解度一般比在有机溶剂大一些。例如，$PbSO_4$ 沉淀在水中的溶解度为 1.5×10^{-4} mol/L，而在50%乙醇溶液中的溶解度为 7.6×10^{-6} mol/L。应该指出，当采用有机沉淀剂时，所得沉淀在有机溶剂中的溶解度一般很大。

(3) 沉淀颗粒大小的影响 同一种沉淀，晶体颗粒大，溶解度小；晶体颗粒小，溶解度大。这是因为在相同质量的条件下，小颗粒比大颗粒有更大的总表面积和更多的边角，而处于这些位置上的离子晶体内离子的吸引力较小，又受溶剂分子的作用，所以更易进入溶液而使沉淀的溶解度增大。

(4) 沉淀结构的影响 许多沉淀，在初生成时为亚稳定型结构，放置后逐渐转化为稳定型结构。一般亚稳定型的溶解度较大，所以沉淀能自发地转化为稳定型。例如，初生成的 HgS 为亚稳定型黑色立方体沉淀，放置后转化为稳定型红色三角形的朱砂。

上述各种影响因素，对于不同的沉淀影响亦不相同，在进行实际操作时，应根据沉淀的性质予以具体考虑。

思考与练习 8-2

一、要点回顾

1. 沉淀的溶解度

在水溶液中以分子状态或离子对状态存在时的活度，称为分子溶解度。因其在一定温度下是常数，所以 s^0 又称为固有溶解度。对于 M_mA_n 型的沉淀，溶解度 $s=\sqrt[m+n]{\dfrac{K_{sp}}{m^m n^n}}$；溶度积常数 $K_{sp}=[M^{n+}]^m[A^{m-}]^n=m^m n^n s^{m+n}$。

2. 影响沉淀溶解度的因素

(1) 同离子效应 当沉淀反应达到平衡后，如果向溶液中加入适当过量的含有某一构晶离子的试剂或溶液，沉淀的溶解度减小的现象，称为同离子效应。

(2) 盐效应 沉淀溶解度随着溶液中电解质浓度的增大而增大的现象，称为盐效应。

(3) 酸效应 溶液的酸度给沉淀溶解度带来的影响，称为酸效应。

(4) 配位效应 进行沉淀反应时，若溶液中存在能与构晶离子生成可溶性配合物的配位剂，则可使沉淀溶解度增大，这种现象称为配位效应。

此外，沉淀的溶解度还受温度、溶剂、沉淀颗粒大小、沉淀结构等因素的影响。

二、学习思考

1. 什么是固有溶解度？与溶解度的关系是什么？

2. 用溶度积常数的大小可以比较任何难溶物质溶解度的大小吗？

3. 影响溶解度的因素有哪些？其中哪些因素可以使溶解度增大？哪些因素又能使溶解度减小？

三、练习题

1. 已知 $Mg(OH)_2$ 的 $K_{sp}=1.8\times10^{-11}$，计算其在纯水中的溶解度。

2. 计算 CaC_2O_4 在纯水中的溶解度；在 0.01 mol/L $(NH_4)_2C_2O_4$ 溶液中的溶解度。已知

CaC_2O_4 的 $K_{sp}=2.3\times10^{-9}$。

3. 计算 Ag_2CrO_4 在 0.1 mol/L KNO_3 溶液中的溶解度比在纯水的溶解度大多少？已知 Ag_2CrO_4 的 $K_{sp}=1.2\times10^{-12}$。

4. 计算 $BaSO_4$ 在 2.0 mol/L HCl 溶液中的溶解度。已知 $BaSO_4$ 的 $K_{sp}=1.1\times10^{-10}$，H_2SO_4 的 $K_{sp}=1.2\times10^{-2}$。

第三节　沉淀的类型和沉淀的形成

【学习指导】 晶形沉淀和无定形沉淀的特点及其形成是本节的主要内容。通过对比的方法，掌握晶形沉淀和无定形沉淀的特点、形成过程及沉淀形成条件。

一、沉淀的类型

沉淀按其物理性质不同，可粗略地分为晶形沉淀、凝乳状沉淀和无定形沉淀三类。它们之间的主要差别是沉淀颗粒的大小不同。

1. 晶形沉淀

晶形沉淀的颗粒最大，其直径大约为 0.1～1 μm。在沉淀内部，离子按晶体结构有规则地进行排列，因而结构紧密，整个沉淀所占的体积较小，极易沉降于容器底部。如 $BaSO_4$，$MgNH_4PO_4$ 等。

2. 无定形沉淀

无定形沉淀的颗粒最小，其直径大约在 0.02 μm 以下。沉淀内部离子排列杂乱无章，并且包含有大量水分子，因而结构疏松，体积庞大，难以沉降。如 $Fe(OH)_3$，$Al(OH)_3$ 等，因此也常写成 $Fe_2O_3\cdot nH_2O$，$Al_2O_3\cdot nH_2O$。

3. 凝乳状沉淀

凝乳状沉淀的颗粒大小在上述两者之间，其直径大约为 0.02～0.1 μm，因此其性质也介于两者之间，如 $AlCl_3$。

二、沉淀的形成过程

沉淀的形成过程，包括晶核的形成和晶核的长大两个步骤，现分别讨论如下。

1. 晶核的形成过程

晶核的形成可以分为均相成核作用和异相成核作用两种情况。均相成核作用，是指构晶离子在过饱和溶液中，通过离子的缔合作用，自发地形成晶核。$BaSO_4$ 的均相成核是在过饱和溶液中，由于静电作用，Ba^{2+} 和 SO_4^{2-} 缔合为离子对（Ba^{2+} SO_4^{2-}），离子对进一步结合 Ba^{2+} 或 SO_4^{2-} 形成离子群，当离子群成长到一定大小时，就成为晶核。不同的沉淀，组成晶核的离子数目不一样，晶核中离子数目的多少与物质的性质有关。例如，$BaSO_4$ 的晶核由 8 个构晶离子组成，CaF_2 的晶核由 9 个构晶离子组成，Ag_2CrO_4 的晶核由 6 个构晶离子组成。

所谓异相成核作用，是指溶液中混有固体微粒，在沉淀过程中，这些微粒起着晶种的作用，诱导沉淀的形成。一般情况下，使用的玻璃容器壁上总附有一些很小的固体微粒，此外，溶剂、试剂、灰尘都会引入杂质，即使是分析纯试剂，也含有约 0.1 μm 的微溶性杂质。在进行沉淀反应时，这些不可避免的微粒的存在，起着晶种的作用，因此异相成核作用总是存在的。

在某些情况下，溶液中可能只有异相成核作用。这时，溶液中的"晶核"数目，取决于溶液中混入固体微粒的数目，而不再形成新的晶核。也就是说，最后得到的晶粒数目，就是原有"晶核"数目。很明显，在这种情况下，由于"晶核"数目基本恒定，所以随着构晶离子浓度的增加，晶体将成长得大一些，而不增加新的晶体。但是，当溶液的相对过饱和度较大时，构晶离子本身也可以形成晶核，这时，既有异相成核作用，又有均相成核作用。如果继续加入沉淀剂，将有新的晶核形成，使获得的沉淀晶粒数目多而颗粒小。

不同的沉淀，形成均相成核作用时所需的相对过饱和程度不一样。溶液的过饱和度可用相对过饱和度 $(Q-s)/s$ 的大小来量度。冯・韦曼(von Weimarn)曾用经验公式描述了沉淀生成的初速度 v(即晶核形成速度)与相对过饱和度成正比的关系，即

$$v=K(Q-s)/s$$

式中，Q 为加入沉淀剂时溶质的瞬间总浓度；s 表示晶核的溶解度；$Q-s$ 为过饱和度；K 是与沉淀的性质、温度和介质等因素有关的常数。当溶液过饱和度较小时，沉淀生成的初速度很慢，此时异相成核是主要的成核过程。由于外来固体微粒的数目是有限的，构晶离子只能在这有限的晶核上沉积长大，从而有可能得到较大的沉淀颗粒。而当溶液的相对过饱和度较大时，由于沉淀生成的初速度较快，大量构晶离子必然自发地生成新的晶核，而使均相成核作用占优势，溶液中晶核总数也随相对过饱和度的增大而急剧增大，致使沉淀的颗粒减小。

从成核过程来看，沉淀颗粒的大小主要取决于所形成晶核数目的多少，而这又取决于成核过程中，均相成核与异相成核哪一个占优势。

2. 沉淀颗粒的生成过程

晶核形成之后，溶液中的构晶离子向晶核表面扩散，并沉积在晶核上，使晶核逐渐长大，成为沉淀微粒。这种由离子聚集成晶核，再进一步堆积形成肉眼可见的沉淀微粒的过程称为聚集过程。在聚集的同时，构晶离子又有按一定的晶格整齐排列在晶核表面从而形成更大晶粒的倾向，这种定向排列的作用称为定向过程。沉淀颗粒的大小以至生成沉淀的类型，则由两个过程进行速度的相对大小所决定；反之，如定向速度大于聚集速度则易形成晶形沉淀。

聚集速度的大小主要与溶液的相对过饱和度有关，相对饱和度越大，聚集速度也越大；反之，溶液的相对饱和度越小，聚集速度也越小。因此在沉淀 $BaSO_4$ 时，常利用酸效应适当增大 $BaSO_4$ 的溶解度，减小溶液的相对饱和度，以利于得到颗粒较大的晶形沉淀。

定向速度的大小则主要与物质的性质有关，极性较强的盐类，一般具有较大的定向速度，故常生成晶形沉淀，如 $BaSO_4$，CaC_2O_4 等。氢氧化物，特别是高价金属离子的氢氧化物如 $Al(OH)_3$，$Fe(OH)_3$ 等，它们的溶解度很小，沉淀时溶液的相对过饱和度较大；又由于含有大量的水分子而阻碍着离子的定向排列，因此定向速度较小，一般易生成体积庞大、结构疏松的无定形沉淀。

综上所述，沉淀的类型不仅取决于沉淀物质的性质，也与进行沉淀的条件密切相关，成核过程和晶体的成长过程都对沉淀颗粒的大小有影响。为了得到重量分析所希望的粗大颗粒沉淀，通过改善沉淀的条件来控制溶液的相对过饱和度是十分重要的。

三、沉淀条件的选择

为了获得纯净、易于过滤和洗涤的沉淀，对于不同类型的沉淀，应当采取不同的沉淀条件。

1. 晶形沉淀的沉淀条件

为获得较大的沉淀颗粒，避免沉淀的溶解损失，应采取以下沉淀条件。

（1）沉淀作用应在适当的稀溶液中进行　在沉淀过程中，稀溶液的过饱和度不大，均相作用不显著，容易得到大颗粒的晶形沉淀。同时，由于溶液稀，杂质的浓度减小，共沉淀现象也相应减少，有利于得到纯净的沉淀。但是，为了减小沉淀的溶解损失，溶液的浓度不宜过稀。

（2）在不断搅拌下，缓慢地加入沉淀剂　一般地，当沉淀剂加入到试液中时，由于来不及扩散，所以在两种溶液混合处，沉淀剂的浓度比溶液中其他地方的浓度高。这种现象称为局部过浓。局部过浓使部分溶液的相对过饱和度变大，导致均相成核，易获得颗粒较小、纯度较差的沉淀。

（3）沉淀作用应该在热溶液中进行　这样使沉淀的溶解度略有增加，可以降低溶液的相对过饱和度，以利于生成粗大的结晶颗粒，同时还可以减少沉淀对杂质的吸附。为了防止沉淀在热溶液中的溶解损失，应当在沉淀作用完毕后，将溶液冷却至室温，然后再进行过滤。

（4）陈化　沉淀作用完毕后，让沉淀留在母液中放置一段时间，这个过程叫做陈化。由于在同样条件下，小晶粒比大晶粒溶解度大，对大晶粒为饱和溶液时，小晶粒却未达到饱和，所以小晶粒就要溶解。这样，溶液中构晶离子就在大晶粒上沉积，沉积到一定程度后，溶液对大晶粒为过饱和溶液时，对小晶粒又为不饱和溶液，又要溶解。如此反复进行，小晶粒逐渐消失，大粒结晶不断长大。陈化作用如图 8-2 所示。

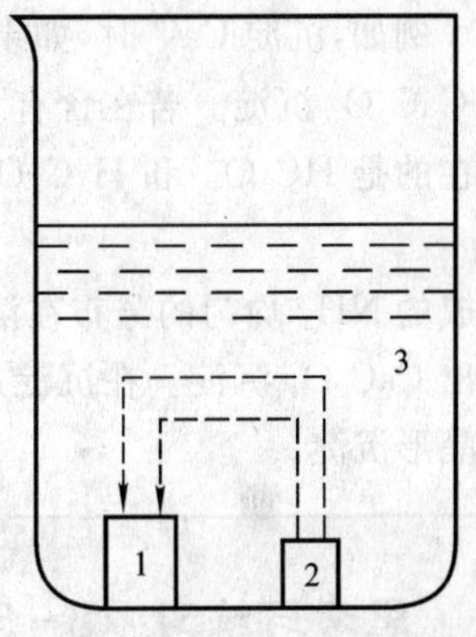

图 8-2　陈化过程

1. 大晶粒；2. 小晶粒；3. 溶液

加热和搅拌可以加快陈化的进行。例如，$BaSO_4$ 沉淀在室温时需要陈化一昼夜，而在加热且搅拌时，则陈化的时间可缩短为 1～2 h或更短的时间即可完成。

在陈化时，可以使不完整的晶粒转变为较完整的晶粒，亚稳态沉淀转变成稳定态沉淀，并驱出已吸附杂质。总之，经过陈化后，可以得到比较完整、纯净、溶解度较小的沉淀。但是，陈化作用对伴随有混晶共沉淀的沉淀，不一定能提高纯度；对伴随有后沉淀的沉淀，不仅不能提高纯度，有时反而会降低纯度。因此，在实际操作时是否进行陈化和如何陈化，应当根据沉淀的类型和性质而定。

2. 无定形沉淀的沉淀条件

无定形沉淀一般溶解度很小，颗粒微小，体积庞大，不仅吸收杂质多，而且难以过滤和洗涤，甚至容易形成胶体溶液无法沉淀出来。因此，对于无定形沉淀，主要是设法加速沉淀微粒凝聚，以获得紧密沉淀，减少杂质吸附和防止形成胶体溶液。至于沉淀的溶解损失，可以忽略不计。

（1）沉淀作用应在比较浓的溶液中进行　因为溶液浓度大，则离子的水合程度减小，得到的沉淀含水量少，体积较小，结构较紧密。但此时吸附杂质也多，所以在沉淀作用完全后，应立刻加入大量的热水冲稀母液，使被吸附的一部分杂质转入溶液。

（2）沉淀作用应在热溶液中进行 这样可以减小离子的水合程度，有利于得到含水量少、结构较紧密的沉淀。还可以防止胶体的生成，减少沉淀表面对杂质的吸附。

（3）溶液中加入适当的电解质或胶体 电解质能中和胶体微粒的电荷，降低其水化程度，利于胶体微粒凝聚。但应选用易挥法性的盐类，如铵盐等。有时在溶液中加入与胶体带相反电荷的另一种胶体，也可促使胶体微粒凝聚。例如，测定 SiO_2 时，在强酸介质中析出的硅酸胶体带负电荷，加入带正电荷的动物胶，可促使硅酸胶体凝聚而沉降。

（4）不必陈化 沉淀完毕后，静置数分钟，让沉淀下沉后立即趁热过滤。由于这类沉淀一经放置，将会失去水分而聚集得十分紧密，不易洗涤除去所吸附的杂质。

（5）必要时进行再沉淀 无定形沉淀一般含杂质的量较多，如果对测定准确度要求较高时，应当进行再沉淀。

此外，沉淀时不断搅拌，对无定形沉淀也是有利的。

3. 均匀沉淀法

这种方法中，加入到溶液中的沉淀剂是通过一种化学反应过程，逐步地、均匀地产生出构晶离子，使沉淀在整个溶液中缓慢地、均匀地析出。这样就可避免局部过浓的现象，获得的沉淀是颗粒较大，吸附杂质较少，易于过滤和洗涤的晶形沉淀。

例如，沉淀 Ca^{2+} 时，如果直接加入 $(NH_4)_2C_2O_4$，虽按晶形沉淀条件进行沉淀，仍得到颗粒细小 CaC_2O_4 沉淀。若在含有 Ca^{2+} 的酸性溶液中加入 HCl 酸化，然后加入 $(NH_4)_2C_2O_4$，溶液主要存在的是 $HC_2O_4^-$ 和 $H_2C_2O_4$，此时向溶液中加入尿素，加热至 90℃，尿素逐渐水解：

$$CO(NH_2)_2 + H_2O \longrightarrow CO_2\uparrow + 2NH_3$$

生成的 NH_3 均匀的分布在溶液中，使酸度渐渐降低，$C_2O_4^{2-}$ 的浓度渐渐增大，最后均匀而缓慢地析出 CaC_2O_4 沉淀。在沉淀过程中，溶液的相对饱和度始终是比较小的，所以得到的是粗大颗粒的晶形沉淀。

思考与练习 8-3

一、要点回顾

1. 沉淀的类型

（1）晶形沉淀 直径大约为 0.1～1 μm，离子有规则地进行排列，因而结构紧密，整个沉淀所占的体积较小，极易沉降于容器底部。

（2）无定形沉淀 直径大约在 0.02 μm 以下，离子排列杂乱无章，并且包含有大量水分子，因而结构疏松，体积庞大，难以沉降。

（3）凝乳状沉淀 凝乳状沉淀的颗粒大小在上述两者之间，其直径大约为 0.02～0.1 μm，因此其性质也介于两者之间。

2. 沉淀的形成过程

（1）晶核的形成 ①均相成核作用，是指构晶离子在过饱和溶液中，通过离子的缔合作用，自发地形成晶核；②异相成核作用，是指溶液中混有固体微粒，在沉淀过程中，这些微粒起着晶种的作用，诱导沉淀的形成。

（2）沉淀颗粒的生成过程 ①由离子聚集成晶核，再进一步堆积形成肉眼可见的沉淀微粒的过程称为聚集过程；②构晶离子又有按一定的晶格整齐排列在晶核表面从而形成更大晶粒的倾向，这种定向排列的作用称为定向过程。

3. 沉淀的条件

(1) 晶形沉淀的沉淀条件 稀、慢、热、陈。

(2) 无定形沉淀的沉淀条件 浓、热、快、稀、再。

二、学习思考

1. 晶形沉淀和非晶形沉淀各有什么特征？

2. 均相成核与异相成核的主要区别是什么？

3. 什么是聚集速度和定向速度？怎样影响生成沉淀的类型？

4. 什么是相对过饱和度？

5. 陈化的作用是什么？如何缩短陈化的时间？

6. 什么叫均匀沉淀法？有何优点？试举例说明。

三、练习题

1. 不符合称量分析对沉淀要求的是(　　)。

(A) 易得到纯净沉淀　　(B) 沉淀易于过滤和洗涤

(C) 通常沉淀的溶解度较大　　(D) 易得到纯的晶形沉淀

2. 下列选项中有利于形成晶形沉淀的是(　　)。

(A) 沉淀应在较浓的热溶液中进行　　(B) 沉淀过程应保持较低的过饱和度

(C) 沉淀时应加入适量的电解质　　(D) 沉淀后加入热水稀释

第四节 影响沉淀纯度的因素

【学习指导】 共沉淀现象和继沉淀现象对沉淀纯度的影响及提高沉淀纯度的措施是本节的主要内容。通过物理或物理化学的基本理论，弄清楚造成共沉淀现象和继沉淀现象的原因，正确理解两者对沉淀纯度的影响，进一步掌握提高沉淀纯度的措施。

重量分析不仅要求沉淀的溶解度要小，而且应当是纯净的。但是当沉淀自溶液中析出时，总有一些可溶性物质随之一起沉淀下来影响沉淀的纯度。影响沉淀纯度的主要因素有共沉淀和后沉淀现象，现分别讨论如下。

一、共沉淀现象

在进行沉淀反应时，某些混杂于沉淀之中可溶性的杂质与沉淀同时沉淀的现象，叫做共沉淀现象。共沉淀现象，致使沉淀被沾污，是重量分析法中误差的主要来源之一。这是由表面吸附、吸留和生成混晶所造成的结果。

1. 表面吸附

表面吸附是在沉淀的表面上吸附了杂质，这是由于晶体表面上离子电荷的不完全平衡所引起的。例如，用重量分析法测定含有 Fe^{3+} 溶液中的 Ba^{2+} 时，加入沉淀剂稀 H_2SO_4，则生成如图 8－3

所示的 $BaSO_4$ 晶形沉淀。

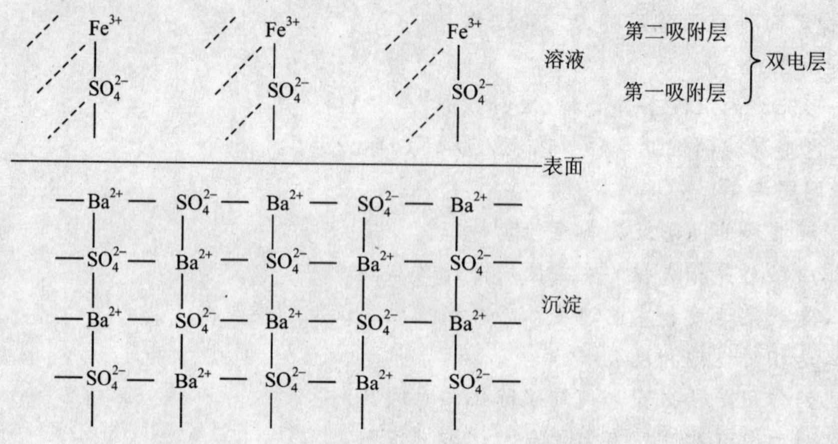

图 8-3 $BaSO_4$ 晶体表面吸附作用示意图

从图 8-3 可以看出，在沉淀中，构晶离子按一定的规律排列，晶体内部离子处于静电平衡状态；但在晶体表面上，离子的静电引力则未完全平衡，特别是处于棱、角上的离子更为显著，于是在静电引力作用下，使它们具有吸引带相反电荷离子的能力。在过量沉淀剂稀 H_2SO_4 存在下，晶体表面上的 Ba^{2+} 便吸附溶液中的 SO_4^{2-} 形成第一吸附层，结果使 $BaSO_4$ 沉淀带负电荷。第一吸附层中的 SO_4^{2-} 又吸附溶液中带正电荷的 Fe^{3+}（称为抗衡离子），形成第二吸附层（亦称抗衡离子层）。第一、第二吸附层共同构成双电层，在双电层里，电荷是平衡的。双电层能随沉淀一起沉降，从而沾污沉淀。

从静电引力的作用来说，在溶液中任何带相反电荷的离子都同样有被吸附的可能性。但是，实际上表面吸附是有选择性的，选择吸附的规律如下。

(1) 第一吸附层　构晶离子首先被吸附，例如，AgCl 沉淀容易吸附 Ag^+ 和 Cl^-。其次，是与构晶离子大小相近，电荷相同的离子容易被吸附，例如，$BaSO_4$ 沉淀比较容易吸附 Pb^{2+}。

(2) 第二吸附层　作为抗衡离子，离子的价态越高，则越容易被吸附，如 Fe^{3+} 比 Fe^{2+} 易被吸附。此外，能与构晶离子生成微溶化合物或解离度较小的化合物的离子也容易被吸附。例如，在沉淀 $BaSO_4$ 时，溶液中除 Ba^{2+} 外，还含有 NO_3^-，Cl^-，Na^+ 和 H^+，当加入沉淀剂稀 H_2SO_4 的量不足时，则 $BaSO_4$ 沉淀首先吸附 Ba^{2+} 而带正电荷，然后吸附 NO_3^-，而不容易吸附 Cl^-，因为 $Ba(NO_3)_2$ 的溶解度小于 $BaCl_2$。如果加入过量的稀 H_2SO_4 之后，则 $BaSO_4$ 沉淀先吸附 SO_4^{2-} 而带负电荷，然后吸附 Na^+ 而不容易吸附 H^+，因为 Na_2SO_4 的溶解度比 H_2SO_4 要小。

此外，吸附杂质量的多少，还与下列因素有关。

(1) 沉淀的总表面积愈大，吸附杂质的量愈多。因此，无定形沉淀较晶形沉淀吸附杂质多，细小的晶形沉淀较粗大的晶形沉淀吸附杂质多。

(2) 杂质离子的浓度愈大，被吸附的量也愈多。

(3) 溶液的温度也影响着杂质的吸附量。因为吸附作用是一个放热过程，所以溶液的温度愈高，吸附的杂质量愈小。

2. 吸留和包夹

在沉淀过程中，如果沉淀生成速度太快，沉淀表面吸附的杂质离子来不及离开，就被随后生成的沉淀覆盖而包藏在沉淀内部，引起共沉淀的现象称为吸留；如留在沉淀内部的是母液，则称为包夹。吸留实质上仍是一种吸附，有一定的选择性，符合吸附规律；而包夹并无选择性，包夹的杂质可能有母液中的各种离子、分子。吸留、包夹的杂质无法用洗涤的方法除去，而只能通过重结晶或陈化的方法进行纯化。

3. 生成混晶

每种晶形沉淀，都有其一定的晶体结构。如果杂质离子与构晶离子的半径相近，所形成的晶体结构相同，则它们极易生成混晶。常见的混晶有 $BaSO_4$ 和 $PbSO_4$，AgCl 和 AgBr，$MgNH_4PO_4 \cdot 6H_2O$ 和 $MgNH_4AsO_4 \cdot 6H_2O$ 等。此外，有一些杂质，如立方体的 NaCl 和四面体的 Ag_2CrO_4 沉淀具有不同的晶体结构，也能生成混晶。混晶的生成，使沉淀严重不纯。

生成混晶的选择性是比较高的，要避免也很困难。因为不论杂质的浓度多么小，只要构晶离子形成了沉淀，杂质就一定会在沉淀过程中取代某一构晶离子而进入到沉淀中。

二、继沉淀现象

继沉淀又称为后沉淀。继沉淀现象是指溶液中某些组分析出沉淀之后，在放置的过程中，杂质离子慢慢沉淀到原沉淀上的现象。例如，在含有 Cu^{2+}，Zn^{2+} 等离子的酸性溶液中通入 H_2S 时，最初得到的 CuS 沉淀中并不夹杂 ZnS。但是如果沉淀与溶液长时间接触，则由于沉淀从溶液中吸附了 S^{2-}，使沉淀表面上 S^{2-} 浓度大大增加，当 S^{2-} 浓度与 Zn^{2+} 浓度的乘积大于 ZnS 的溶度积时，在 CuS 沉淀的表面上就析出了 ZnS 沉淀。

继沉淀现象与前述三种共沉淀现象的区别如下。

(1) 继沉淀引入杂质的量，随沉淀在试液中放置时间的增长而增多，而共沉淀受放置时间影响较小。所以避免或减少继沉淀的主要办法是缩短沉淀与母液共置的时间。

(2) 不论杂质是在沉淀之前就存在的，还是沉淀形成后加入的，继沉淀引入杂质的量基本上一致。

(3) 温度升高，继沉淀现象有时更为严重。

(4) 继沉淀引入杂质的程度，有时比共沉淀严重得多。杂质引入的量，可能达到与被测组分的量差不多。

在沉淀重量法中，共沉淀和继沉淀现象对测定结果的影响，应根据具体情况进行分析。

三、提高沉淀纯度的措施

为了得到纯净的沉淀，应针对上述造成沉淀不纯的原因，采取下列各种措施。

1. 选择适当的分析程序

当分析试液中被测组分含量较低，而杂质含量较高时，则应首先沉淀被测组分。如果先分离杂质，则由于大量沉淀的生成就会使少量被测组分随之共沉淀，从而引起分析结果不准确。

2. 降低易被吸附的杂质离子浓度

对于易被吸附的杂质离子，可采用适当的掩蔽方法或改变杂质离子价态来降低其浓度。例如，将 Ba^{2+} 沉淀为 $BaSO_4$ 时，Fe^{3+} 易被吸附，可把 Fe^{3+} 还原为不易被吸附的 Fe^{2+}，或加酒石酸、柠檬酸等使之生成稳定的配离子，以减少沉淀对 Fe^{3+} 吸附。

3. 选择适当的洗涤剂进行洗涤

吸附作用是可逆过程，用适当的洗涤剂通过洗涤交换的方式，可洗去沉淀表面吸附的杂质离子。选择的洗涤剂必须是在灼烧或烘干时容易挥发除去的物质。为了提高洗涤沉淀的效率，同体积的洗涤剂应尽可能分多次洗涤，即按“少量多次”的洗涤原则。

4. 进行再沉淀

将沉淀过滤洗涤之后溶解，使沉淀中残留的杂质进入溶液，再进行第二次沉淀，这种操作叫做再沉淀。再沉淀对于除去吸留的杂质特别有效。

5. 选择适当的沉淀条件

沉淀的吸附作用与沉淀颗粒的大小、沉淀的类型、温度和陈化过程等都有关系。因此，要获得纯净的沉淀，则应根据沉淀的具体情况，选择适宜的沉淀条件。

思考与练习 8-4

一、要点回顾

1. 共沉淀现象

在进行沉淀反应时，某些混杂于沉淀之中可溶性的杂质与沉淀同时沉淀的现象，叫做共沉淀现象。可分为表面吸附、吸留和包夹及生成混晶三种类型。

2. 继沉淀现象

继沉淀又称为后沉淀。继沉淀现象是指溶液中某些组分析出沉淀之后，在放置的过程中，杂质离子慢慢沉淀到原沉淀上的现象。

3. 提高沉淀纯度的措施

① 选择适当的分析程序；

② 降低易被吸附的杂质离子浓度；

③ 选择适当的洗涤剂进行洗涤；

④ 进行再沉淀；

⑤ 选择适当的沉淀条件。

二、学习思考

1. 共沉淀现象是怎样发生的？如何减少共沉淀现象？

2. 共沉淀与继沉淀有什么区别？

3. 提高沉淀纯度的措施有哪些？

三、练习题

1. 沉淀中若杂质含量太大，则应采取(　　)措施使沉淀纯净。

(A) 再沉淀　　(B) 升高沉淀体系温度

(C) 增加陈化时间　　(D) 减小沉淀的比表面积

2. 吸留、包夹的杂质纯化的方法是(　　)。

(A) 重结晶或陈化　　(B) 洗涤

(C) 重结晶或洗涤　　(D) 陈化或洗涤

第五节　重量分析结果的计算

【学习指导】 换算因数及其计算是本节的主要内容。弄清楚待测组分的摩尔质量和称量形式的摩尔质量中的基本单元，是掌握换算因数概念及其计算的关键性问题。

一、换算因数

重量分析中，多数情况下获得的称量形式与待测组分的形式不同，这就需要将由分析天平准确称得的称量形式的质量换算成待测组分的质量。待测组分的摩尔质量与称量形式的摩尔质量之比是常数，通常称为换算因数（又称重量分析因数），以 F 表示。待测组分 B 的质量分数可按下式进行计算：

$$w_B=\frac{mF}{m_s}\times 100\%$$

式中，w_B 为待测组分 B 的质量分数（数值以%表示）；m 为待测组分 B 的称量形式的质量(g)；m_s 为待测试样的质量(g)；F 为重量分析中的换算因数。

换算因数中的基本单元，以含有或相当于一个待测主体元素的原子为依据。例如，待测组分的形式为 Fe，Fe_3O_4，称量形式都为 Fe_2O_3，它们的换算因数分别为

$$F=\frac{M(\mathrm{Fe})}{M\left(\frac{1}{2}\mathrm{Fe_2O_3}\right)}$$

$$F=\frac{M\left(\frac{1}{3}\mathrm{Fe_3O_4}\right)}{M\left(\frac{1}{2}\mathrm{Fe_2O_3}\right)}$$

二、分析结果的计算示例

例 8-1　用 $BaSO_4$ 重量分析法测定黄铁矿中硫的含量时，称取试样 0.2436 g，最后得到 $BaSO_4$ 沉淀 0.5218 g，计算试样中硫的质量分数。

解：待测组分的摩尔质量为 M(S)，称量形式的摩尔质量为 $M(BaSO_4)$，则

$$w(\mathrm{S})=\frac{mF}{m_s}\times 100\%=\frac{m\times\frac{M(\mathrm{S})}{M(\mathrm{BaSO_4})}}{m_s}\times 100\%$$

$$=\frac{0.5218\ \mathrm{g}\times\frac{32.06\ \mathrm{g/mol}}{233.4\ \mathrm{g/mol}}}{0.2436\ \mathrm{g}}\times 100\%$$

$$=29.42\%$$

答：该黄铁矿中硫的质量分数为 29.42%。

例 8-2　NH_4^+ 离子可用 H_2PtCl_6 沉淀为 $(NH_4)_2PtCl_6$，再灼烧为金属 Pt 后称量测定。若分析得到 0.2046 g Pt，求试样中含 NH_3 的质量。

解：待测组分的摩尔质量为 $M(NH_3)$，称量形式的摩尔质量为 $M\left(\frac{1}{2}\mathrm{Pt}\right)$。

$$m(NH_3)=mF=m\times\frac{M(NH_3)}{M\left(\frac{1}{2}Pt\right)}$$

$$=0.2046\ g\times\frac{17.03\ g/mol}{97.55\ g/mol}$$

$$=0.035\ 72\ g$$

答：试样中 NH_3 的质量为 0.035 72 g。

思考与练习 8-5

一、要点回顾

换算因数是指待测组分的摩尔质量与称量形式的摩尔质量之比，以 F 表示。换算因数中的基本单元，以含有或相当于一个待测主体元素的原子为依据。

二、学习思考

1. 什么叫换算因数？有何意义？

2. 重量分析法测定 $BaCl_2\cdot H_2O$ 中钡的含量，纯度约 90%，要求得到 0.5 g $BaSO_4$，问应称试样多少克？

3. 称取含银的试样 0.2500 g，用重量分析法测定时，得 AgCl 0.2991 g，问：

(1) 若沉淀为 AgI，可得此沉淀多少克？

(2) 试样中银的质量分数为多少？

三、练习题

1. 称取某试样 0.5000 g，经一系列分析步骤后得 NaCl 和 KCl 共 0.1803 g，将此混合氯化物溶于水后，加入 $AgNO_3$，得 0.3904 g AgCl，计算试样中 Na_2O 和 K_2O 的质量分数。

2. 测定硅酸盐中的 SiO_2 时，0.5000 g 试样得 0.2835 g 不纯的 SiO_2，将不纯的 SiO_2 用 $HF-H_2SO_4$ 处理，使 SiO_2 以 SiF_4 的形式逸出，残渣经灼烧后称得质量为 0.0015 g，计算试样中 SiO_2 的质量分数。若不用 $HF-H_2SO_4$ 处理，分析误差有多大？

3. 合金钢 0.4289 g，将镍离子沉淀为丁二酮肟镍（$NiC_8H_{14}O_4N_4$），烘干后的质量为 0.2671 g，计算合金钢中镍的质量分数。

4. 分析一磁铁矿 0.5000 g，得 Fe_2O_3 质量 0.4980 g，计算磁铁矿中：

(1) Fe 的质量分数；

(2) Fe_3O_4 的质量分数。

阅读材料　固体物质中水分的存在形式

固体物质（最常见的是化合物和矿石）中水分的存在形式大致有如下三种。

一、湿存水

湿存水是指附着于物质微粒表面的水分。湿存水因物质吸收空气中水蒸气而形成，其含量随空气湿度、物质的粉碎程度而改变，与物质没有确定的化学计量关系。

二、吸附水

吸附水是指以吸附形式(物理吸附或化学吸附)与物质结合的水。

三、结晶水

结晶水是指以化合物形式与物质结合的水，即化合物所含的结晶水。结晶水是结晶化合物内部的水分，有一定的组成，因而与物质有一定的化学计量关系，如 $CuSO_4 \cdot 5H_2O$，$BaCl_2 \cdot 2H_2O$ 等。

在一般情况下，当物质受热到某一温度时，湿存水和吸附水首先失去，继续加热到某一较高温度时，则结晶水相继失去。利用在烘箱中加热恒温办法可测定结晶水的含量。物质不同时结晶水含量不同，测定结晶水含量时所需温度也不同。

例如钙镁磷肥生产用原料磷矿石中水分测定，磷矿石中存在湿存水、吸附水和结晶水三种，水分测定是配料和经济核算依据。

湿存水的测定：湿存水的质量为室温条件下风干矿石失去的质量。先将试样在 45～50℃ 干燥 6～8 h，冷至室温称量。再在室温下自然干燥 1 h，称量到恒重，测得湿存水质量。

吸附水的测定：将试样平铺在称量瓶中，半开瓶盖于 105～110℃ 干燥 2 h，置于干燥器中冷至室温(约 25～30 min)，称量，重复干燥，每次需干燥半小时，直至恒重。

测定的总水分：湿存水＋吸附水，试样在 110℃ 干燥 2 h，然后在空气中冷至室温称量。重复干燥，每次需干燥半小时至恒重(前后两次称量之差，不超过原来试样质量 0.1%)。

第九章　定量分析中常用的分离方法和一般步骤

学习目标

- 了解定量分析中常用的分离方法和一般步骤；
- 掌握萃取分离方法的原理，能够进行萃取率的计算；
- 理解分配系数、分配比、交联度、交换容量和比移值的物理意义；
- 掌握液相色谱法分离原理和操作技术；
- 掌握试样的制备和分解方法；
- 理解定量分析方法的选择原则。

第一节　定量分析中常用的分离方法

【学习指导】　本节的主要内容是分离方法的基本原理和一些重要应用。以沉淀溶解平衡为理论基础，正确理解沉淀分离的基本原理，弄清楚分离的本质是使待分离组分分别处于不同的两相中，然后用物理方法进行分离。围绕分离的本质，用类比的方法逐一掌握其他几种分离方法的基本原理。掌握如分配系数与分配比的概念，明确为什么要引入分配比？通过解决此类问题进一步提高对分离方法的认识。

一、沉淀分离法

沉淀分离法是利用沉淀反应使待测组分与干扰组分分离的方法。这是一种经典的分离方法，方法的主要依据是溶度积原理。以下讨论几种重要的沉淀分离方法。

1. 常量组分的分离

(1) 氢氧化物沉淀分离　大多数金属离子都能生成氢氧化物沉淀，但沉淀的溶解度相差较大。根据它们的溶解度之间的差异，利用控制酸度的方法使某些金属离子彼此分离。通常可采用氢氧化钠、ZnO 悬浊液和有机碱等方法控制溶液的 pH。金属离子分离最适宜的 pH 范围与计算值常会有出入，因此，必须由实验确定。

(2) 硫化物沉淀分离　硫化物沉淀是根据金属硫化物的溶度积相差比较大的特点，通过控制溶液的酸度改变 S^{2-} 的浓度，使金属离子分离。H_2S 是常用的沉淀剂，在进行分离时，大多用缓冲溶液控制酸度。硫化物沉淀分离法的选择性不高，它主要用于分离除去某些重金属离子。

其他常用的无机沉淀剂有 SO_4^{2-}，CrO_4^{2-}，PO_4^{3-}，CO_3^{2-}，AsO_4^{3-}，Cl^- 等。有机沉淀剂有草酸、铜铁试剂、丁二酮肟和 8-羟基喹啉等。

2. 微量组分的共沉淀分离和富集

想一想

共沉淀现象对重量分析法有何影响?

在分离方法中,常利用共沉淀现象来分离和富集微量组分,即加入某种离子,与沉淀剂生成沉淀作为载体,将微量组分定量地沉淀下来,将沉淀分离后溶解在少量溶剂中,以达到分离和富集的目的。例如,自来水中痕量 Pb^{2+} 的测定,首先加入 Na_2CO_3,使水中的 Ca^{2+} 以 $CaCO_3$ 沉淀下来,利用共沉淀作用使 Pb^{2+} 全部沉淀下来,将所得沉淀溶于尽可能少的酸中,这样 Pb^{2+} 的浓度就会明显提高,达到与其他元素分离并得到富集的目的。此处的 $CaCO_3$ 称为共沉淀剂,也称为载体。所使用的共沉淀剂主要有无机共沉淀剂和有机共沉淀剂。

(1) 无机共沉淀剂

① 表面吸附共沉淀。在这种方法中,常用的无机共沉淀剂为氢氧化物和硫化物等胶体沉淀。由于胶体沉淀的比表面大,吸附能力强,故有利于微量组分的共沉淀。但这种方法的选择性不高。

② 混晶共沉淀。该法选择性比吸附共沉淀法高。常见的混晶有 $SrSO_4-PbSO_4$,$BaSO_4-PbSO_4$,$MgNH_4PO_4-MgNH_4AsO_4$。

(2) 有机共沉淀剂　有机共沉淀剂较多,它的特点是选择性高,分离效果好,共沉淀剂经灼烧后就能除去,不致干扰微量元素的测定。它的作用机理与无机共沉淀剂不同,不是依靠表面吸附或形成混晶载带下来,而是先把无机离子转化为疏水化合物,然后用与其结构相似的有机共沉淀剂将其载带下来。有机共沉淀剂,大致可分为三种类型。

① 利用胶体的凝聚作用。常用的共沉淀剂有辛可宁、单宁、动物胶等,可共沉淀的组分有钨、铌、钽和硅元素的含氧酸。

② 利用形成离子缔合物。一些相对分子质量较大的有机化合物,如甲基紫、孔雀绿、品红及亚甲基蓝等,在酸性溶液中带正电荷,当它们遇到以配阴离子形式存在的金属配离子时,能生成微溶性的离子缔合物而被共沉淀下来。

③ 利用惰性共沉淀剂。例如,Ni^{2+} 与丁二酮肟生成螯合物的沉淀,当 Ni^{2+} 含量很低时,丁二酮肟不能将其沉淀出来,若再加入丁二酮肟二烷酯的酒精溶液,因丁二酮肟二烷酯难溶于水,则在水溶液中析出,并将 Ni^{2+} 与丁二酮肟生成的螯合物共沉淀下来。丁二酮肟二烷酯与 Ni^{2+} 及螯合物都不发生反应,故这类载体称为惰性共沉淀剂。由于惰性共沉淀剂作用类似于溶剂萃取过程中的有机溶剂,因此上述过程也称为固体萃取。

二、溶剂萃取分离法

萃取分离法是利用物质在两种互不混溶的溶剂中溶解性能的不同而进行分离的方法。该方法既可用于主体组分,也可用于分离、富集痕量组分,特别适用于分离性质很相近的元素,是分析化学中广泛应用的分离方法。

1. 萃取分离的基本原理

(1) 萃取分离过程的本质　一般无机盐类都是离子型化合物,在水溶液中受水分子的极化作用,解离形成水合离子。它们易溶于水而难溶于有机溶剂的性质称为亲水性。许多有机化合物具有难溶于水而易溶于有机溶剂的性质称为疏水性或亲油性。萃取分离就是将无机离子从水相萃取到有机相以实现分离的目的。例如，Ni^{2+} 在水中以水合离子 $Ni(H_2O)_6^{2+}$ 形式存在，是亲水的，用氨性溶液调节该水溶液 pH 为 8～9 后，再加入丁二酮肟，使其与 Ni^{2+} 形成不带电荷的螯合物，此时被疏水集团包围，因而具有疏水性，可被氯仿萃取。因此，萃取过程的本质就是将物质由亲水性转化为疏水性的过程。

离子都具有亲水性，物质含亲水基团越多，其亲水性越强；物质含疏水基团越多，疏水基团越大，其疏水性越强。常见的亲水性基团有羟基、羧基、氨基和磺酸基等，疏水性基团有芳香基、烷基和卤代烷基等。

有时需要将有机相的物质再转入水相，这个过程称为反萃取。萃取和反萃取配合使用，能提高萃取分离的选择性。

(2) 分配系数与分配比

① 分配系数。用有机溶剂从水相中萃取溶质 A 时，如果溶质 A 在两相中的存在形式相同，平衡时在有机相中的浓度$[A]_{有}$和水相中的浓度$[A]_{水}$之比（严格说应为活度比）称为分配系数，用 K_D 表示。在给定的温度下，K_D 是一常数。

$$K_D=\frac{[A]_{有}}{[A]_{水}} \tag{9-1}$$

此式称为分配定律。它只适用于浓度较低的溶液，而且溶质在两相中以单一的相同形式存在。

② 分配比。在实际工作中，常遇到溶质在水相和有机相中具有多种存在形式，此时分配定律就不适用了。为此将溶质在有机相中各种存在形式的总浓度和在水相中的各种存在形式的总浓度之比定义为分配比，用 D 表示。

$$D=\frac{c_{有}}{c_{水}} \tag{9-2}$$

分配比能够更准确地反映在萃取过程中某物质在两相中分配的实际情况。例如，用 CCl_4 萃取 OsO_4 时，Os(Ⅷ)在水相中有 OsO_4，OsO_5^{2-} 和 $HOsO_5^-$ 三种存在形式，在 CCl_4 有机相中有 OsO_4，$(OsO_4)_4$ 两种存在形式存在。这种情况下分配系数 K_D 已无法反映所有存在形式在两相中分配的全貌，因此 D 更具有使用价值。

(3) 萃取率　萃取率是指萃取的完全程度，即溶质 A 在有机相中的量占溶质总量的摩尔分数，用 E 表示。

$$E=\frac{c_{有}V_{有}}{c_{有}V_{有}+c_{水}V_{水}}\times 100\% =\frac{D}{D+\frac{V_{水}}{V_{有}}}\times 100\% \tag{9-3}$$

从上式可知，萃取率由分配比和两相的体积比决定。D 越大，体积比越小，萃取率越高。当用等体积溶剂进行萃取时，$V_{有}=V_{水}$，则

$$E=\frac{D}{D+1}$$

此式说明，体积比为 1 时，萃取率只与 D 有关。当 D 为 1 000 时，萃取率可达 99.9%，一次萃取完全。当 D 为 100 和 10 时，萃取率分别为 99%和 91%，需要连续萃取。因此，对于 D 值较小的

溶质，可采用连续几次萃取的方法提高萃取率。连续萃取 n 次后，试液中剩余溶质的质量可用下式计算：

$$m_n = m_0\left(\frac{V_{水}}{DV_{有}+V_{水}}\right)^n \qquad (9-4)$$

式中，m_0 为试液中含有溶质的质量(g)；m_n 为萃取 n 次后试液中剩余溶质的质量(g)；$V_{水}$ 为试液的体积(mL)；$V_{有}$ 为萃取时有机溶剂的用量(mL)；D 为溶质在两相中的分配比。

萃取率可表示为

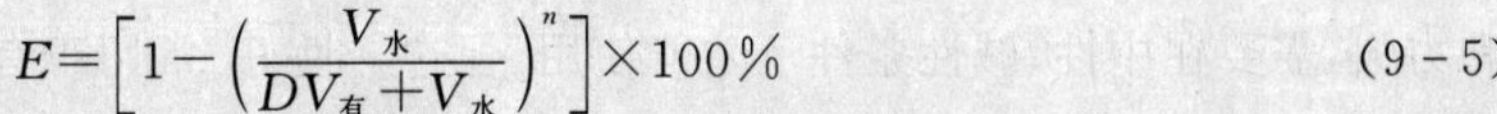

$$E=\left[1-\left(\frac{V_{水}}{DV_{有}+V_{水}}\right)^n\right]\times 100\% \qquad (9-5)$$

算一算

根据计算结果，能得出什么结论？

有一含 I_2 3.0 mg 的水溶液 50 mL，用 50 mL CCl_4 分别按全量一次萃取和每次用 25 mL，分两次萃取，计算萃取后溶液中剩余 I_2 的质量及萃取率各为多少？已知 I_2 在两相中的分配比 D 为 85。

2. 溶剂萃取在分析化学中的应用

利用溶剂萃取法可将待测元素分离或富集，从而消除了干扰，提高了分析方法的灵敏度。例如，天然水中微量农药的测定。由于农药在水中含量极少，不能直接测定，因而需取大量水样，用少量苯萃取。弃去水相后，收集苯层于瓷皿中，在室温下借助空气的流动促使苯溶液挥发，天然水中的农药得到富集。

$$水样\xrightarrow{苯}萃取\longrightarrow收集苯层\xrightarrow{苯挥发}富集农药$$

又如，合金、矿石中微量钒的测定，可利用五价钒在强酸介质中与钽试剂生成紫色的疏水性配合物，并用氯仿萃取，然后直接在有机相中比色，测定其含量，这种方法称萃取比色法（或光度法）。该方法灵敏度高，选择性好，操作简便。

萃取分离法使用的设备简单，操作可在梨形分液漏斗中进行。如果被萃取物分配比足够大，萃取一次即可。如果被萃取物分配比不够大，可多次萃取。若有干扰组分混入有机溶剂，可用洗涤的方法除去。洗涤液的组成与试液相同，但不含试样。通常洗涤 1～2 次即可达到目的。由于该方法简便快速，因此发展较快，现在已将萃取技术与某些仪器分析方法（如吸光光度法、原子吸收法）结合起来，促进了微量分析的发展。

萃取分离法的缺点是手工操作劳动强度大，有些萃取溶剂具有挥发性，且有毒，在应用上受到限制。

三、离子交换分离法

离子交换分离法是利用离子交换树脂与溶液中离子发生交换作用而进行分离的方法。各种离子与离子交换树脂的交换能力不同，被交换到树脂上的离子可选用适当的洗脱剂依次洗脱，从而达到彼此之间的分离。与溶剂萃取不同，离子交换分离是基于物质在固相与液相之间的分配。这种方法分离效率高，既能用于带相反电荷的离子间的分离，也能实现带相同电荷和性质相近的物质的离子之间的分离，还广泛地应用于微量组分的富集和高纯物质的制备等。其主要缺点是分离时间较长，耗费洗脱液较多。因此在实验室中只用来解决比较困难的分离问题。

想一想

溶剂萃取法与离子交换法有何异同？

1. 离子交换树脂的种类和性质

（1）离子交换树脂的种类　离子交换树脂是一类高分子聚合物，在离子交换树脂网状结构的骨架上，有许多可以与溶液中的离子起交换作用的活性基团，如$—SO_3H$，—COOH，═NOH 等。根据树脂中可交换的活性基团的不同，可分为以下几种。

① 阳离子交换树脂。这类树脂的活性交换基团是酸性的，它的 H^+ 可被阳离子交换，分为强酸型、弱酸型两类。强酸型树脂含有磺酸基（$—SO_3H$），弱酸型树脂含有羧基（—COOH）或酚羟基（—OH）。强酸型在酸性、中性或碱性溶液中都能使用，应用范围广。弱酸型树脂对 H^+ 亲和力大，需要在中性、碱性条件下才能使用，但选择性好，常用于有机碱的分离。

② 阴离子交换树脂。这类树脂的活性基团是碱性的，它的阴离子可被其他阴离子交换。根据基团碱性的强弱，又分为强碱型和弱碱型两类。强碱型树脂含有季铵基团［如$—N(CH_3)_3Cl$］；弱碱型树脂含伯氨基（$—NH_2$）、仲氨基（如$—NHCH_3$）或叔氨基［如$—N(CH_3)_2$］基团。强碱型阴离子交换树脂可在很宽的 pH 范围使用，而弱碱型树脂不能在碱性条件下使用。

③ 螯合树脂。这类树脂含有特殊的活性基团，可与某些金属离子形成螯合物，在交换过程中能选择性地交换某种金属离子。例如，含氨羧基［$—N(CH_2COOH)_2$］的螯合树脂，对 Cu^{2+}，Co^{2+}，Ni^{2+} 有很好的选择性。这类树脂对化学分离富集有重要意义。

（2）离子交换树脂的特性

① 交联度。聚苯乙烯型树脂是由二乙烯苯将聚苯乙烯的链状分子连接成立体网状结构的，二乙烯苯称为交联剂。树脂中交联剂的质量分数称为交联度。如聚苯乙烯型交换树脂含有 8% 的二乙烯苯，则此树脂的交联度为 8%。树脂的交联度大，则树脂结构紧密，孔径小（网眼小），交换的选择性高，机械强度高，但对水的溶胀性差，且交换反应的速率慢；相反，树脂的交联度小，则树脂对水的溶胀性好，孔径大（网眼大），交换反应的速率快，但选择性差，机械强度也差。一般树脂的交联度以 4%～14% 为宜。

② 交换容量。交换容量是指每克干树脂所能交换的离子的物质的量，以 mmol/g 表示。它取决于网状结构中活性基团的数目，含有活性基团越多，交换容量也越大。此值由实验测定，一般树脂的交换容量为 3～6 mmol/g。

2. 离子交换作用的原理

离子交换树脂对离子的亲和力，反映了离子在交换树脂上的交换能力。这种亲和力与水合离子半径和离子电荷数有关。一般地，水合离子的半径越小，电荷越高，它的亲和力越大。现以磺酸型离子交换树脂为例，说明其与 Ca^{2+} 交换作用的原理。当离子交换树脂浸入水溶液中，树脂解离出 $R—SO_3^-$ 和 H^+。由于 $R—SO_3^-$ 对 Ca^{2+} 作用力较 H^+ 强，H^+ 可以扩散到溶液中与溶液中的 Ca^{2+} 进行交换，其交换反应为

$$R(—SO_3H)_2 + Ca^{2+} \underset{\text{洗脱或再生过程}}{\overset{\text{交换过程}}{\rightleftharpoons}} R(—SO_3)_2Ca + 2H^+$$

离子交换作用是可逆的。离子交换树脂与离子发生交换反应的过程称为交换过程。如果用酸或碱处理已交换后的树脂，树脂又恢复到原来的状态，这一过程称为洗脱过程或再生过程。基于这一点，树脂再生后可重复利用。

3. 离子交换的亲和力

离子在离子交换树脂上的交换能力称为离子交换树脂对离子的亲和力。不同离子的亲和力

不同。离子交换树脂对离子交换亲和力的大小与两个因素有关，一是水合离子半径大小；二是所带电荷的多少。在低浓度、常温下，离子交换树脂对不同离子的交换亲和力有如下一般规律。

（1）强酸性阳离子交换树脂

① 不同价态的离子，电荷越高，交换亲和力越大，即

$Th^{4+} > Al^{3+} > Ca^{2+} > Na^{+}$

② 相同价态离子的交换亲和力顺序：

$As^{+} > Cs^{+} > Rb^{+} > K^{+} > NH_4^{+} > Na^{+} > H^{+} > Li^{+}$

$Ba^{2+} > Pb^{2+} > Sr^{2+} > Ca^{2+} > Ni^{2+} > Cd^{2+} > Ca^{2+} > Co^{2+} > Zn^{2+} > Mg^{2+} > UO^{2+}$

③ 稀土元素的交换亲和力随原子序数增大而减小，即

$Lu^{3+} < Yb^{3+} < Y^{3+} < Er^{3+} < Ho^{3+} < Dy^{3+} < Tb^{3+} < Gd^{3+} < Eu^{3+} < Sm^{3+} < Nd^{3+} < Pr^{3+} < Ce^{3+} < La^{3+}$

（2）弱酸性阳离子交换树脂　对 H^{+} 离子的亲和力比其他阳离子大，其余与上面顺序相同。

（3）强碱性阴离子交换树脂

$Cr_2O_7^{2-} > SO_4^{2-} > I^{-} > NO_3^{-} > CrO_4^{2-} > Br^{-} > CN^{-} > Cl^{-} > OH^{-} > F^{-} > Ac^{-}$

（4）弱碱性阴离子交换树脂

$OH^{-} > SO_4^{2-} > CrO_4^{2-} >$ 柠檬酸根离子 $>$ 酒石酸根离子 $> NO_3^{-} > AsO_4^{3-} > PO_4^{3-} > MoO_4^{2-} > CH_3COO^{-} > I^{-} > Br^{-} > Cl^{-} > F^{-}$

先交换到树脂上的离子为什么后被洗脱下来？

同一树脂对各种离子的交换亲和力不同，这就是带相同电荷的离子能实现离子交换分离的依据。在进行交换时，交换亲和力较大的离子先交换到树脂上，交换亲和力较小的离子后交换到树脂上。在进行洗脱时，交换亲和力较小的离子先被洗脱，交换亲和力较大的离子后被洗脱，这样就可使各种交换亲和力不同的离子彼此分离。

四、色谱分离法

色谱法又称层析法，是一种物理化学分离法。这类方法分离效果好，操作简便，主要用于有机物的分离，目前已发展成为一门内容十分丰富的专门学科。色谱分离法是利用组分在不相混溶的两相中分配的差异而进行分离的。其中一相为固定相，另一相为流动相。当流动相对固定相做相对移动时，待分离组分在两相之间反复进行分配，使它们之间微小的分配差异得到放大，造成其迁移速度的差别，从而得到分离。

色谱分离法可以有不同的分类方法。按分离的机理可将色谱法分成吸附色谱法、分配色谱法、凝胶色谱法和离子交换色谱法。根据流动相的聚集状态，又可分为液相色谱法和气相色谱法。如以固定相的形状及操作方式分类，可分为柱色谱、纸色谱和薄层色谱。本节仅简要介绍经典色谱法，有关气相色谱和高效液相色谱将在仪器分析课程中专门讨论。

1. 柱色谱

柱色谱是把吸附剂（固定相），如氧化铝、硅胶等，用适当溶剂浸泡溶胀后装入柱内（如图 9－1），从柱上端加入待分离的试液，如果试液含有 A，B 两种组分，则两者均被固定相吸附在柱的上端形成一个环带。当试样加完后，可用一种适当的洗脱剂（流动相）进行洗脱，随着洗脱剂向下流动，A 和 B 两组分在两相间连续不断地发生解吸、吸附，再解吸、再吸附。由于洗脱剂与吸附剂

两者对A,B两组分的溶解能力和吸附能力不同,A,B两组分移动的距离就不同。吸附弱的和溶解度大的组分(如A)就容易洗脱下来,移动的距离也就大些。经过一定时间之后,A,B两组分就可完全分开,形成两个环带,每一个环带内是一种纯净的物质。如果A,B两组分有颜色,则能清楚地看到两个色环。若继续冲洗,可分别收集流出液,再进行分析测定。

2. 纸色谱

纸上色谱分离法是根据不同物质在两相间的分配比不同而进行分离的。其简单装置如图9-2所示。纸色谱是以滤纸为载体,将待分离的试液用毛细管滴在滤纸的原点位置上,利用滤纸吸附着的水分(一般在20%左右)作为固定相,另取一有机溶剂作流动相(展开剂)。由于滤纸的毛细管作用,流动相沿滤纸向上展开,当流动相接触到点在滤纸上的试样点时,试样中的各组分就不断地在固定相和展开剂之间进行分配,分配比大的组分上升慢,分配比小的组分上升快,从而拉开距离。当分离进行一定时间后,溶剂前沿上升到接近滤纸条的上沿,取出纸条,喷上显色剂显斑,即可以得到如图所示的色谱图。

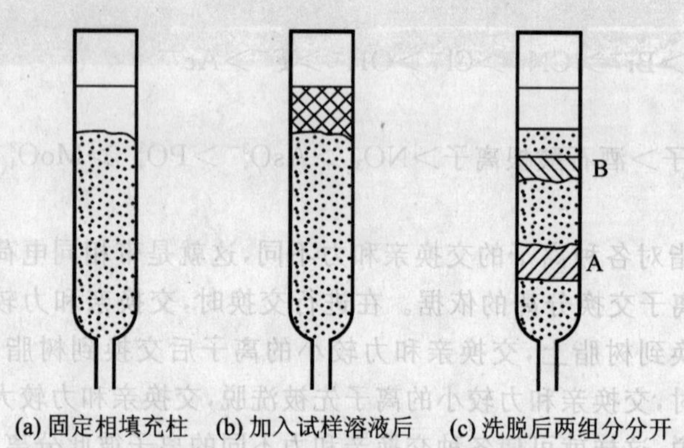

图 9-1 两组分柱色谱示意图

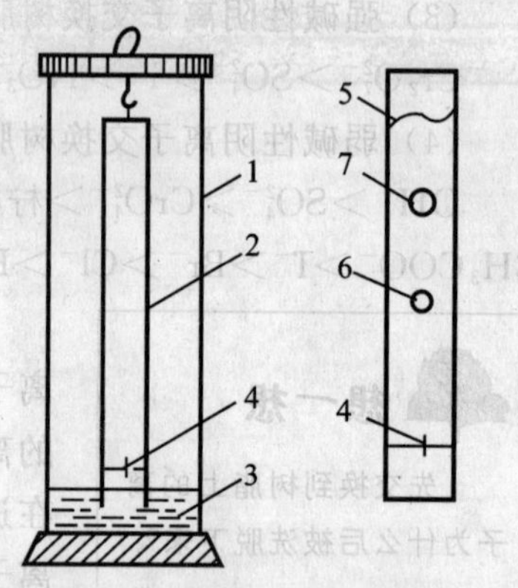

图 9-2 纸色谱分离法

1. 层析筒;2. 滤纸条;3. 展开剂;4. 原点;5. 溶剂前沿;6,7. 色斑

在纸层析法中,通常用比移值(R_f)来衡量各组分的分离情况。比移值的表达式为

$$R_f = \frac{a}{b} \tag{9-6}$$

式中,a为斑点中心到原点的距离(cm);b为溶剂前沿到原点的距离(cm)。R_f为0~1。$R_f \approx 1$,说明该组分在固定相中的浓度接近于零,随着溶剂一起上升;若$R_f \approx 0$,说明该组分基本留在原点未动。一般情况下,两种组分R_f的差大于0.02时,彼此可以分离。

3. 薄层色谱

薄层色谱又叫薄层层析,简称TLC。它是将柱色谱与纸色谱结合而上发展起来的一种分离方法。薄层色谱具有分离速度快,分离效果好,灵敏度高和显色方便等特点。

想一想

薄层色谱与柱色谱和纸色谱有何不同?

薄层色谱的固定相与柱色谱类似,是把固定相吸附剂(例如硅胶、活性氧化铝等)在玻璃板(又称薄层板)上铺成均匀的薄层,用与纸色谱法类似的操作方法进行分离。把试液点在薄层板的一端距边

缘一定距离处，然后将薄层板放入盛有展开剂的容器中，使点有试样的一端浸入展开剂，由于薄层的毛细管作用，展开剂沿着吸附剂薄层上升，遇到试样时，试样就溶解在展开剂中并随展开剂上升。在此过程中，试样中的各组分在固定相和流动相之间不断地发生溶解、吸附、再溶解、再吸附的分配过程。易被吸附的物质移动得慢些，较难吸附的物质移动得快些。经过一段时间后，不同物质上升的距离不一样，形成相互分开的斑点，从而达到分离。展开时间一般为几分钟至几十分钟。试样各组分分离情况也用比移值来衡量。

吸附剂和展开剂的一般选择原则是：非极性组分的分离，选用活性强的吸附剂，用非极性展开剂；极性组分的分离，选用活性弱的吸附剂，用极性展开剂。实际工作中要经过多次实验来确定。

思考与练习 9-1

一、要点回顾

1. 沉淀分离法

沉淀分离法是利用沉淀反应进行分离的方法。

(1) 常量组分的分离 常用的沉淀剂：氢氧化物沉淀剂、硫化物、有机沉淀剂和其他无机沉淀剂。

(2) 微量组分的分离

① 无机共沉淀剂：吸附共沉淀、混晶共沉淀。

② 有机共沉淀剂：特点是选择性高，分离效果好，共沉淀剂经灼烧后就能除去，不干扰微量元素的测定。常见有机共沉淀剂有利用胶体的凝聚作用、利用形成离子缔合物、利用惰性共沉淀剂三种类型。

2. 溶剂萃取分离法

溶剂萃取分离法是利用物质对水的亲疏性不同而进行分离的方法。萃取过程的本质就是将物质由亲水性转化为疏水性的过程。

(1) 分配系数 $K_D=\frac{[A]_{有}}{[A]_{水}}$，在给定的温度下，$K_D$ 是一常数，只适用于浓度较低的溶液，而且溶质在两相中以单一的相同形式存在。

(2) 分配比 溶质在有机相中各种存在形式的总浓度和在水相中的各种存在形式的总浓度之比，用 D 表示。

(3) 萃取率 萃取率是指萃取的完全程度，即溶质 A 在有机相中的量占溶质总量的摩尔分数，用 E 表示。

3. 离子交换分离法

离子交换分离法是利用离子交换树脂与离子间的交换反应而进行分离的方法。

(1) 交联度 树脂中交联剂的质量分数称为交联度。

(2) 交换容量 交换容量是指每克干树脂所能交换的离子的物质的量，以 mmol/g 表示。

4. 色谱分离法

色谱分离法是利用组分在不相混溶的两相中分配的差异而进行分离的。以固定相的形状及操作方式分类，可分为柱色谱、纸色谱和薄层色谱。

二、学习思考

1. 萃取效率与哪些因素有关？如何提高萃取效率？

2. 什么是离子交换树脂的交联度？

3. 柱色谱、纸色谱和薄层色谱的分离原理是什么？操作上有哪些异同？

4. 将含有 Fe^{3+}，Al^{3+} 的 HCl 溶液通过阳离子交换树脂柱，哪种离子以何种形式被保留在柱上？

三、练习题

1. 现称取 KNO_3 试样 0.2786 g，溶于水后让其通过强酸型阳离子交换树脂柱，流出液用 0.1075 mol/L NaOH 滴定。如用甲基橙作指示剂，用去 NaOH 23.85 mL，计算 KNO_3 的纯度。

2. 有两种性质相似的物质 A 和 B，溶解后用纸色谱法将它们分离。已知两者的比移值分别为 0.40 和 0.60，欲使两者层析后的斑点相距 3 cm，问色谱用纸的长度应为多少？

3. 当含有 Li^+，Na^+，K^+ 的溶液进行离子交换时，各离子在交换柱中从上到下的位置为(　　)。

(A) Li^+，Na^+，K^+　　(B) Na^+，K^+，Li^+

(C) K^+，Li^+，Na^+　　(D) K^+，Na^+，Li^+

4. 色谱分离法是利用(　　)进行的分析方法。

(A) 沉淀反应　　(B) 物质对水的亲疏性不同

(C) 离子交换树脂与离子间的交换反应　　(D) 组分在不相混溶的两相中分配的差异

第二节　定量分析的一般步骤

【学习指导】 试样的采取、制备、分解和测定方法的选择是本节的主要内容。以获得正确的分析结果为核心，考虑人财物的具体情况，本着高效节约的原则，正确理解采取和制备、分解及测定方法选择的基本原则，进一步加深对常量分析的全貌认识。例如，对于矿石、煤炭、土壤等试样，为什么要采取和制备具有代表性的试样？怎样采取和制备？

定量分析大致包括以下几个步骤：取样、试样的分解、干扰组分的分离、测定、数据处理及分析结果的表示。关于各类测定方法的原理和特点，分析结果的计算和处理，以及干扰组分的掩蔽和分离等问题，前面各章已分别讨论，本节仅就试样的采取和处理、分析试样的制备和分解以及测定方法的选择进行讨论。

一、试样的采取和制备

试样的采取和制备必须保证所取试样具有代表性，即分析试样的组成能代表整批物料的平均组成，否则分析结果毫无实际意义。因此在进行测定之前，必须做好试样的采取和制备工作。由于试样种类繁多，形态各异，试样的性质和均匀程度也各不相同，所以取样和处理的细节也存在较大差异。关于取样、制样的具体方法，可参阅有关资料[①]。以下仅以组成不均匀的物料为例简略说明试样的采取和制备过程。

1. 试样的采取

矿石、煤炭、土壤等，颗粒大小不等，硬度相差也大，组成极不均匀。若是堆成锥形，应从底部周围几个对称顶点画线，再沿底线按均匀的间隔按一定数量的比例取样。若物料是采用输送带运送的，可在带的不同横断面取若干份试样。若是用车或船运的，可按散装固体随机抽样，再在每车（或船）中的不同部位多点取样，以克服运输过程中的偏析作用。取出的份数越多，试样的组成越具有代表性，但处理时所耗人力、物力将大大增加。因此取样的数量可根据经验采样公式估算：

$$m = Kd^2 \tag{9-7}$$

式中，m 为采取平均试样的最低质量(kg)；d 为试样中最大颗粒的直径(mm)；K 为表征物料特性的缩分系数，可由实验求得，一般为 0.02～0.15 kg/mm^2。

例如，有一铁矿石最大颗粒直径为 10 mm，K=0.1 kg/mm^2，则应采取的原始最低质量(m)为

$$m = (0.1 \times 10^2)\,\text{kg} = 10\ \text{kg}$$

取样时，试样量应满足以下要求。

(1) 至少满足 3 次重复测定的需要。

(2) 当需要留存备考试样时，必须满足备考试样的需要。

(3) 对采得的试样物料如需制样处理时，必须满足加工处理的需要。

2. 试样的制备

对于气体、液体较均匀的试样如何采取和制备？

显然，按上述方法采集的试样不仅量大且颗粒极不均匀，必须通过多次破碎、过筛、混匀、缩分等手续，制成量小(100～300 g)且均匀的分析试样。

固体试样加工的一般程序是：先用颚式破碎机或球磨机进行粗碎，使试样能通过 4～6 号筛；再用盘式破碎机进行中碎，使试样能通过 20 号筛，然后再经过细磨至所需的粒度。不同性质的试样要求磨细的程度不同，一般要求分析试样能通过 100～200 号筛。

试样过筛时未通过的粗粒，应再碎至全部通过，决不能随意弃去，否则会影响试样的代表性，因为不易粉碎的粗粒往往具有不同的组成。

试样每经破碎至一定粒度后，都需将试样仔细混匀进行缩分。缩分的目的是使破碎试样的质量减小，并保证缩分后试样中的组分含量与原试样一致。缩分方法很多，常用的是所谓四分法。将试样混匀后，堆成圆锥形，略微压平，由锥中心划成四等份，弃取任意对角的两份，收集留下的两份混匀。每次缩分后保留的试样，其最低质量也应符合式(9-7)的要求，如此反复处理至所需的分析试样为止。

将制好的试样分装成两瓶，贴上标签，注明试样的名称、来源、采样日期和试样的编号。一瓶作为正样供分析用，另一瓶备查作副样。试样收到后，一般应尽快分析，否则也应妥善保存，避免

① 有关取样、制样的标准有 GB 4650—1984，GB 6678—1986，GB 6679—1986，GB 6680—1986，GB 6681—1986，GB 3723—1986，GB 6603—1985 等。

试样受潮、风干或变质等。

二、试样的分解

在一般分析工作中，除干法分析（如光谱分析、差热分析等）外，通常都用湿法分析，即先将试样分解制成溶液再进行分析，因此，试样的分解是分析工作的重要步骤之一。在分解试样时必须注意：试样分解必须完全，处理后的溶液中不得残留原试样的细屑和粉末；在试样分解过程中，待测组分不应挥发损失；不应引入待测组分和干扰物质。

1. 溶解法

溶解试样常用的溶剂除水以外，还有以下几种。

(1) 盐酸　利用酸中 H^+，Cl^- 的还原性，及 Cl^- 与某些金属离子的配位作用，主要用于弱酸盐（如碳酸盐、磷酸盐等），一些氧化物（如 Fe_2O_3，MnO_2 等），一些硫化物（如 FeS，Sb_2S_3 等）及金属活动顺序表中氢以前的金属及合金的溶解，还可溶解灼烧过的 Al_2O_3，BeO 及某些硅酸盐。

盐酸加 H_2O_2 或 Br_2 等氧化剂，常用来分解铜合金和硫化物矿等。

(2) 硝酸　几乎所有的硝酸盐都易溶于水，且硝酸具有强氧化性，除铂、金和某些稀有金属外，浓硝酸能分解几乎所有的金属试样。但铁、铝、铬等在硝酸中由于生成氧化膜而钝化，锑、锡、钨则生成不溶性的酸（偏锑酸、偏锡酸和钨酸），这些金属不宜用硝酸溶解。几乎所有硫化物及其矿石皆可溶于硝酸，但宜在低温下进行，否则将析出硫磺；欲使硫氧化成 SO_4^{2-}，可用 HNO_3 + $KClO_3$ 或 HNO_3 + Br_2 等混合溶剂。

浓硝酸和浓盐酸按 1∶3（体积比）混合的王水，或 3∶1混合的逆王水，以及两者按其他比例的混合形成的混合酸，可用来氧化硫和分解黄铁矿及铬-镍合金钢、钼-铁合金和铜合金等。

用硝酸溶解试样后，溶液中往往含有 HNO_2 和氮的低价氧化物，它们常能破坏某些有机试剂而影响测定，应煮沸除去。

(3) 硫酸　除碱土金属和铅等的硫酸盐外，其他硫酸盐一般都易溶于水，所以硫酸也是重要溶剂之一。其特点是沸点高（338℃），热的浓硫酸还具有强的脱水和氧化能力，用它分解试样较快。在高温下可用来分解萤石（CaF_2）、独居石（稀土和钍的磷酸盐）等矿物和某些金属及合金（如铁、钴、镍、锌等）。当加热至冒白烟（产生 SO_3）时，可除去试样中低沸点的 HF，HCl，HNO_3 及氮的氧化物等，并可破坏试样中的有机物。

(4) 高氯酸　除 K^+，NH_4^+ 等少数离子的高氯酸盐外，一般的高氯酸盐都易溶于水。浓热的高氯酸具有强的脱水和氧化能力，常用于不锈钢、硫化物的分解和破坏有机物。可将常见元素如 Cr，V，S 氧化为最高价态。由于 $HClO_4$ 的沸点高（203℃），加热蒸发至冒烟时也可驱除低沸点酸，所得残渣加水很易溶解。在使用高氯酸时应避免与有机物接触，以免引起爆炸。

(5) 氢氟酸　常与 H_2SO_4 或 $HClO_4$ 等混合使用，分解硅铁、硅酸盐及含钨、铌、钛等试样。这时硅以 SiF_4 形式除去，用 H_2SO_4 或 $HClO_4$ 是为了除去过量的氢氟酸。如有碱土金属和铅时，用 $HClO_4$，有 K^+ 时用 H_2SO_4。用氢氟酸分解试样，需用铂坩埚或聚四氟乙烯器皿（温度低至 250℃）中在通风柜内进行，并注意防止氢氟酸触及皮肤，以免灼伤（不易愈合）。

(6) 氢氧化钠溶液（20%～30%）　可用来分解铝、铝合金及某些氧化物（如 Al_2O_3）等。分解应在银或聚四氟乙烯器皿中进行。

2. 熔融法

根据所用的溶剂性质可分为酸熔法和碱熔法两种。

(1) 酸熔法 常用焦硫酸钾($K_2S_2O_7$)或硫酸氢钾($KHSO_4$)作熔剂。$KHSO_4$ 加热脱水亦生成 $K_2S_2O_7$。这类熔剂在 300℃ 以上可分解一些难溶于酸的碱性或中性氧化物、矿石,如 Fe_2O_3,刚玉(Al_2O_3),金红石(TiO_2)等,生成可熔性的硫酸盐。例如:

$$TiO_2 + 2K_2S_2O_7 \longrightarrow Ti(SO_4)_2 + 2K_2SO_4$$

熔融常在瓷坩埚中进行,熔融温度不宜过高,时间也不要太长,以免硫酸盐再分解成难溶氧化物。熔块冷却后用稀硫酸浸取,有时还加入酒石酸或草酸等配位剂,抑制某些金属离子[如 Nb(Ⅴ),Ta(Ⅴ)等]的水解。

此外,可用 KHF_2 分解稀土和钍的矿物,用 NH_4HF_2 可分解一些硫化物及硅酸盐。

(2) 碱熔法 常用的碱性熔剂有碳酸钠、碳酸钾、氢氧化钠、氢氧化钾、过氧化钠或它们的混合熔剂等。Na_2CO_3(或 K_2CO_3)可分解一些硅酸盐、酸性炉渣等。例如,用来分解钠长石和重晶石:

$$NaAlSi_3O_8 + 3Na_2CO_3 \longrightarrow NaAlO_2 + 3Na_2SiO_3 + 3CO_2\uparrow$$

$$BaSO_4 + Na_2CO_3 \longrightarrow BaCO_3 + Na_2SO_4$$

经高温熔融后均转化为可溶于水和酸的化合物。

为了降低熔融温度,可用 1∶1的 Na_2CO_3 与 K_2CO_3 混合熔剂(熔点约 700℃)。Na_2CO_3 加少量氧化剂(如 KNO_3 或 $KClO_3$)的混合熔剂,常用于分解含 S,As,Cr 等的试样,使它们分别分解并氧化为 SO_4^{2-},AsO_4^{3-},CrO_4^{2-}。Na_2CO_3 加入硫,常用于分解含 As,Sb,Sn 等的氧化物、硫化物和合金试样,使它们转变为可溶性的硫代酸盐。例如锡石的分解:

$$2SnO_2 + 2Na_2CO_3 + 9S \longrightarrow 2Na_2SnS_3 + 3SO_2\uparrow + 2CO_2\uparrow$$

NaOH 和 KOH 是低熔点强碱性熔剂,常用于分解硅酸盐、铝土矿、黏土等试样。在分解难熔物质时,可加入少量 Na_2O_2 或 KNO_3。

熔融时为了使分解反应完全,通常加入 6～12 倍的过量熔剂。由于熔剂对坩埚腐蚀较严重,所以注意选择适宜的坩埚,以保证分析的准确度。例如,以 $K_2S_2O_7$ 进行熔融时,可以在铂、石英甚至瓷坩埚中进行,但若在瓷坩埚中进行,会引入瓷中的组分,如少量铝等,这在分析含有这些元素的试样时就不宜选用。又如,用碳酸钠或碳酸钾作熔剂熔融时,可使用铂坩埚,但进入溶液的银易以不溶性氯化物形式除去。当用碱性熔剂例如 Na_2O_2 熔融时,还常用价廉的刚玉坩埚。

3. 半熔法(烧结法)

将试样和熔剂在低于熔点的温度下进行反应,若试样磨得很细(如 200 目),分解时间长一些也可分解完全,又不致侵蚀器皿。烧结可在瓷坩埚中进行。例如,常用 $Na_2CO_3 + MgO$(或 ZnO)作熔剂,分解煤或矿石中的硫。其中 Na_2CO_3 作熔剂,MgO 或 ZnO 起疏松和通气作用,使空气中氧将硫氧化为硫酸盐,用水浸出即可测定。为了促使硫定量地氧化,也可在烧结剂中加入少量氧化剂,如 $KMnO_4$ 等。

用 $CaCO_3 + NH_4Cl$ 可分解硅酸盐,测定其中的 K^+,Na^+。例如,用它分解钾长石:

$$2KAlSi_3O_8 + 6CaCO_3 + 2NH_4Cl \longrightarrow 6CaSiO_3 + Al_2O_3 + 2KCl + 6CO_2\uparrow + 2NH_3\uparrow + H_2O$$

烧结温度为 750～800℃,反应产物仍为粉末状,但 K^+,Na^+ 已转变为氯化物,可用水浸取之。

三、干扰组分的分离

在已知试样定性分析结果的基础上，选用适当的溶样方法将试样溶解，再采用前述合适的分离方法，除去干扰物质后，才能对试样中的欲测组分进行定量分析，以获得准确的分析结果。

四、待测组分定量分析方法的选择

定量分析方法的选择应根据分析的目的和要求、试样性质、组分含量范围、干扰组分的情况和实验室工作条件等因素加以综合考虑。

1. 根据分析的目的要求考虑

如在工业生产中，各个生产车间的中间控制分析方法，要求分析速度快，能及时获取分析数据以指导生产的连续运行，如容量分析法、光度分析法、气相色谱法及单项测试法（如微量水、微量氧的测定）获得广泛的应用。在成品分析中，需确定产品质量，给产品定级，这就需要使用准确的分析方法，如容量分析法、重量分析法、气相色谱法、高效液相色谱法、原子吸收光谱法就获得广泛的应用。

2. 根据待测组分的性质考虑

如待测物为有机物，且定性组成已知，可采用官能团定量方法测其酸值、皂化值、碘值、溴值等。对组成复杂的有机化合物，如油脂、表面活性剂、各种助剂、塑料、橡胶、纤维等，应先按照特定的有机化合物的分析方法，先进行定性分析，即将试样经溶剂萃取，柱色谱分离后，用紫外吸收光谱法（UV）、红外吸收光谱法（IR）、核磁共振波谱法（NMR）、质谱法（MS）确定其结构后，才能决定采用适当的气相色谱法或高效液相色谱法来进行定量分析。

3. 根据待测组分含量范围考察

待测组分通常为常量组分，可采用化学分析法气相色谱法、高效液相色谱法进行测定。

若为微量或痕量组分可采用分光光度法、原子吸收光谱法、气相色谱法、电化学分析法进行测定。

4. 根据干扰组分存在情况考虑

如欲测定硅酸盐中各个组分的含量，必须考虑不同组分间的相互干扰，需拟定详细的系统分析步骤，经沉淀分离除去主体成分 SiO_2 后，才能分别测定其中的 Fe_2O_3，TiO_2，Al_2O_3，CaO，MgO 的含量，测定中可使用多种分析方法。

另欲测定低压聚乙烯塑料中含有的痕量的金属离子 Ti^{3+}，Ni^{2+}，Al^{3+}，可将其置于瓷坩埚中灰化后，用酸浸取残渣，再用分光光度法分别测定 Ti^{3+}，Ni^{2+}，Al^{3+} 的含量。

此外，还应根据实验室的工作条件、试剂的纯度等来考虑，选择切实可行的分析方法。

思考与练习 9-2

一、要点回顾

1. 试样的采取和制备

（1）试样的采取　试样的采取必须保证所取试样具有代表性，即分析试样的组成能代表整批物料的平均组成，否则分析结果毫无实际意义。对于颗粒大小不等，硬度相差也大，组成极不均匀的试样，采样的数量可根据经验采样公式估算，即

$$m=Kd^2$$

(2) 试样的制备　必须通过多次破碎、过筛、混匀、缩分等手续，制成量小(约100～300 g)且均匀的分析试样。常用的缩分方法是四分法。

2. 试样分解

试样分解必须完全，处理后的溶液中不得残留原试样的细屑和粉末；在试样分解过程中待测组分不应挥发损失；不应引入待测组分和干扰物质。常用的分解方法有溶解法和熔融法两类。

3. 测定方法选择的原则

(1) 根据分析目的要求考虑。

(2) 根据待测组分的性质考虑。

(3) 根据待测组分含量范围考察。

(4) 根据干扰组分存在情况考虑。

此外，还应根据实验室的工作条件、试剂的纯度等来考虑，选择切实可行的分析方法。

二、学习思考

1. 定量分析方法的一般步骤有哪些？
2. 取样的基本原则是什么？
3. 什么是四分法？
4. 试样的分解方法有哪两种？
5. 定量分析方法的选择应遵循什么原则？

阅读材料　建筑材料——水泥

你熟悉水泥吗？它是最重要的建筑材料之一。水泥具有悠久的历史，在我国很早就通过煅烧石灰石得到石灰，并用于建筑。2 000多年前，古罗马人用掺有火山灰或砖粉的石灰砂浆建筑水道、沟渠，它被称为火山水泥。

1756年，英国普利茅斯港口的一个灯塔失火，政府命令技师史密顿重建灯塔。史密顿偶然中发现，黑色石灰石经煅烧制成的石灰可作为建筑材料使用，且用它建造的建筑物质量很好。他对此非常感兴趣，分析后得知这种黑色的石灰岩中含有黏土。

于是，他在含黏土少的石灰岩中加进黏土进行煅烧实验，经过不懈努力，终于弄清黏土含量为6%～20%的石灰岩是烧制建筑用石灰的最佳原料。从此，水泥就诞生了。

史密顿研究水泥成功的消息很快传遍欧洲各国。法国有一名土木工程师维卡于1813年发现，石灰岩和黏土按3∶1混合煅烧的水泥性能最好，并将烧制成的水泥经过研磨。

1824年，英国一位砖瓦匠J. 阿斯皮丁将石灰石混合黏土研磨后煅烧，产物再研磨，然后和水制成人造石，并获得专利。他将这种水泥称为波特兰水泥。后来他在威克菲尔德建立了水泥厂。1848年，他的儿子建造了第一座烧制水泥的窑。1873年，英国南索母制造了回转窑，并增加了产量，大幅度降低了成本，使水泥能够被广泛使用。

现今，水泥工业在产品质量、材料来源和工艺技术等方面都已得到巨大发展，而且在经济建设和人们生活中发挥着重要的作用。

现在你知道了吧，水泥是由石灰石和黏土按一定比例混合，经煅烧掺入适量石膏等后研成粉末而成的。

——参考凌永乐编《化学物质的发现》

附　　录

附录一　弱酸在水中的解离常数(25 ℃,I=0)

酸		化学式		K_a	pK_a
无机酸	砷酸	H_3AsO_4	K_{a_1}	6.5×10^{-3}	2.19
			K_{a_2}	1.15×10^{-7}	6.94
			K_{a_3}	3.2×10^{-12}	11.50
	亚砷酸	H_3AsO_3	K_{a_1}	6.0×10^{-10}	9.22
	硼酸	H_3BO_3	K_{a_1}	5.8×10^{-10}	9.24
	碳酸	$H_2CO_3(CO_2+H_2O)$	K_{a_1}	4.2×10^{-7}	6.38
			K_{a_2}	5.6×10^{-11}	10.25
	铬酸	H_2CrO_4	K_{a_2}	3.2×10^{-7}	6.50
	氢氰酸	HCN		4.9×10^{-10}	9.31
	氢氟酸	HF		6.8×10^{-4}	3.17
	氢硫酸	H_2S	K_{a_1}	8.9×10^{-8}	7.05
			K_{a_2}	1.2×10^{-13}	12.92
	磷酸	H_3PO_4	K_{a_1}	6.9×10^{-3}	2.16
			K_{a_2}	6.2×10^{-8}	7.21
			K_{a_3}	4.8×10^{-13}	12.32
	硅酸	H_2SiO_3	K_{a_1}	1.7×10^{-10}	9.77
			K_{a_2}	1.6×10^{-12}	11.80
	硫酸	H_2SO_4	K_{a_2}	1.2×10^{-2}	1.92
	亚硫酸	$H_2SO_3(SO_2+H_2O)$	K_{a_1}	1.29×10^{-2}	1.89
			K_{a_2}	6.3×10^{-8}	7.20
有机酸	甲酸	HCOOH		1.7×10^{-4}	3.77
	乙酸	CH_3COOH		1.75×10^{-5}	4.76
	丙酸	C_2H_5COOH		1.35×10^{-5}	4.87
	氯乙酸	$ClCH_2COOH$		1.38×10^{-3}	2.86
	二氯乙酸	$Cl_2CHCOOH$		5.5×10^{-2}	1.26
	氨基乙酸	$NH_3^+CH_2COOH$	K_{a_1}	4.5×10^{-3}	2.35
			K_{a_2}	1.7×10^{-10}	9.78

续表

	酸	化学式		K_a	pK_a
有机酸	苯甲酸	C_6H_5COOH		6.2×10^{-5}	4.21
	草酸	$H_2C_2O_4$	K_{a_1}	5.6×10^{-2}	1.25
			K_{a_2}	5.1×10^{-5}	4.29
	α-酒石酸	HO—CH—COOH HO—CH—COOH	K_{a_1}	9.1×10^{-4}	3.04
			K_{a_2}	4.3×10^{-5}	4.37
	琥珀酸	CH_2—COOH CH_2—COOH	K_{a_1}	6.2×10^{-5}	4.21
			K_{a_2}	2.3×10^{-6}	5.64
	邻苯二甲酸	COOH COOH	K_{a_1}	1.12×10^{-3}	2.95
			K_{a_2}	3.91×10^{-6}	5.41
	柠檬酸	CH_2—COOH HO—C—COOH CH_2—COOH	K_{a_1}	7.4×10^{-4}	3.13
			K_{a_2}	1.7×10^{-5}	4.76
			K_{a_3}	4.0×10^{-7}	6.40
	苯酚	C_6H_5OH		1.12×10^{-10}	9.95
	乙酰丙酮	$CH_3COCH_2COCH_3$		1×10^{-9}	9.0
	乙二胺四乙酸	CH_2COOH CH_2—N CH_2COOH CH_2COOH CH_2—N CH_2COOH	K_{a_1}	1.3×10^{-1}	0.9
			K_{a_2}	3×10^{-2}	1.6
			K_{a_3}	1×10^{-2}	2.0
			K_{a_4}	2.1×10^{-3}	2.67
			K_{a_5}	5.4×10^{-7}	6.16
			K_{a_6}	5.5×10^{-11}	10.26
	8-羟基喹啉	N OH	K_{a_1}	8×10^{-6}	5.1
			K_{a_2}	1×10^{-9}	9.0
	苹果酸	HO—CH—COOH CH_2—COOH	K_{a_1}	4.0×10^{-4}	3.4
			K_{a_2}	8.9×10^{-6}	5.1
	水杨酸	OH COOH	K_{a_1}	1.05×10^{-3}	2.98
			K_{a_2}	8×10^{-14}	13.1
	磺基水杨酸	OH COOH SO_3^-	K_{a_1}	3×10^{-3}	2.6
			K_{a_2}	3×10^{-12}	11.6
	顺丁烯二酸	CH—COOH ‖ CH—COOH	K_{a_1}	1.2×10^{-2}	1.92
			K_{a_2}	6.0×10^{-7}	6.22

附录二　弱碱在水中的解离常数(25 ℃, $I=0$)

碱	化学式		K_b	pK_b
氨	NH_3		1.8×10^{-5}	4.75
联氨	H_2NNH_2	K_{b_1}	9.8×10^{-7}	6.01
		K_{b_2}	1.32×10^{-15}	14.88
羟胺	NH_2OH		9.1×10^{-9}	8.04
甲胺	CH_3NH_2		4.2×10^{-4}	3.38
乙胺	$C_2H_5NH_2$		4.3×10^{-4}	3.37
苯胺	$C_6H_5NH_2$		4.2×10^{-10}	9.38
乙二胺	$H_2NCH_2CH_2NH_2$	K_{b_1}	8.5×10^{-5}	4.07
		K_{b_2}	7.1×10^{-8}	7.15
三乙醇胺	$N(CH_2CH_2OH)_3$		5.8×10^{-7}	6.24
六亚甲基四胺	$(CH_2)_6N_4$		1.35×10^{-9}	8.87
吡啶	C_5H_5N		1.8×10^{-9}	8.74
邻二氮菲	(结构式：N N)		6.9×10^{-10}	9.16

附录三　金属配合物的稳定常数

金属离子	离子强度	n	$\lg\beta_n$
氨配合物			
Ag^+	0.1	1,2	3.40,7.40
Cd^{2+}	0.1	1,2,3,4,5,6	2.60,4.65,6.04,6.92,6.6,4.9
Co^{2+}	0.1	1,2,3,4,5,6	2.05,3.62,4.61,5.31,5.43,4.75
Cu^{2+}	2	1,2,3,4	4.13,7.61,10.48,12.59
Ni^{2+}	0.1	1,2,3,4,5,6	2.75,4.95,6.64,7.79,8.50,8.49
Zn^{2+}	0.1	1,2,3,4	2.27,4.61,7.01,9.06
羟基配合物			
Ag^+	0	1,2,3	2.3,3.6,4.8
Al^{3+}	2	4	33.3
Bi^{3+}	3	1	12.4
Cd^{2+}	3	1,2,3,4	4.3,7.7,10.3,12.0
Cu^{2+}	0	1	6.0
Fe^{2+}	1	1	4.5
Fe^{3+}	3	1,2	11.0,21.7

续表

金属离子	离子强度	n	$\lg \beta_n$
羟基配合物			
Mg^{2+}	0	1	2.6
Ni^{2+}	0.1	1	4.6
Pb^{2+}	0.3	1,2,3	6.2,10.3,13.3
Zn^{2+}	0	1,2,3,4	4.4,—,14.4,15.5
Zr^{4+}	4	1,2,3,4	13.8,27.2,40.2,53
氟配合物			
Al^{3+}	0.53	1,2,3,4,5,6	6.1,11.15,15.0,17.7,19.4,19.7
Fe^{3+}	0.5	1,2,3	5.2,9.2,11.9
Th^{4+}	0.5	1,2,3	7.7,13.5,18.0
TiO^{2+}	3	1,2,3,4	5.4,9.8,13.7,17.4
Sn^{4+}	*	6	25
Zr^{4+}	2	1,2,3	8.8,16.1,21.9
氯配合物			
Ag^{+}	0.2	1,2,3,4	2.9,4.7,5.0,5.9
Hg^{2+}	0.5	1,2,3,4	6.7,13.2,14.1,15.1
碘配合物			
Cd^{2+}	*	1,2,3,4	2.4,3.4,5.0,6.15
Hg^{2+}	0.5	1,2,3,4	12.9,23.8,27.6,29.8
氰配合物			
Ag^{+}	0～0.3	1,2,3,4	—,21.1,21.8,20.7
Cd^{2+}	3	1,2,3,4	5.5,10.6,15.3,18.9
Cu^{+}	0	1,2,3,4	—,24.0,28.6,30.3
Fe^{2+}	0	6	35.4
Fe^{3+}	0	6	43.6
Hg^{2+}	0.1	1,2,3,4	18.0,34.7,38.5,41.5
Ni^{2+}	0.1	4	31.3
Zn^{2+}	0.1	4	16.7
硫氰酸配合物			
Fe^{3+}	*	1,2,3,4,5	2.3,4.2,5.6,6.4,6.4
Hg^{2+}	1	1,2,3,4	—,16.1,19.0,20.9
硫代硫酸配合物			
Ag^{+}	0	1,2	8.82,13.5
Hg^{2+}	0	1,2	29.86,32.26
柠檬酸配合物			
Al^{3+}	0.5	1	20.0
Cu^{2+}	0.5	1	18

续表

金属离子	离子强度	n	$\lg\beta_n$
柠檬酸配合物			
Fe^{3+}	0.5	1	25
Ni^{2+}	0.5	1	14.3
Pb^{2+}	0.5	1	12.3
Zn^{2+}	0.5	1	11.4
磺基水杨酸配合物			
Al^{3+}	0.1	1,2,3	12.9,22.9,29.0
Fe^{3+}	3	1,2,3	14.4,25.2,32.2
乙酰丙酮配合物			
Al^{3+}	0.1	1,2,3	8.1,15.7,21.2
Cu^{2+}	0.1	1,2	7.8,14.3
Fe^{3+}	0.1	1,2,3	9.3,17.9,25.1
邻二氮菲配合物			
Ag^{+}	0.1	1,2	5.02,12.07
Cd^{2+}	0.1	1,2,3	6.4,11.6,15.8
Co^{2+}	0.1	1,2,3	7.0,13.7,20.1
Cu^{2+}	0.1	1,2,3	9.1,15.8,21.0
Fe^{2+}	0.1	1,2,3	5.9,11.1,21.3
Hg^{2+}	0.1	1,2,3	—,19.65,23.35
Ni^{2+}	0.1	1,2,3	8.8,17.1,24.8
Zn^{2+}	0.1	1,2,3	6.4,12.15,17.0
乙二胺配合物			
Ag^{+}	0.1	1,2	4.7,7.7
Cd^{2+}	0.1	1,2	5.47,10.02
Cu^{2+}	0.1	1,2	10.55,19.60
Co^{2+}	0.1	1,2,3	5.89,10.72,13.82
Hg^{2+}	0.1	2	23.42
Ni^{2+}	0.1	1,2,3	7.66,14.06,18.59
Zn^{2+}	0.1	1,2,3	5.71,10.37,12.08

注：* 代表离子强度不定。

附录四　金属离子与氨羧配位剂配合物稳定常数的对数

金属离子	EDTA			EGTA		HEDTA	
	lg$K$(MHL)	lg$K$(ML)	lg$K$(MOHL)	lg$K$(MHL)	lg$K$(ML)	lg$K$(ML)	lg$K$(MOHL)
Ag^{+}	6.0	7.3					
Al^{3+}	2.5	16.1	8.1				

续表

金属离子	EDTA			EGTA		HEDTA	
	lg*K*(MHL)	lg*K*(ML)	lg*K*(MOHL)	lg*K*(MHL)	lg*K*(ML)	lg*K*(ML)	lg*K*(MOHL)
Ba^{2+}	4.6	7.8		5.4	8.4	6.2	
Bi^{3+}		27.9					
Ca^{2+}	3.1	10.7		3.8	11.0	8.0	
Ce^{3+}		16.0					
Cd^{2+}	2.9	16.5		3.5	15.6	13.0	
Co^{2+}	3.1	16.3			12.3	14.4	
Co^{3+}	1.3	36					
Cr^{3+}	2.3	23	6.6				
Cu^{2+}	3.0	18.8	2.5	4.4	17	17.4	
Fe^{2+}	2.8	14.3				12.2	5.0
Fe^{3+}	1.4	25.1	6.5			19.8	10.1
Hg^{2+}	3.1	21.8	4.9	3.0	23.2	20.1	
La^{3+}		15.4			15.6	13.2	
Mg^{2+}	3.9	8.7			5.2	5.2	
Mn^{2+}	3.1	14.0		5.0	11.5	10.7	
Ni^{2+}	3.2	18.6		6.0	12.0	17.0	
Pb^{2+}	2.8	18.0		5.3	13.0	15.5	
Sn^{2+}		22.1					
Sr^{2+}	3.9	8.6		5.4	8.5	6.8	
Th^{4+}		23.2					8.6
Ti^{3+}		21.3					
TiO^{2+}		17.3					
Zn^{2+}	3.0	16.5		5.2	12.8	14.5	

注：EDTA—乙二胺四乙酸；EGTA—乙二醇双(2-氨基乙醚)四乙酸；HEDTA—2-羟乙基乙二胺三乙酸。

附录五　标准电极电位(25 ℃)

电极反应	$\varphi^{\ominus}$/V	电极反应	$\varphi^{\ominus}$/V
$F_2+2e^- \longrightarrow 2F^-$	+2.87	$2BrO_3^-+12H^++10e^- \longrightarrow Br_2+6H_2O$	+1.5
$O_3+2H^++2e^- \longrightarrow O_2+H_2O$	+2.07	PbO_2(固)$+4H^++2e^- \longrightarrow Pb^{2+}+2H_2O$	+1.46
$S_2O_8^{2-}+2e^- \longrightarrow 2SO_4^{2-}$	+2.0	$BrO_3^-+6H^++6e^- \longrightarrow Br^-+3H_2O$	+1.44
$H_2O_2+2H^++2e^- \longrightarrow 2H_2O$	+1.77	$Cl_2+2e^- \longrightarrow 2Cl^-$	+1.358
$Ce^{4+}+e^- \longrightarrow Ce^{3+}$	+1.61	$Cr_2O_7^{2-}+14H^++6e^- \longrightarrow 2Cr^{3+}+7H_2O$	+1.33
$MnO_4^-+8H^++5e^- \longrightarrow Mn^{2+}+4H_2O$	+1.51	MnO_2(固)$+4H^++2e^- \longrightarrow Mn^{2+}+2H_2O$	+1.23

续表

电极反应	$\varphi^{\ominus}$/V	电极反应	$\varphi^{\ominus}$/V
$O_2+4H^++4e^-\longrightarrow 2H_2O$	+1.229	$SO_4^{2-}+4H^++2e^-\longrightarrow H_2SO_3+H_2O$	+0.17
$2IO_3^-+12H^++10e^-\longrightarrow I_2+6H_2O$	+1.19	$Cu^{2+}+e^-\longrightarrow Cu^+$	+0.17
$Br_2+2e^-\longrightarrow 2Br^-$	+1.08	$Sn^{4+}+2e^-\longrightarrow Sn^{2+}$	+0.15
$HNO_2+H^++e^-\longrightarrow NO+H_2O$	+0.98	$S+2H^++2e^-\longrightarrow H_2S$	+0.14
$VO_2^++2H^++e^-\longrightarrow VO^{2+}+H_2O$	+0.999	$S_4O_6^{2-}+2e^-\longrightarrow 2S_2O_3^{2-}$	+0.09
$NO_3^-+3H^++2e^-\longrightarrow HNO_2+H_2O$	+0.94	$2H^++2e^-\longrightarrow H_2$	0
$Hg^{2+}+2e^-\longrightarrow 2Hg$	+0.845	$Pb^{2+}+2e^-\longrightarrow Pb$	−0.126
$Ag^++e^-\longrightarrow Ag$	+0.799 4	$Sn^{2+}+2e^-\longrightarrow Sn$	−0.14
$Hg_2^{2+}+2e^-\longrightarrow 2Hg$	+0.792	$Ni^{2+}+2e^-\longrightarrow Ni$	−0.25
$Fe^{3+}+e^-\longrightarrow Fe^{2+}$	+0.771	$PbSO_4+2e^-\longrightarrow Pb+SO_4^{2-}$	−0.356
$2H^++O_2+2e^-\longrightarrow H_2O_2$	+0.69	$Cd^{2+}+2e^-\longrightarrow Cd$	−0.403
$2HgCl_2+2e^-\longrightarrow Hg_2Cl_2+2Cl^-$	+0.63	$Fe^{2+}+2e^-\longrightarrow Fe$	−0.44
$MnO_4^-+2H_2O+3e^-\longrightarrow MnO_2+4OH^-$	+0.588	$S+2e^-\longrightarrow S^{2-}$	−0.48
$MnO_4^-+e^-\longrightarrow MnO_4^{2-}$	+0.57	$2CO_2+2H^++2e^-\longrightarrow H_2C_2O_4$	−0.49
$H_3AsO_4+2H^++2e^-\longrightarrow HAsO_2+2H_2O$	+0.56	$Zn^{2+}+2e^-\longrightarrow Zn$	−0.762 8
$I_3^-+2e^-\longrightarrow 3I^-$	+0.54	$SO_4^{2-}+H_2O+2e^-\longrightarrow SO_3^{2-}+2OH^-$	−0.93
I_2(固)$+2e^-\longrightarrow 2I^-$	+0.535	$Al^{3+}+3e^-\longrightarrow Al$	−1.66
$Cu^++e^-\longrightarrow Cu$	+0.52	$Mg^{2+}+2e^-\longrightarrow Mg$	−2.37
$Fe(CN)_6^{3-}+e^-\longrightarrow Fe(CN)_6^{4-}$	+0.355	$Na^++e^-\longrightarrow Na$	−2.713
$Cu^{2+}+2e^-\longrightarrow Cu$	+0.34	$Ca^{2+}+2e^-\longrightarrow Ca$	−2.87
$Hg_2Cl_2+2e^-\longrightarrow 2Hg+2Cl^-$	+0.268	$K^++e^-\longrightarrow K$	−2.925

附录六 部分氧化还原电对的条件电位(25 ℃)

电极反应	$\varphi^{\ominus}$/V	介质
$Ag^{2+}+e^-\longrightarrow Ag^+$	2.00	4 mol/L $HClO_4$
	1.93	3 mol/L HNO_3
Ce(Ⅳ)$+e^-\longrightarrow$Ce(Ⅲ)	1.74	1 mol/L $HClO_4$
	1.45	0.5 mol/L H_2SO_4
	1.28	1 mol/L HCl
	1.60	1 mol/L HNO_3
Co(Ⅲ)$+e^-\longrightarrow$Co(Ⅱ)	1.95	4 mol/L $HClO_4$
	1.86	1 mol/L HNO_3
$Cr_2O_7^{2-}+14H^++6e^-\longrightarrow 2Cr^{3+}+7H_2O$	1.03	1 mol/L $HClO_4$

续表

电极反应	$\varphi^{\ominus}$/V	介质
	1.15	4 mol/L H_2SO_4
	1.00	1 mol/L HCl
Fe(Ⅲ)+e^-⟶Fe(Ⅱ)	0.75	1 mol/L $HClO_4$
	0.70	1 mol/L HCl
	0.68	1 mol/L H_2SO_4
	0.51	1 mol/L HCl
		0.25 mol/L H_3PO_4
$Fe(CN)_6^{3-}$+e^-⟶$Fe(CN)_6^{4-}$	0.56	0.1 mol/L HCl
	0.72	1 mol/L $HClO_4$
I_3^-+2e^-⟶3I^-	0.545	0.5 mol/L H_2SO_4
Sn(Ⅳ)+2e^-⟶Sn(Ⅱ)	0.14	1 mol/L HCl
Sb(Ⅴ)+2e^-⟶Sb(Ⅲ)	0.75	3.5 mol/L HCl
SbO_3^-+H_2O+2e^-⟶SbO_2^-+2OH^-	−0.43	3 mol/L KOH
Ti(Ⅳ)+e^-⟶Ti(Ⅲ)	−0.01	0.2 mol/L H_2SO_4
	0.15	5 mol/L H_2SO_4
	0.10	3 mol/L HCl
V(Ⅴ)+e^-⟶V(Ⅳ)	0.94	1 mol/L H_3PO_4
U(Ⅵ)+2e^-⟶U(Ⅳ)	0.35	1 mol/L HCl

附录七　难溶化合物的活度积(K_{sp}^0)和溶度积(K_{sp},25 ℃)

化合物	I=0		I=0.1	
	K_{sp}^0	pK_{sp}^0	K_{sp}	pK_{sp}
AgAc	2×10^{-3}	2.7	8×10^{-3}	2.1
AgCl	1.8×10^{-10}	9.75	3.2×10^{-10}	9.50
AgBr	4.95×10^{-13}	12.31	8.7×10^{-13}	12.06
AgI	8.3×10^{-17}	16.08	1.48×10^{-16}	15.83
Ag_2CrO_4	2.0×10^{-12}	11.70	5×10^{-12}	11.3
AgSCN	1.07×10^{-12}	11.97	2×10^{-12}	11.7
Ag_2S	6×10^{-50}	49.2	6×10^{-49}	48.2
Ag_2SO_4	1.58×10^{-5}	4.80	8×10^{-5}	4.1
$Ag_2C_2O_4$	1×10^{-11}	11.0	4×10^{-11}	10.4
Ag_3AsO_4	1.12×10^{-20}	19.95	1.3×10^{-19}	18.9
Ag_3PO_4	1.45×10^{-16}	15.84	2×10^{-15}	14.7

续表

化合物	I=0		I=0.1	
	K_{sp}^0	pK_{sp}^0	K_{sp}	pK_{sp}
AgOH	1.9×10^{-8}	7.71	3×10^{-8}	7.5
$Al(OH)_3$（无定形）	4.6×10^{-33}	32.34	3×10^{-32}	31.5
$BaCrO_4$	1.17×10^{-10}	9.93	8×10^{-10}	9.1
$BaCO_3$	4.9×10^{-9}	8.31	3×10^{-8}	7.5
$BaSO_4$	1.07×10^{-10}	9.97	6×10^{-10}	9.2
BaC_2O_4	1.6×10^{-7}	6.79	1×10^{-6}	6.0
BaF_2	1.05×10^{-6}	5.98	5×10^{-6}	5.3
$Bi(OH)_2Cl$	1.8×10^{-31}	30.75		
$Ca(OH)_2$	5.5×10^{-6}	5.26	1.3×10^{-5}	4.9
$CaCO_3$	3.0×10^{-9}	8.42	3×10^{-8}	7.5
CaC_2O_4	2.0×10^{-9}	8.64	1.6×10^{-8}	7.8
CaF_2	3.4×10^{-11}	10.47	1.6×10^{-10}	9.8
$Ca_3(PO_4)_2$	1×10^{-26}	26.0	1×10^{-23}	23
$CaSO_4$	2.4×10^{-5}	4.62	1.6×10^{-4}	3.8
$CdCO_3$	3×10^{-14}	13.5	1.6×10^{-13}	12.8
CdC_2O_4	1.51×10^{-8}	7.82	1×10^{-7}	7.0
$Cd(OH)_2$（新析出）	3×10^{-14}	13.5	6×10^{-14}	13.2
CdS	8×10^{-27}	26.1	5×10^{-26}	25.3
$Ce(OH)_3$	6×10^{-21}	20.2	3×10^{-20}	19.5
$CePO_4$	2×10^{-24}	23.7		
$Co(OH)_2$（新析出）	1.6×10^{-15}	14.8	4×10^{-15}	14.4
CoS（α 型）	4×10^{-21}	20.4	3×10^{-20}	19.5
CoS（β 型）	2×10^{-25}	24.7	1.3×10^{-24}	23.9
$Cr(OH)_3$	1×10^{-31}	31.0	5×10^{-31}	30.3
CuI	1.10×10^{-12}	11.96	2×10^{-12}	11.7
CuSCN			2×10^{-13}	12.7
CuS	6×10^{-36}	35.2	4×10^{-35}	34.4
$Cu(OH)_2$	2.6×10^{-19}	18.59	6×10^{-19}	18.2
$Fe(OH)_2$	8×10^{-16}	15.1	2×10^{-15}	14.7
$FeCO_3$	3.2×10^{-11}	10.50	2×10^{-10}	9.7
FeS	6×10^{-18}	17.2	4×10^{-17}	16.4
$Fe(OH)_3$	3×10^{-39}	38.5	1.3×10^{-38}	37.9
Hg_2Cl_2	1.32×10^{-18}	17.88	6×10^{-18}	17.2

续表

化合物	$I=0$		$I=0.1$	
	K_{sp}^0	pK_{sp}^0	K_{sp}	pK_{sp}
HgS(黑)	1.6×10^{-52}	51.8	1×10^{-51}	51
HgS(红)	4×10^{-53}	52.4		
$Hg(OH)_2$	4×10^{-26}	25.4	1×10^{-25}	25.0
$KHC_4H_4O_6$	3×10^{-4}	3.5		
K_2PtCl_6	1.10×10^{-5}	4.96		
$La(OH)_3$(新析出)	1.6×10^{-19}	18.8	8×10^{-19}	18.1
$LaPO_4$			4×10^{-23}	22.4①
$MgCO_3$	1×10^{-5}	5.0	6×10^{-5}	4.2
MgC_2O_4	8.5×10^{-5}	4.07	5×10^{-4}	3.3
$Mg(OH)_2$	1.8×10^{-11}	10.74	4×10^{-11}	10.4
$MgNH_4PO_4$	3×10^{-13}	12.6		
$MnCO_3$	5×10^{-10}	9.30	3×10^{-9}	8.5
$Mn(OH)_2$	1.9×10^{-13}	12.72	5×10^{-13}	12.3
MnS(无定形)	3×10^{-10}	9.5	6×10^{-9}	8.8
MnS(晶形)	3×10^{-13}	12.5		
$Ni(OH)_2$(新析出)	2×10^{-15}	14.7	5×10^{-15}	14.3
NiS(α 型)	3×10^{-19}	18.5		
NiS(β 型)	1×10^{-24}	24.0		
NiS(γ 型)	2×10^{-26}	25.7		
$PbCO_3$	8×10^{-14}	13.1	5×10^{-13}	12.3
$PbCl_2$	1.6×10^{-5}	4.79	8×10^{-5}	4.1
$PbCrO_4$	1.8×10^{-14}	13.75	1.3×10^{-13}	12.9
PbI_2	6.5×10^{-9}	8.19	3×10^{-8}	7.5
$Pb(OH)_2$	8.1×10^{-17}	16.09	2×10^{-16}	15.7
PbS	3×10^{-27}	26.6	1.6×10^{-26}	25.8
$PbSO_4$	1.7×10^{-8}	7.78	1×10^{-7}	7.0
$SrCO_3$	9.3×10^{-10}	9.03	6×10^{-9}	8.2
SrC_2O_4	5.6×10^{-8}	7.25	3×10^{-7}	6.5
$SrCrO_4$	2.2×10^{-5}	4.65		
SrF_2	2.5×10^{-9}	8.61	1×10^{-8}	8.0
$SrSO_4$	3×10^{-7}	6.5	1.6×10^{-6}	5.8
$Sn(OH)_2$	8×10^{-29}	28.1	2×10^{-28}	27.7
SnS	1×10^{-25}	25.0		

续表

化合物	$I=0$		$I=0.1$	
	K_{sp}^{0}	pK_{sp}^{0}	K_{sp}	pK_{sp}
$Th(C_2O_4)_2$	1×10^{-22}	22		
$Th(OH)_4$	1.3×10^{-45}	44.9	1×10^{-44}	44.0
$TiO(OH)_2$	1×10^{-29}	29	3×10^{-29}	28.5
$ZnCO_3$	1.7×10^{-11}	10.78	1×10^{-10}	10.0
$Zn(OH)_2$(新析出)	2.1×10^{-16}	15.68	5×10^{-16}	15.3
ZnS(α 型)	1.6×10^{-24}	23.8		
ZnS(β 型)	5×10^{-25}	24.3		
$ZrO(OH)_2$	6×10^{-49}	48.2	1×10^{-47}	47.0

①$I=0.5$。

附录八　相对原子质量(A_r)表

元素		A_r	元素		A_r	元素		A_r	元素		A_r
符号	名称		符号	名称		符号	名称		符号	名称	
Ag	银	107.868	Ca	镓	69.72	Nb	铌	92.906 4	Se	硒	78.96
Al	铝	26.981 54	F	氟	18.998 403	Nd	钕	144.24	Si	硅	28.085 5
As	砷	74.921 6	Fe	铁	55.847	Ni	镍	58.69	Sn	锡	118.69
Au	金	196.966 5	Ge	锗	72.59	O	氧	15.999 4	Sr	锶	87.62
B	硼	10.81	H	氢	1.007 9	Os	锇	190.2	Ta	钽	180.947 9
Ba	钡	137.33	He	氦	4.002 60	P	磷	30.973 76	Te	碲	127.60
Be	铍	9.012 18	Hf	铪	178.49	Pb	铅	207.2	Th	钍	232.038 1
Bi	铋	208.980 4	Hg	汞	200.59	Pd	钯	106.42	Ti	钛	47.88
Br	溴	79.904	I	碘	126.904 5	Pr	镨	140.907 7	Tl	铊	204.383
C	碳	12.011	In	铟	114.82	Pt	铂	195.08	U	铀	238.028 9
Ca	钙	40.8	K	钾	39.098 3	Ra	镭	226.025 4	V	钒	50.941 5
Cd	镉	112.41	La	镧	138.905 5	Rb	铷	85.467 8	W	钨	183.85
Ce	铈	140.12	Li	锂	6.941	Re	铼	186.207	Y	钇	88.905 9
Cl	氯	35.453	Mg	镁	24.305	Rh	铑	102.905 5	Zn	锌	65.38
Co	钴	58.933 2	Mn	锰	54.938 0	Ru	钌	101.07	Zr	锆	91.22
Cr	铬	51.996	Mo	钼	95.94	S	硫	32.06			
Cs	铯	132.905 4	N	氮	14.006 7	Sb	锑	121.75			
Cu	铜	63.546	Na	钠	22.989 77	Sc	钪	44.955 9			

附录九　化合物的摩尔质量(*M*)表

化 学 式	$M/(g\cdot mol^{-1})$	化 学 式	$M/(g\cdot mol^{-1})$
Ag_3AsO_3	446.52	$C_{12}H_8N_2\cdot H_2O$(邻二氮菲)	198.21
Ag_3AsO_4	462.52	$C_2H_5NO_2$(氨基乙酸,甘氨酸)	75.07
AgBr	187.77	$C_6H_{12}N_2O_4S_2$(L-胱氨酸)	240.30
AgSCN	165.95		
AgCl	143.32	$CaCO_3$	100.09
Ag_2CrO_4	331.73	$CaC_2O_4\cdot H_2O$	146.11
AgI	234.77	$CaCl_2$	110.99
$AgNO_3$	169.87	CaF_2	78.08
		CaO	56.08
$Al(C_9H_6ON)_3$(8-羟基喹啉铝)	459.44	$CaSO_4$	136.14
$AlK(SO_4)_2\cdot 12H_2O$	474.38	$CaSO_4\cdot 2H_2O$	172.17
Al_2O_3	101.96	$CdCO_3$	172.42
		$Cd(NO_3)_2\cdot 4H_2O$	308.48
As_2O_3	197.84	CdO	128.41
As_2O_5	229.84	$CdSO_4$	208.47
$BaCO_3$	197.34	$CoCl_2\cdot 6H_2O$	237.93
$BaCl_2$	208.24		
$BaCl_2\cdot 2H_2O$	244.27	CuSCN	121.62
$BaCrO_4$	253.32	$CuHg(SCN)_4$	496.45
$BaSO_4$	233.39	CuI	190.45
BaS	169.39	$Cu(NO_3)_2\cdot 3H_2O$	241.60
$Bi(NO_3)_3\cdot 5H_2O$	485.07	CuO	79.55
Bi_2O_3	465.96	$CuSO_4\cdot 5H_2O$	249.68
BiOCl	260.43		
		$FeCl_2\cdot 4H_2O$	198.81
CH_2O(甲醛)	30.03	$FeCl_3\cdot 6H_2O$	270.30
$C_{14}H_{14}N_3O_3SNa$(甲基橙)	327.33	$Fe(NO_3)_3\cdot 9H_2O$	404.00
$C_6H_5NO_3$(硝基酚)	139.11	FeO	71.85
$C_4H_8N_2O_2$(丁二酮肟)	116.12	Fe_2O_3	159.69
$(CH_2)_6N_4$(六亚甲基四胺)	140.19	Fe_3O_4	231.54
$C_7H_6O_6S$(磺基水杨酸)	218.18	$FeSO_4\cdot 7H_2O$	278.01
$C_{12}H_8N_2$(邻二氮菲)	180.21		

续表

化学式	$M/(g\cdot mol^{-1})$	化学式	$M/(g\cdot mol^{-1})$
$HCOOH$	46.03	$K_3Fe(CN)_6$	329.25
CH_3COOH	60.05	$K_4Fe(CN)_6$	368.35
H_2CO_3	62.03	$KHC_4H_4O_6$(酒石酸氢钾)	188.18
$H_2C_2O_4$(草酸)	90.04	$KHC_8H_4O_4$(苯二甲酸氢钾)	204.22
$H_2C_2O_4\cdot 2H_2O$(草酸)	126.07	$K_3C_6H_5O_7$(柠檬酸钾)	306.40
$H_2C_4H_4O_4$(琥珀酸,丁二酸)	118.090	KI	166.00
$H_2C_4H_4O_6$(酒石酸)	150.088	KIO_3	214.00
$H_3C_6H_5O_7\cdot H_2O$(柠檬酸)	210.14	$KMnO_4$	158.03
HCl	36.46	KNO_2	85.10
HNO_2	47.01	KNO_3	101.10
HNO_3	63.01	KOH	56.11
H_2O_2	34.01	K_2PtCl_6	485.99
H_3PO_4	98.00	$KHSO_4$	136.16
H_2S	34.08	K_2SO_4	174.25
H_2SO_3	82.07	$K_2S_2O_7$	254.31
H_2SO_4	98.07		
$HClO_4$	100.46	$Mg(C_9H_6ON)_2$(8-羟基喹啉镁)	312.61
		$MgNH_4PO_4\cdot 6H_2O$	245.41
$HgCl_2$	271.50	MgO	40.30
Hg_2Cl_2	472.09	$Mg_2P_2O_7$	222.55
HgO	216.59	$MgSO_4\cdot 7H_2O$	246.47
HgS	232.65		
$HgSO_4$	296.65	$MnCO_3$	114.95
		MnO_2	86.94
$KAl(SO_4)_2\cdot 12H_2O$	474.38	$MnSO_4$	151.00
KBr	119.00		
$KBrO_3$	167.00	$NH_2OH\cdot HCl$(盐酸羟胺)	69.49
KCN	65.116	NH_3	17.03
$KSCN$	97.18	NH_4	18.04
K_2CO_3	138.21	$NH_4C_2H_3O_2$(醋酸铵)	77.08
KCl	74.55	NH_4SCN	76.12
$KClO_3$	122.55	$(NH_4)_2C_2O_4\cdot H_2O$	142.11
$KClO_4$	138.55	NH_4Cl	53.49
K_2CrO_4	194.19	NH_4F	37.04
$K_2Cr_2O_7$	294.18	$NH_4Fe(SO_4)_2\cdot 12H_2O$	482.18

续表

化学式	$M/(g \cdot mol^{-1})$	化学式	$M/(g \cdot mol^{-1})$
$(NH_4)_2Fe(SO_4)_2 \cdot 6H_2O$	392.13	PbO	223.2
NH_4HF_2	57.04	PbO_2	239.2
$(NH_4)_2Hg(SCN)_4$	468.98	$Pb(C_2H_3O_2)_2 \cdot 3H_2O$	379.3
NH_4NO_3	80.04	$PbCrO_4$	323.2
NH_4OH	35.05	$PbCl_2$	278.1
$(NH_4)_3PO_4 \cdot 12MoO_3$	1 876.34	$Pb(NO_3)_2$	331.2
$(NH_4)_2S_2O_6$	228.19	PbS	239.3
		$PbSO_4$	303.3
$Na_2B_4O_7$	201.22		
$Na_2B_4O_7 \cdot 10H_2O$	381.37	SO_2	64.06
Na_2BiO_3	279.97	SO_3	80.06
$NaC_2H_3O_2$(醋酸钠)	82.03	SO_4	96.06
$Na_3C_6H_5O_7$(柠檬酸钠)	258.07		
Na_2CO_3	105.99	SiF_4	104.08
$Na_2CO_3 \cdot 10H_2O$	286.14	SiO_2	60.08
$Na_2C_2O_4$	134.00		
$NaCl$	58.44	$SnCl_2 \cdot 2H_2O$	225.63
$NaClO_4$	122.44	$SnCl_4$	260.50
NaF	41.99	SnO	134.69
$NaHCO_3$	84.01	SnO_2	150.69
$Na_2H_2C_{10}H_{12}O_8N_2$(EDTA 二钠盐)	336.21		
$Na_2H_2C_{10}H_{12}O_8N_2 \cdot 2H_2O$	372.24	$SrCO_3$	147.63
$NaH_2PO_4 \cdot 2H_2O$	156.01	$Sr(NO_3)_2$	211.63
$Na_2HPO_4 \cdot 2H_2O$	177.99	$SrSO_4$	183.68
$NaHSO_4$	120.06		
$NaOH$	39.997	$TiCl_3$	154.24
Na_2SO_4	142.04	TiO_2	79.88
$Na_2S_2O_3 \cdot 5H_2O$	248.17	$ZnHg(SCN)_4$	498.28
$NaZn(UO_2)_3(C_2H_3O_2)_9 \cdot 6H_2O$	1 537.94	$ZnNH_4PO_4$	178.39
$NiSO_4 \cdot 7H_2O$	280.85	ZnS	97.44
$Ni(C_4H_7N_2O_2)_2$(丁二酮肟镍)	288.91	$ZnSO_4$	161.44

参考文献

[1] 于世林,苗凤琴.分析化学.北京:化学工业出版社,2001.

[2] 高鸿.分析化学前沿.北京:科学出版社,1991.

[3] 国家计量局.法定计量单位宣传手册.北京:国防工业出版社,1984.

[4] 刘世纯.实用分析化验工读本.北京:化学工业出版社,1999.

[5] 黄一石,乔子荣.定量化学分析.北京:化学工业出版社,2004.

[6] 刘世纯,戴文凤,章德胜.分析化验工.北京:化学工业出版社,2004.

[7] 王建梅.化学检验基础知识.北京:化学工业出版社,2005.

[8] 邢文卫.分析化学.北京:化学工业出版社,1997.

[9] 刘瑞雪.化验员习题集.北京:化学工业出版社,1998.

[10] 沈吕星.化工分析例题习题集.北京:化学工业出版社,1991.

[11] 薛华等.大学化学.2版.北京:清华大学出版社,1997.

[12] 邓勃.化学化工词典.北京:化学工业出版社,2003.

郑重声明